计算机科学与技术丛书

新形态教材

Swift语言程序设计

基于Swift 5.8和Xcode 15

张　勇　吴文华　李瑞友
陈　伟　石宇雯　罗　凡◎编著

清華大学出版社
北京

内 容 简 介

Swift 语言是 Apple 公司推出的开发 Apple 平台应用软件的程序设计语言。本书基于 2023 年 6 月的 Swift 语言(版本 5.8)和 Xcode 集成开发环境(版本 15.0)介绍 Swift 语言程序设计技术。全书共 9 章,第 1 章为 Swift 开发基础,介绍了变量类型和工程框架;第 2 章为 Swift 数据表示,讨论 Swift 数据类型;第 3 章为运算符与程序控制,阐述表达式与程序控制方式;第 4 章为函数与闭包,分析函数的定义与用法;第 5 章为枚举与结构体,介绍了这两种类型的定义与用法;第 6 章为类与实例,阐述面向对象程序设计元素与方法;第 7 章为扩展与协议,介绍类型扩展方法与用法;第 8 章为泛型与模糊类型,讨论泛型函数和类型约束等;第 9 章为用户界面设计,分析 SwiftUI 框架技术和界面设计方法。本书内容丰富,实例精辟,讲解透彻,自成体系。

本书可作为高等院校计算机工程、软件工程、物联网工程和信息安全技术等相关专业的本科生学习 Swift 语言的教材或参考书,也可供 Apple 平台程序设计爱好者参考使用。

图书在版编目(CIP)数据

Swift 语言程序设计:基于 Swift 5.8 和 Xcode 15/张勇等编著.—北京:清华大学出版社,2024.2
(计算机科学与技术丛书)
新形态教材
ISBN 978-7-302-65451-3

Ⅰ.①S… Ⅱ.①张… Ⅲ.①程序语言-程序设计-教材 Ⅳ.①TP312

中国国家版本馆 CIP 数据核字(2024)第 020943 号

责任编辑: 刘 星
封面设计: 李召霞
责任校对: 郝美丽
责任印制: 丛怀宇

出版发行: 清华大学出版社
    网 址: https://www.tup.com.cn,https://www.wqxuetang.com
    地 址: 北京清华大学学研大厦 A 座   **邮 编:** 100084
    社 总 机: 010-83470000   **邮 购:** 010-62786544
    投稿与读者服务: 010-62776969,c-service@tup.tsinghua.edu.cn
    质量反馈: 010-62772015,zhiliang@tup.tsinghua.edu.cn
    课件下载: https://www.tup.com.cn,010-83470236
印 装 者: 三河市君旺印务有限公司
经 销: 全国新华书店
开 本: 185mm×260mm   **印 张:** 15.5   **字 数:** 376 千字
版 次: 2024 年 2 月第 1 版   **印 次:** 2024 年 2 月第 1 次印刷
印 数: 1~1500
定 价: 59.00 元

产品编号:104229-01

前言
PREFACE

2014 年，Apple 公司推出了 Swift 语言，用于替代 Objective-C 语言开发面向 Apple 平台的应用软件。Swift 语言有以下众多优点。

(1) Swift 语言是一种强类型检查的语言，不属于同一类型的任意两个类型都不能互相赋值，例如无符号 8 位整型不能赋给有符号 16 位整型；而且 Swift 语言可控制各种数据类型的越界存储。

(2) Swift 语言是一种安全的语言，它对内存访问有严格的访问控制。

(3) Swift 语言是一种非常接近自然语言的程序设计语言，程序代码的可读性强。

(4) Swift 语言程序的执行效率高，而且 Swift 语言是一种开源的语言。

(5) Swift 语言的 SwiftUI 框架技术使得用户界面设计简便高效。

(6) Swift 语言的开发环境 Xcode 功能强大且易用，可以借助于命令行工程或 Playground 快速学习 Swift 语言。

现在 Swift 语言是 Apple 平台，如 iPhone、iPad、Mac 和 Watch 等的首选程序设计语言，Swift 语言既适合编写科学计算程序，又适合图形界面设计。截至 2023 年 6 月，Swift 语言的版本为 5.8，Swift 语言程序设计的开发环境 Xcode 的版本为 15.0。本书基于这两个版本介绍 Swift 语言程序设计技术。

本书基于江西财经大学软件与物联网工程学院"iOS 程序设计"课程的讲义扩编而来，全书共 9 章，各章的主要内容如下。

第 1 章为 Swift 开发基础，介绍 Hello World 工程框架、控制台工程设计方法、格式化输出方法等，并详细讨论了 Swift 语言中常量（常量的值称为字面量）、变量、整数类型和可选类型等，是学习 Swift 语言的入门知识。

第 2 章为 Swift 数据表示，详细阐述了 Swift 语言的数据结构及其表示方法，讨论了字符、字符串、浮点型和布尔型等基本类型，以及元组、数组、集合和字典等集合类型（或称构造类型）。基于这些知识，可将现实问题中的数据借助 Swift 语言表示为计算机可识别的数据。

第 3 章为运算符与程序控制，重点介绍了算术运算符、关系运算符、条件运算符、位运算符、区间运算符和赋值运算符等，基于这些运算符的知识，可将数据连接为表达式。本章还深入介绍了程序执行方式，即顺序执行、分支执行和循环执行等，详细介绍了分支执行和循环执行的程序设计方法。在这个基础上，可以借助 Swift 语言实现各种各样的算法。

第 4 章为函数与闭包，阐述了函数的定义与用法，并重点分析了多参数函数、多返回值函数、复合函数和递归函数的设计方法，同时，还介绍了一种特殊的函数，即无函数名的闭包函数的设计方法。这些知识可以帮助程序员实现模块化编程，即用函数组织同一功能的代码，使得众多程序员合作编程成为可能。

第 5 章为枚举与结构体，介绍了枚举与结构体两种构造类型，这两种类型是 Swift 语言中很重要的类型，特别是结构体类型，非常受 Swift 语言开发者的推崇，整个 SwiftUI 框架（Swift

语言的界面设计框架)全是基于结构体设计的。本章详细地讨论了结构体的存储属性、计算属性、初始化器、索引器以及实例方法和静态方法等。枚举和结构体均属于值类型,使用安全方便。结构体具有面向对象程序设计的部分特点,如具有抽象特性、封装特性、继承特性(指服从协议)等。学习Swift语言必须熟练掌握结构体。

第6章为类与实例,阐述了类的定义与设计方法,深入分析了类的属性和方法,讨论了类的继承和多态。本章内容是面向对象技术的重要体现,Swift语言将类定义的变量或常量称为实例(instance),而不使用对象(object)这种传统说法。类是一种引用类型,在使用类时需要避免出现"强引用"而导致内存碎片。Swift语言中,类是单继承的,每个类只能有一个父类(或称基类)。Swift语言设计者建议可以使用结构体实现的功能,尽可能使用结构体,而不使用类。但是,Swift语言中,类仍然是一种强大的数据类型。

第7章为扩展与协议,重点讨论了扩展的设计方法和协议的定义方法。扩展解决了类型定义的不足,结构体和类等可以借助扩展,添加属性(指计算属性)和方法(不能覆盖原实体中的方法),甚至可以扩展系统类型。协议解决了多继承问题,一个类或结构体可以"继承"(或称服从)多个协议。本章还讨论了类型嵌套、类型判定、可选类型链和并行处理机制等。整个Swift语言是基于协议的,可以称其为面向协议的语言。

第8章为泛型与模糊类型,介绍了泛型的定义和用法,重点介绍了函数泛型和自定义类型泛型,继而讨论了模糊类型的概念和用法。此外,本章还介绍了自动引用计数(一种内存管理方法)、内存安全、访问控制和高级运算符等内容。

第9章为用户界面设计,讲解了界面设计的框架程序技术,讨论了带有用户界面的App的设计方法,阐述了绘图程序设计方法。本章内容使用了SwiftUI框架技术,该技术是Swift语言开发人员推荐的用户界面设计方法,可设计精美且功能强大的用户界面。

本书由江西财经大学软件与物联网工程学院"iOS程序设计"教学团队编写,其中,张勇编写第1、9章,罗凡编写第2、6章,李瑞友编写第3章,吴文华编写第4章,陈伟编写第5章,石宇雯编写第7、8章。全书由张勇统稿。全体编著者在写作过程中,感觉到Swift语言已经发展为十分成熟的计算机语言,已经具有了其他众多优秀计算机语言,如C/C++/C♯、Java、Python、Delphi和BASIC等的特色,可作为一种高级计算机语言用于教学与科研。

Swift语言和其开发环境Xcode都在不断发展中,本书中的全部工程实例适用于Swift语言5.8以上版本和Xcode 15.0以上版本,本书的硬件平台为MacBook Pro M1,操作系统为macOS Ventura 13.4。设计好的App可以发布到Apple Store中,在全球范围内分享,这需要注册Apple开发者账号,借助Xcode生成发布版本。

配 套 资 源

- **程序代码等资源**:扫描目录上方的"配套资源"二维码下载。
- **课件、大纲等资源**:扫描封底的"书圈"二维码在公众号下载,或者到清华大学出版社官方网站本书页面下载。
- **微课视频(386分钟,131集)**:扫描书中相应章节中的二维码在线学习。

注:请先扫描封底刮刮卡中的文泉云盘防盗码进行绑定后再获取配套资源。

限于编著者的水平和经验,书中难免有疏漏之处,请同行专家、教师和读者朋友不吝赐教。

张 勇

2024年1月于江西财经大学麦庐园

目 录
CONTENTS

配套资源

第1章

Swift 开发基础

Swift 语言是开发 iOS 和 macOS 等 Apple 计算机和移动设备系统应用程序的官方语言。Swift 语言是一种类型安全的语言,语法优美自然,其程序从 main. swift 文件开始执行,程序代码按先后顺序执行,同一个工程的程序文件中的类和函数直接被 main. swift 文件调用,除了 main. swift 文件外,工程中其余程序文件不能直接包含可执行语句(只能包含函数、类、枚举、结构体和协议等)。强制类型转换使用格式为"数据类型(数据)"。本章将介绍 Swift 语言开发环境、控制台输入与输出方式和 Swift 语言入门基础等。本书使用的 Swift 语言版本号为5.8,使用的 Xcode 集成开发环境版本号为 15.0。

1.1 Hello World 工程

视频讲解

在 MacBook Pro 计算机的"启动台"中,单击 Xcode 图标,可以启动 Xcode 集成开发环境,如图 1-1 所示。

图 1-1 Xcode 启动界面

在图 1-1 中,单击 Create New Project 创建一个新的 Xcode 工程,进入图 1-2 所示界面。

在图 1-2 中,单击 Command Line Tool(命令行工具),然后单击 Next 按钮进入图 1-3 所示窗口。

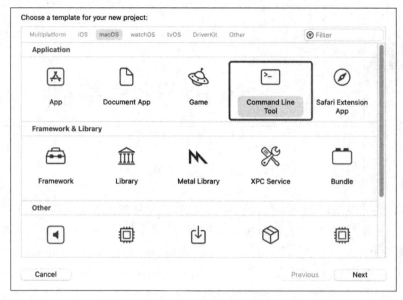

图 1-2　选择创建工程模板

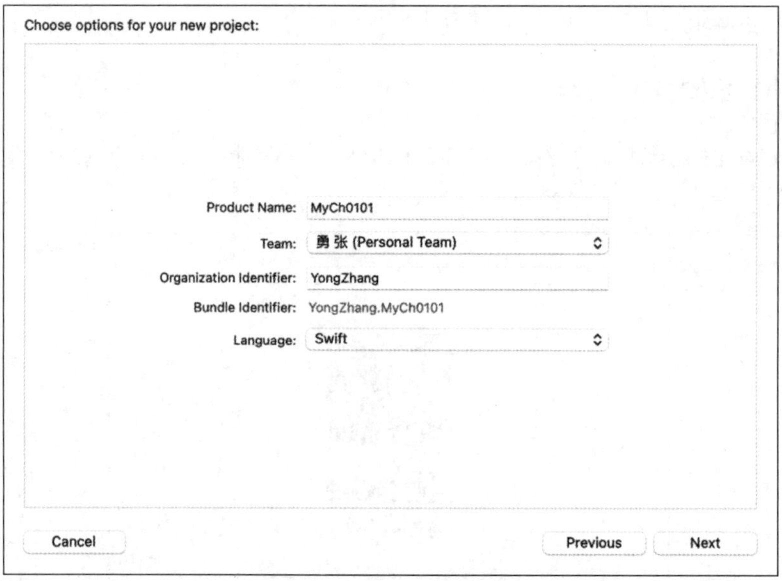

图 1-3　新建工程选项窗口

　　在图 1-3 中,输入 Product Name(成果名),"成果名"将作为新建工程的文件夹,这里输入了 MyCh0101 表示第 1 章的第一个实例。然后,单击 Next 按钮进入图 1-4 所示窗口。

　　在图 1-4 中,将工程 MyCh0101 保存在路径"/Users/zhangyong/ZYSwiftBook/ZYCh01"下。然后,单击 Create 按钮进入图 1-5 所示窗口。

　　在图 1-5 中,新建的工程 MyCh0101 自动创建文件 main. swift,并自动生成图 1-5 中所示的代码,其中,"//"表示注释,其后的内容为程序注解。可执行代码如下。

　　程序段 1-1　文件 main. swift

```
1    import Foundation
2    print("Hello, World!")
```

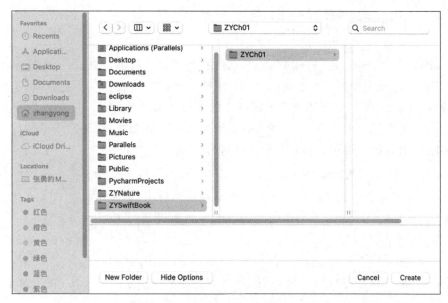

图 1-4　工程保存路径选择窗口

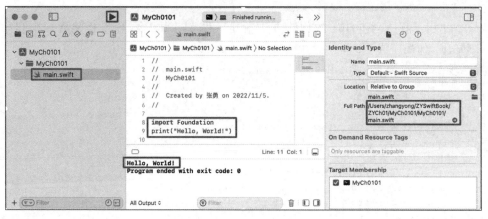

图 1-5　工程 MyCh0101

在程序段 1-1 中,第 1 行"import Foundation"装载 Foundation 模块,Foundation 模块是系统内置的类和各种数据结构的容器。文件 main. swift 实现的功能仅为输出(或打印)"Hello,World!",由于程序文件默认包括了 Swift 模块,这里可以省略第 1 行。第 2 行"print("Hello,World!")"调用 print 函数在控制台上输出"Hello,World!"。

在图 1-5 中,单击左上角的按钮 ▶ 编译(链接)并执行工程 MyCh0101,结果如图 1-5 下部的 All Output 窗口所示。

1.2　控制台输入与输出

在 Swift 语言中,从控制台获取键盘输入的函数为 readLine,其调用方式为

```
var  str=readLine()
```

其中,var 为定义变量的关键字,str 为变量名,函数 readLine 返回值为可选字符串类型,即 Optional String 类型。可选类型的变量名后添加"!"号可赋值给对应的非可选类型的变量。

向控制台输出信息的函数为 print,其标准形式为

```
print(_:separator:terminator:)
```

可视为 print(_:, separator:, terminator:)。其中,"_:"表示输出信息,为一个或多个输出字符串,"_"表示一个或多个匿名参数(注:"_"常用于表示省略参数名);"separator:"为形式参数,参数名称为 separator,用于指定多个输出参数间的分隔符,默认值为空格;"terminator:"为形式参数,参数名称为 terminator,用于指定输出信息的结束符,默认为回车换行符。在使用有名称的参数时,需要指定其参数名称及其后的":"号。例如:

```
print("Hello","Mr.","World.",separator: "--",terminator: " Thanks.\n")
```

注意:实际参数需按函数定义时的形式参数的顺序排列,若某个形式参数在定义时设置了默认值,则该参数可以省略。上述语句中,print 函数的实际参数部分""Hello","Mr.","World.""对应着形式参数"_:";实际参数"separator:"--""对应着参数"separator:",表示多个输出信息间使用"--"作为分隔符;实际参数"terminator:" Thanks.\n""对应着参数"terminator:",表示以字符串"Thanks.\n"结尾,这里的"\n"为转义字符,表示回车换行符。上述语句将输出:

```
Hello--Mr.--World. Thanks.
```

现在,使用工程 MyCh0101 的创建方法新建工程 MyCh0102,该工程包含一个程序文件"main.swift",如程序段 1-2 所示。

程序段 1-2 工程 Ch0102 中的文件 main.swift

```
1    import Foundation
2
3    print("Please input two integers (i.e. 3,5):")
4    var str1=readLine()
5    let str2:String=str1!
6    let idx1=str2.firstIndex(of: ",")
7    let idx2=str2.index(str2.firstIndex(of: ",")!,offsetBy: 1)
8    var a:Int=Int(str2[..<idx1!])!
9    var b:Int=Int(str2[idx2...])!
10   var c:Int=0
11   c=a+b
12   print("\(a)+\(b)=\(c).")
13
14   print("\(a)",terminator: " ")
15   print("-","\(b) ",separator: " ",terminator: "=")
16   print(" \(a-b).")
17
18   print("Hello","Mr.","World.",separator: "--",terminator: " Thanks.\n")
```

在程序段 1-2 中,第 1 行"import Foundation"装载 Foundation 模块。

第 3 行"print("Please input two integers (i.e. 3,5):")"输出提示信息"Please input two integers (i.e. 3,5):"。

第 4 行"var str1=readLine()"定义变量 str1,调用 readLine 函数将键盘输入的内容转换为可选字符串赋给 str1。"可选字符串"里可包含正规的字符串或空值 nil(表示没有值)。当确定可选字符串量中包含了字符串(而非空值 nil)时,可将其赋值给字符串变量,在赋值时需要加"!"号后缀进行强制"拆包"成字符串量。

第 5 行"let str2:String＝str1!"定义常量 str2,其类型为 String 类型(即字符串类型)。这里语法上欠规范,标准的写法应该借助 if 语句判定 str1 中包含字符串而非空值 nil 时,才执行第 5 行。"str1!"中的"!"号表示将可选字符串类型拆包为字符串类型。定义一个常量的语法为

```
let    常量名:类型声明符=值
```

注意:定义常量或变量时,"类型声明符"可以省略,此时,根据"值"的类型设定常量或变量的类型。定义常量时,必须对常量进行初始化。

第 6 行"let idx1＝str2.firstIndex(of:",")"定义常量 idx1,其值为字符串 str2 中","号所在的位置(注:并非整型值,而是"Optional < Index <"类型)。在 Swift 语言中,字符串变量本质上为"对象",firstIndex 为字符串对象的内置方法,具有参数"of:",该方法返回"of:"参数对应的实际参数字符串在 str2 中首次出现的索引号位置。

第 7 行"let idx2＝str2.index(str2.firstIndex(of:",")!,offsetBy:1)"定义常量 idx2,初始化赋值为 str2 字符串中第一个","号后的字符所在的位置(注:并非整型值,而是 Index 类型)。这里的 index 为字符串对象的内置方法,其中的第 1 个参数"str2.firstIndex(of:",")!"表示起始索引位置,而"!"将 Optional < Index >类型的可选参数返回值强制转换为 Index 类型;参数"offsetBy:"指定索引值位置的相对偏移量。

第 8 行"var a:Int＝Int(str2[..< idx1!])!"定义整型变量 a,将 str2 中的第 0 至第 idx1-1 个字符转换为整型值赋给变量 a。这里"str2[..< idx1!]"中的"..< idx1!"为索引号范围,表示从第 0 个(最左端)字符至第 idx1-1 个字符(不包括第 idx 个字符)。定义变量的语法为

```
var    变量名:类型声明符=初始值
```

第 9 行"var b:Int＝Int(str2[idx2...])!"定义整型变量 b,将 str2 中由第 idx2 个字符至最后一个字符构造成的字符串转换为整数赋给变量 b。这里"str2[idx2...]"中的"idx2..."为索引号范围,表示从第 idx2 个位置直到字符串的最后一个字符。

第 10 行"var c:Int＝0"定义整型变量 c,初始化值为 0。

第 11 行"c＝a＋b"执行 a 加 b 的运算,将和值赋给变量 c。

第 12 行"print("\(a)＋\(b)＝\(c).")"输出 a、b 和 c 构成的加法表达式及结果,这里"\(变量名或表达式)"将输出"变量名"或"表达式"的计算结果。

第 14 行"print("\(a)",terminator:" ")"输出变量 a 的值,并以空格结尾。

第 15 行"print("-","\(b) ",separator:" ",terminator:"＝")"输出减号和变量 b 的值,其中添加一个空格作为分隔符,以"＝"作为结尾符。

第 16 行"print(" \(a-b).")"输出 a 与 b 的差。

第 18 行"print("Hello","Mr. ","World. ",separator:"--",terminator:" Thanks. \n")"输出字符串 Hello、Mr. 和 World,两两中间以"--"为分隔符,以 Thanks. 和回车换行符作为结尾符。

程序段 1-2 的执行结果如图 1-6 所示。在执行程序时,务必输入正确格式的数据,否则将会出现异常。请读者通过后续的可选类型的学习,修正该程序段的代码。

注意:在图 1-6 中输入"34,56"时,其中的",""为英文逗号。

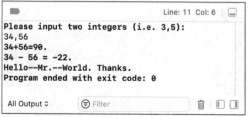

图 1-6　程序段 1-2 的执行结果

1.3 输出格式化字符串

使用 print 函数可对数据进行格式化输出,格式化输出主要用于浮点数的小数位数控制。格式化字符串的语法为

`String(format: "格式符序列",常量或变量序列)`

"格式符序列"如下:①输出字符串格式符为"%@";②输出整数格式符为"%d"或"%nd",这里的 n 为自然数,表示输出的整数值占据的宽度,默认为右对齐,添加"-"号表示左对齐输出,即"%-nd"表示左对齐;③输出浮点数格式符为"%f"或"%n. mf",这里的 n 和 m 为自然数,分别表示浮点数所占据的宽度及小数的位数(四舍五入),默认为右对齐,添加"-"号表示左对齐输出,例如"%-n. mf"为左对齐。

程序段 1-3 展示了格式化字符串输出的方法。这里新建了工程 Ch0103。

视频讲解

程序段 1-3 工程 Ch0103 中的文件 main. swift

```
1    import Foundation
2
3    let str = "Hello World!"
4    print(String(format: "%@", str),"\(str)", str)
5    let v1 = -299
6    print(String(format: "%-8d,%8d", v1,v1), "\(v1)",v1)
7    let v2 = 3.1415926
8    print(String(format: "%8.3f", v2),"\(v2)",v2)
```

在程序段 1-3 中,第 3 行"let str＝"Hello World!""定义了常量 str,其值为"Hello World!"。

第 4 行"print(String(format:"%@", str),"\(str)", str)"调用 print 函数输出 str 字符串,这里使用了三种方式:①String(format:"%@", str)为格式化输出,这里将 str 插入格式化字符串中的"%@"位置处;②"\(str)"使用"\(常量名或变量名)"形式输出常量或变量;③直接将 str 作为 print 函数的参数输出。

第 5 行"let v1＝ −299"定义常量 v1,赋值为−299,v1 为整型常量。

第 6 行"print(String(format:"%-8d,%8d", v1,v1),"\(v1)",v1)"调用 print 函数以三种方式输出 v1,即①"String(format:"%-8d,%8d", v1,v1)"将两个 v1 依次替换"%-8d"和"%8d",前者表示输出占 8 个字符宽度,且左对齐;后者表示输出占 8 个字符宽度,且右对齐。②"\(v1)"输出 v1 的值。③直接将 v1 作为 print 函数的参数输出。

第 7 行"let v2＝3.1415926",定义浮点型常量 v2,赋值为 3.1415926。

第 8 行"print(String(format:"%8.3f", v2),"\(v2)",v2)"调用 print 函数以三种方式输出 v2 的值,即①"String(format:"%8.3f", v2)"将 v2 插入"%8.3f"位置处,该格式表示 v2 显示占据 8 个字符,且保留 3 个小数位(四舍五入);②"\(v2)"输出 v2 的值;③直接将 v2 作为 print 函数的参数输出。

程序段 1-3 的执行结果如图 1-7 所示。

图 1-7 程序段 1-3 的执行结果

1.4　Swift 语言基础

在 Xcode 集成开发环境中,选择并单击菜单 File｜New｜Project...(表示 File 菜单下的子菜单 New 下的菜单 Project...),将弹出如图 1-2 所示的创建工程模板对话框,然后,按照 1.1 节中介绍的方式新建工程。这里新建工程 MyCh0104。每次创建一个新工程,都将自动创建一个程序文件,文件名为 main. swift。文件 main. swift 是每个工程的程序入口文件,该文件名不能更改。文件 main. swift 中的程序按代码的位置先后顺序执行。除了自动创建的 main. swift 文件外,工程中可包括任意多程序文件,但除 main. swift 外的其余程序文件中只能包含函数、类、结构体、枚举、协议等,不能直接包含可执行代码,这些程序文件相当于 C 语言中的头文件或库文件。

Swift 语言数据类型丰富,具有整型、浮点型(又分为单精度和双精度)、布尔型(与整型无关)、字符串类型、数组、集合、元组和字典等数据类型。Swift 语言使用变量和常量存储各类型数据,大量使用常量存储程序中不变的数据。Swift 语言是一种类型安全的语言,不允许隐式类型转换。Swift 语言支持可选类型,表示该数据具有合法值或者没有值。在 Swift 语言程序中,"//"用于单行注释,将其后的内容注释为非执行代码;成对出现的"/ * "和" * /"将其中出现的任意多行内容注释为非执行代码。

1.4.1　变量与常量

Swift 语言中,使用变量和常量存储各种类型的数据,常量和变量都具有"名称",Swift 语言建议使用"小骆驼"命名法,即变量名或常量名的首字母小写,使用见名知意的英语单词组成变量名或常量名,从第 2 个单词开始,单词的首字母大写,例如,smallValue 和 indexOfVectors 等是符合"小骆驼"命名法的变量名或常量名。事实上,常量名和变量名可以使用 Unicode 字符,包括中文和下画线等;但不能使用空格、连线"-"、箭头和数学运算符等,且不能以数字开头。

变量与常量的区别在于变量的值可以改变,即变量可以被多次赋值,而常量只能赋值一次。Swift 语言建议将那些程序中不变的量均设为常量,只将程序中可改变的量定义为变量,以增强程序的健壮性。变量和常量均需要先定义后使用,定义它们时需为它们指定值。常量始终保持着其初始值不变。定义变量使用关键字 var,定义常量使用关键字 let,其语法如下。

定义变量:

`var　变量名:数据类型 = 变量初始值`

定义常量:

`let　常量名:数据类型 = 常量值`

请注意上述语法中的空格位置。当定义变量或常量给定了明确的值时,变量或常量的"数据类型"可省略,变量和常量自动使用指定的值的数据类型。Swift 语言建议定义变量时指定初始值,因此,大部分情况下不需要指定"数据类型"。

定义变量或常量时的"变量初始值"和"常量值"又称为"字面值"(literal value),是指那些形如 3 和 5.2 等的数值常量或 Hello 等的字符串常量。

程序段 1-4 列举了常用的变量与常量定义方法。

程序段 1-4 工程 Ch0104 中的文件 main. swift

```
1    import Foundation
2
3    let apple = "Apple"
4    let pear = "Pear"
5    var priceApple = 3.4, pricePear = 3.2
6    print("\(apple):\(priceApple),\(pear):\(pricePear)")
7    var priceBanana,pricePineapple: Double
8    priceBanana=3.6; pricePineapple=7.1
9    print("Banana:\(priceBanana),Pineapple:\(pricePineapple)")
10   let strawberry: String = "Straw"+"berry"
11   var price = 2.9
12   let priceStrawberry: Double = price
13   print("\(strawberry):\(priceStrawberry)")
14   var totalPrice=0.0
15   print("\(type(of: totalPrice))")
16   totalPrice=priceApple+pricePear+priceStrawberry+priceBanana+pricePineapple
17   print("Total:\(totalPrice)")
```

Swift 语言中,常量和变量均在程序的执行阶段(而非编译阶段)进行赋值,可以把常量视为值不可更改的变量。在程序段 1-4 中,第 3 行"let apple＝"Apple""定义常量 apple,其值固定为"Apple",数据类型根据其值自动设为字符串类型。

第 4 行"let pear＝"Pear""定义常量 pear,其值为"Pear"。

第 5 行"var priceApple＝3.4, pricePear＝3.2"定义了两个变量 priceApple 和 pricePear,并依次赋初值 3.4 和 3.2。当使用一条语句定义多个变量时,使用","分隔它们。该行代码等价于"var priceApple:Double＝3.4, pricePear:Double＝3.2"。

第 6 行"print("\(apple):\(priceApple),\(pear):\(pricePear)")"使用格式"\(变量名或常量名)"输出各个常量和变量的值。print 函数为一个全局函数,用于在 Xcode 控制台上输出信息。

第 7 行"var priceBanana,pricePineapple:Double"定义两个双精度浮点型变量 priceBanana 和 pricePineapple。当在一条变量定义语句中,定义多个相同数据类型的变量时,使用","分隔各个变量,在所有变量的后面添加":"和类型声明符。

第 8 行"priceBanana＝3.6; pricePineapple＝7.1"在一行中为多个变量赋值时,使用";"分隔它们。

第 9 行"print("Banana:\(priceBanana),Pineapple:\(pricePineapple)")"输出"Banana:3.6,Pineapple:7.1"。

第 10 行"let strawberry:String＝"Straw"＋"berry""定义字符串型常量 strawberry,赋值为"Strawberry"。这里的"＋"号用于连接两个字符串。

第 11 行"var price＝2.9"定义变量 price,赋初值 2.9。

第 12 行"let priceStrawberry:Double＝price"定义双精度浮点型常量 priceStrawberry,将变量 price 的值赋给该常量。

第 13 行"print("\(strawberry):\(priceStrawberry)")"输出"Strawberry:2.9"。

第 14 行"var totalPrice＝0.0"定义变量 totalPrice,赋初值为 0.0。

第 15 行"print("\(type(of:totalPrice))")"输出 totalPrice 的类型,这里得到 Double。

第 16 行"totalPrice＝priceApple＋pricePear＋priceStrawberry＋priceBanana＋pricePineapple"

计算变量 priceApple、pricePear、priceStrawberry、priceBanana、pricePineapple 的和,赋给变量
totalPrice。

第 17 行"print("Total:\(totalPrice)")"将输出"Total:20.2"。

程序段 1-4 的执行结果如图 1-8 所示。

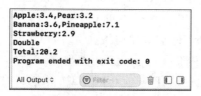

图 1-8　程序段 1-4 的执行结果

借助关键字 typealias 可为数据类型声明别名,例如"typealias MyFloat64 = Double"将
MyFloat64 作为 Double 的别名,在程序中 MyFloat64 类型与 Double 类型相同;例如"let val:
MyFloat64=0.34"表示定义双精度浮点型常量 val,赋值为 0.34。

1.4.2　整数类型

Swift 语言具有 8 位、16 位、32 位和 64 位的整数类型,每种整数类型又分为有符号和无符
号类型。有符号类型的整数包括正整数、零和负整数,其存储空间的最高位为符号位,1 表示
负数,0 表示正数;无符号类型的整数没有符号位,包括正整数和零。在计算机中整数以补码
形式存储(整数的原码、反码和补码的知识请参考文献[1])。

Swift 语言的整数类型如表 1-1 所示。

表 1-1　整数类型

序号	名　　称	类型声明符	数　值　范　围
1	无符号 8 位整型	UInt8	$0\sim 2^{8}-1$
2	有符号 8 位整型	Int8	$-2^{7}\sim 2^{7}-1$
3	无符号 16 位整型	UInt16	$0\sim 2^{16}-1$
4	有符号 16 位整型	Int16	$-2^{15}\sim 2^{15}-1$
5	无符号 32 位整型	UInt32	$0\sim 2^{32}-1$
6	有符号 32 位整型	Int32	$-2^{31}\sim 2^{31}-1$
7	无符号 64 位整型	UInt64	$0\sim 2^{64}-1$
8	有符号 64 位整型	Int64	$-2^{63}\sim 2^{63}-1$
9	无符号整型	UInt	在 32 位计算机上,相当于 UInt32;在 64 位计算机上,相当于 UInt64
10	有符号整型	Int	在 32 位计算机上,相当于 Int32;在 64 位计算机上,相当于 Int64

在表 1-1 中,整数类型 Int 和 UInt 为常用的有符号和无符号整型,这两种类型在 32 位计
算机上为 32 位长的整数类型,在 64 位计算机上为 64 位长的整数类型。

下面的"main.swift"文件演示了整数类型相关的用法。

程序段 1-5　整数类型相关的用法

视频讲解

```
1    import Foundation

2    var v1:UInt8 = 3
3    var v2:Int = -40
```

```
4    v2 = Int(v1) + v2
5    print("v2=\(v2)")
6    print("Minimum of UInt8:\(UInt8.min)")
7    print("Maximum of UInt8:\(UInt8.max)")
```

在程序段 1-5 中,第 2 行"var v1:UInt8=3"定义 8 位无符号整型变量 v1,并赋初值为 3。

第 3 行"var v2:Int= -40"定义整数变量 v2,并赋初值为-40。注意,当数值为负数时,负号"-"和其前面的赋值号"="间需添加空格。

第 4 行"v2=Int(v1)+v2"将 v1 转换为 Int 类型,然后与 v2 相加,其和赋给变量 v2。注意,Swift 语言是一种类型安全的语言,只有相同类型的整数才能运算,这里的 v1 和 v2 分别为无符号 8 位整数和 64 位有符号整数(在使用的 64 位计算机上,Int 为 64 位有符号整型),两者不能相加,因此应先将 v1 强制转换为 64 位有符号整数,然后才能相加。

第 5 行"print("v2=\(v2)")"输出 v2 的值。

第 6 行"print("Minimum of UInt8:\(UInt8.min)")"输出 UInt8 类型的最小值。每个整数类型都有一个 min 属性和一个 max 属性,依次为该类型可表示的最小整数值和最大整数值。

第 7 行"print("Maximum of UInt8:\(UInt8.max)")"输出 UInt8 类型的最大值。

程序段 1-5 的执行结果如图 1-9 所示。

图 1-9　程序段 1-5 的执行结果

Swift 语言中,整数常量(或称整数字面量)可表示为二进制数、八进制数、十进制数(默认)和十六进制数。其中,二进制数包括 0 和 1 两个数码,使用 0b 作为前缀。例如,0b1011 是一个二进制数常量,等价于十进制数 11;八进制数包括 0~7 八个数码,使用 0o 作为前缀,例如,0o27 是一个八进制数,等价于十进制数 23;十六进制数包括 0~9 和 A、B、C、D、E、F 十六个数码,使用 0x 作为前缀,例如,0x1F,等价于十进制数 31。关于上述各种进制间的转换方法,请参考文献[1]。

整数常量可以使用下画线"_"作为分隔符,以增强可读性,例如,"3_000_000"等价于 3000000;整数前面可以添加额外的 0,例如 00003 和 3 含义相同。

每种数据类型均有可选类型,其形式为"数据类型?",例如"Int?"表示整型的可选类型,这类变量或常量可能为整数,也可能为空值(即 nil)。凡是可能出现缺乏值的情况均将使用对应数据类型的可选类型。例如下述代码:

```
1    let s1 = "57"              //定义常量 s1,赋值为字符串 57
2    var d1:Int?=Int(s1)        //定义变量 d1,赋值为 Int(s1),即将 s1 转换为整数,可能为空
3    print(d1)                  //输出 Optional(57),表示整型的可选类型
4    print(d1!)                 //输出整数 57,这里的"!"是对可选类型的"拆包"
5    var d2=Int(s1)             //定义整型的可选类型变量 d2
6    print(d2)                  //输出 Optional(57)
7    print(d2!)                 //输出整数 57,这里的"!"是对可选类型的"拆包"
8    var d3=Int(s1) ??89        //定义变量 d3
9    print(d3)                  //输出整数 57
10   let s2="57A"               //定义常量 s2,赋值为字符串 57A
```

```
11   var d4 = Int(s2) ??89      //定义变量 d4
12   print(d4)                  //输出整数 89
```

上述代码中，第2行"var d1:Int？ ＝Int(s1)"定义了整型的可选类型"Int?"类型的变量d1，这里因为"Int(s1)"将字符串s1转换为整型时，可能为空值。

第5行"var d2＝Int(s1)"与第2行含义相似，定义变量d2，此时d2自动被识别为整型的可选类型。

第8行"var d3＝Int(s1) ?? 89"定义变量d3，这里的"?? 89"表示默认值为89，即如果其可选类型为空值，则将89赋给d3。此时的变量d3是整型，而非可选类型。

第11行"var d4＝Int(s2) ?? 89"定义变量d4，如果Int(s2)返回空值，则将89赋给d4。由于使用了默认值，d4为整型变量，而非可选类型。由于s2为字符串57A，Int(s2)返回空值，故将89赋给d4。

在定义可选类型的变量时，不赋初值，自动设为nil。例如，"var d5:Int?"表示定义整型的可选类型，其值被初始化为nil。注意，nil不是指针，表示没有值，只能用于可选类型变量或常量。

1.4.3 可选类型量

定义可选类型变量时，在变量类型后面添加"?"。一般地，不能直接将可选类型的变量赋给其他变量，例如，不能将可选整型变量赋给整型变量，而是借助if语句进行"拆包"赋值。可选类型变量的"拆包"操作就是在可选类型变量名后添加"!"，如程序段1-6所示。

视频讲解

程序段1-6 可选类型变量赋给普通变量的方法

```
1    import Foundation
2
3    var d1:Int?
4    d1=3
5    var d2:Int=0
6    if d1 != nil{
7        d2=d1!
8    }
9    print(d2)
```

在上述代码中，第3行"var d1:Int?"定义可选整型变量d1，默认值为nil。

第4行"d1＝3"向d1赋整数3，即可以向可选整数变量赋整数。

第5行"var d2:Int=0"定义整型变量d2，赋初值为0。

第6~8行为一个if语句，如果"d1 != nil"为真，即d1不为nil，则执行第7行"d2=d1!"，即将d1"拆包"后的值赋给d2。注意，在第6行中，"! ="前后均有空格。

第9行"print(d2)"输出整数变量d2的值，其值为3。

可选类型包括其对应的类型和一个空值nil。例如，可选整数类型包含整数类型和一个空值nil。可以将整数类型量直接赋值给可选整数类型变量或常量，但是，不能将可选整数类型量直接赋给整数类型变量或常量，而是需要将可选整数类型量"拆包"后的整数赋给整数类型变量或常量。注意，赋值给常量时只能在定义它时赋值。

在不指定数据类型定义变量或常量的情况下，凡是可能出现空值nil的赋值时，变量或常量的类型自动被设为赋值量对应的可选类型，这个赋值过程可以视为"打包"，即将空值nil和赋值量对应的类型"打包"成其对应的可选类型。

除了使用"!"号强制"拆包"外,还有一种拆包可选类型的方法,即在"条件表达式"中自动拆包,一般用于 if 或 case 语句中,且与 let 或 var 关键字连用,称为"可选绑定",本质上是一种临时性的拆包操作。例如,

```
10    print("Input an integer:")
11    var str = readLine()
12    var a1 = Int(str!)
13    if let a2=a1
14    {
15        print(String(format: "a2=%d", a2))
16    }
17    else
18    {
19        print("a1 is nil")
20    }
```

在上述代码中,第 10 行"print("Input an integer:")"输出提示信息"Input an integer:";第 11 行"var str=readLine()"调用 readLine 函数从键盘输入 str,这里 str 为可选字符串类型;第 12 行"var a1=Int(str!)"将 str 转换为整型,赋给 a1,这里可能得到空值 nil,故 a1 为可选整数类型。

第 13~20 行为一个 if 语句。if 关键字后面只能接布尔型量(或布尔型表达式),这里第 13 行"if let a2=a1"中,"let a2=a1"有两层含义:①赋值。定义常量 a2,将 a1 拆包赋给 a2;②返回布尔型量。由于 let 语句作为 if 关键字的条件表达式,在赋值时还将判定 a1 是否为 nil,如果 a1 为 nil,则返回假;否则,返回真。注意,a2 的作用域为第 14~16 行,在第 18~20 行不可见。

执行第 10~20 行代码,例如,从键盘输入 3,则得到"a2=3";若从键盘输入字母 g,则得到"a1 is nil"。

回到第 6~8 行,用 if-let"拆包",可以写为

```
6     if let d1 {
7         d2=d1
8     }
```

此时,执行"if let d1"时,如果 d1 为空值 nil,则 if 表达式为假,if 语句组不执行;否则,执行第 7 行,将 d1 赋给 d2。注意,这里使用 d1 而不是 d1!。这里的 if 语句组实际上执行一个临时性的拆包操作。在第 6、7 行间插入语句"print(type(of:d1))"将输出 d1 的类型为 Int,而在第 8 行后插入语句"print(type(of:d1))"将输出 d1 的类型为 Optional < Int >。这里的 let d1 称为"可选绑定"表达式。

注意:if 后面可以接多个"可选绑定"表达式,各个表达式间用","分隔,表达式间是逻辑与的关系。

除了上述两个可选类型的拆包操作外,还有一种隐式拆包。当定义可选类型变量时,确定其有具体值,而不是空值 nil,则可以使用"隐式拆包"定义形式。这里,以可选整数类型为例介绍隐式拆包,如下述代码:

```
9     let a1: Int!=3
10    var b1:Int=0
11    b1=a1
```

第 9 行定义常量 a1,为可选整数类型,使用了"Int!"而非"Int?",表示 a1 中一定包含了整

数值,而非空值 nil。这样,第 11 行"b1＝a1"将 a1 直接赋给 b1,而不是将"a1!"赋给 b1,即这里无须再对 a1 强制拆包。

注意:"隐式拆包"形式的可选类型,仍然可借助"可选绑定"拆包,或者用于在 if 的条件表达式语句中判定与 nil 是否相等。如果一个可选类型量可能为空值 nil,则不应使用"隐式拆包"形式定义该量。

1.5　本章小结

Swift 语言是一种类型安全的语言,其语法严谨规范。本章首先详细介绍了使用 Xcode 开发环境创建一个 Swift 语言程序,即 Hello World 工程的全过程;然后,介绍了与 Swift 语言控制台输入与输出相关的函数和操作;接着,重点讨论了格式化字符串和格式化输出的处理方法;最后,详细阐述了变量和常量的定义方法,并初步讨论了数据类型、整数类型和可选类型等。Swift 语言工程以 main.swift 文件作为程序执行入口,工程中的其他程序文件只应包含函数、类和协议等,可被 main.swift 文件直接调用。在 Swift 语言中,单行注释使用"//",其后的语句为注释部分;多行注释使用"/＊"和"＊/"将待注释的部分包围,与 C 语言相同,但在 Swift 语言中多行注释可以嵌套使用。本章是 Swift 语言程序设计的入门内容,第 2 章将讨论除整型之外的其他 Swift 数据类型。

习题

1. 简述 Swift 语言的特点。
2. 编写控制台应用,输入两个整数,实现这两个整数的四则运算。
3. 简述 Swift 语言格式化输出的几种方法。
4. 简述 Swift 语言中常量与变量的含义与区别。
5. 编写应用程序,输出杨辉三角形。
6. 简述 Swift 语言中可选类型的含义与用法。
7. 简述 Swift 语言工程的结构和其中程序的执行顺序。

第2章

Swift 数据表示

Swift 语言的数据类型包括整型、浮点型、字符串、布尔型、数组、元组、集合和字典等,整数类型请参考 1.4.2 节,本章将详细介绍其余的数据类型。由于 Swift 语言建议定义变量和常量时,给它们赋值,且支持根据字面值的类型推断变量的类型,所以,一般情况下,定义变量或常量时,无须指定类型。例如,"let PI:Double=3.14"等价于"let PI=3.14","var sum:Int=3"等价于"var sum=3",Swift 语言建议使用后者。

2.1 字符

Swift 语言中,字符用 Unicode scalar value 编码表示,完全兼容标准的 Unicode 编码。字符类型用 Character 表示,字符常量(或称字符字面量)用双引号括起来的单个字符表示,共有三种表示方式:①常用的英文字符和汉字等输入字符可直接表示,例如 A、a 和"中"等。②一些特殊字符用"\"作为前缀,例如,"\0""\\""\t""\n""\r""\'"和"\""依次表示空字符(ASCII 码值为 0 的字符)、斜杠、Tab 键、回车换行、换行、单引号和双引号等,称为转义字符。③使用形如"\u{n}"(n 为由 1~8 位十六进制数表示的 Unicode 码)表示的任意 Unicode 字符。

Unicode scalar value 编码的字符可将书写位置不同的两个或多个字符叠加为一个显示字符,例如"let aAcuteCircle:Character="A\u{301}\u{20DD}"; print(aAcuteCircle)",将得到"Ⓐ"。在统计字符个数时,字符 aAcuteCircle 仍按单个字符计数。通过这种编码方式,可以生成一些特殊可视字符。

程序段 2-1 是输出"Swift 程序设计"的实例。

程序段 2-1 输出"Swift 程序设计"

```
1    import Foundation
2
3    print("S",terminator: "")
4    print("w",terminator: "")
5    print("i",terminator: "")
6    print("f",terminator: "")
7    print("t",terminator: "")
8    let ch : Character = "程"
9    print(ch,terminator: "")
10   print("序",terminator: "")
11   print("设",terminator: "")
12   print("\u{8BA1}") //"计"
```

视频讲解

在程序段 2-1 中,第 3 行"print("S",terminator:"")"输出字符"S"。

第 8 行"let ch:Character="程""定义字符常量 ch,赋值为"程"。

第 12 行"print("\u{8BA1}")"输出"计",这里 0x8BA1 为"计"的 Unicode 编码值。

字符间可以比较大小,按其 Unicode 编码值的大小或字符在 Unicode 编码表的位置先后关系来确定其大小关系,Unicode 编码表上位置靠后的字符比其前面的字符大。

在 Swift 语言中,字符类型应用较少,一般直接使用字符串类型,字符类型可以视为只包含单个字符的字符串。

2.2　字符串

字符串有三种表示方式:①空字符串。用""""或"String()"表示,此时,"String().isEmpty"或"".isEmpty"将返回 true。②单行显示的字符串字面量,直接用双引号括起来,例如:""Swift 程序设计""。③多行显示的字符串字面量,使用三个双引号作为首尾的分界符,且三个双引号必须单独占一行,尾部的分界符(三个双引号)的位置决定了多行显示的字符串的每一行的左边界,如程序段 2-2 所示。

程序段 2-2　多行显示的字符串实例

```
1    import Foundation
2
3    let multiLine : String = """
4        Swift 程序设计
5          Swift 程序设计
6            Swift 程序设计
7
8        Swift\
9        程序设计
10
11       """
12   print(multiLine)
```

在程序段 2-2 中,第 3 行的""""和第 11 行的""""配对,其间的文本为多行字符串,多行字符串的左边界必须以第 11 行的""""的左边界为界,在此基础上的缩进量才是有效的。在多行字符串中,"\"表示续行符,其下的一行将显示在当前行的右边,这里第 8 行和第 9 行将作为一行显示。第 10 行的空白行将显示为回车换行。

程序段 2-2 的输出结果如图 2-1 所示。

在输出字符串时,转义字符不能输出为字面字符,例如,"\n"将输出回车换行。若要输出转义字符的字面量,需要使用"#"\n"#"输出转义字符的字面字符,例如:"#"Line1\nLine2"#"将输出"Line1\nLine2",而不是输出两行文本。这里的"#"表示按字符串的字面值输出字

图 2-1　程序段 2-2 的输出结果

符串,此时若仍然输出转义字符,则需要在转义字符的"\"后添加"#"号,例如,"#"Line1\#nLine2"#"将输出两行文本,或者使用"###"Line1\###nLine2"###"输出两行文本。

在 Swift 语言中,针对字符串的操作有创建字符串常量或变量、读取字符串中的字符或子串、连接两个或多个字符串、字符串插入或删除、字符串比较大小等操作,下面将详细介绍这些操作。

1) 创建字符串常量或变量

创建字符串常量或变量的方式如下:

```
let 字符串常量名 : String = 字符串字面量
var 字符串变量名 : String = 初始字符串字面量
```

在 Swift 语言中,字符串是一种值类型(而不是引用类型),即每个字符串均占用独立的存储空间,当把一个字符串赋值给另一个字符串时,将把整个字符串复制给另一个字符串,两个字符串占有独立的存储空间,没有关联。事实上,这种处理在 Swift 语言内部是动态的,如果上述两个字符串都是常量,则编译器给它们分配相同的存储空间。如果上述两个字符串都是变量,则编译器将为它们分配独立的存储空间,这样修改任一个都不会影响另一个。还有一种特殊情况,从字符串中读取的子串,将与原字符串共享存储空间。但是,如果需要修改子串,应将其转换为字符串(用 String(子串名)实现),让其拥有独立的存储空间。

程序段 2-3 介绍了创建字符串常量和变量的方法。

程序段 2-3 创建字符串常量和变量

视频讲解

```
1    import Foundation
2
3    let str1 = "Hello"
4    let str2 = " World"
5    var str3 : String = String()
6    str3 = str1 + str2
7    print(str3)
8    let chs : [Character]=["S","w","i","f","t"]
9    str3 = str1+" "+String(chs)
10   print(str3)
```

在程序段 2-3 中,第 3 行"let str1＝"Hello""定义常量 str1,赋值为"Hello",根据赋值自动推断 str1 为字符串常量,等价于"let str1:String＝"Hello""。

第 5 行"var str3:String＝String()"定义字符串变量 str3,赋值为空字符串。

第 6 行"str3＝str1＋str2"连接字符串 str1 和 str2,赋给 str3。

第 7 行"print(str3)"输出字符串 str3,得到"Hello World"。

第 8 行"let chs:[Character]＝["S","w","i","f","t"]"定义字符数组 chs。

第 9 行"str3＝str1＋" "＋String(chs)"连接字符串 str1、空格和字符数组 chs 转换的字符串,赋给字符串变量 str3。

第 10 行"print(str3)"输出字符串 str3,得到"Hello Swift"。

2) 读取字符串中的字符或子串

在 Swift 语言中,字符串不是字符数组,字符串中的字符采用 Unicode scalar value 表示,有些显示字符可能由多个字符组合而成,所以,不能根据字符在字符串中的存储位置访问字符串中的字符。字符串中的字符或子串的访问借助索引实现,为此,定义了字符串的几个索引值属性,例如 startIndex 表示字符串的首字符索引值;endIndex 表示字符串的尾字符的下一个位置;字符串中间字符的位置使用方法 index,index 方法主要有 3 个用法:index(before:)、index(after:)和 index(_:offsetBy:),依次表示参数给定的索引的前一个、后一个或偏移一定长度的索引值。还可以借助 for-in 循环访问 indices 属性依次访问字符串中的各个字符。

从字符串中提取子串时需要使用表示范围的索引,但不能直接使用整数。有两种表示范围的方法:其一,闭区间表示,例如,a...b 表示从 a 至 b 的范围(包含两个端点位置);a...表示从 a 至最后一个字符的范围;...b 表示从首字符至第 b 个字符的范围。其二,半开区间表示,例如,a..<b 表示从 a 至 b 的范围(包含 a 端点,但不包含 b 端点位置);..<b 表示从首字符至

第 b 个字符的范围(不含 b 端点)。

程序段 2-4 展示了字符串中的字符或子串访问方法。

程序段 2-4 字符串中的字符或子串访问方法

视频讲解

```
1   import Foundation
2
3   let str = "Swift 程序设计"
4   print(str[str.startIndex])
5   print(str[str.index(before: str.endIndex)])
6   print(str[str.index(after: str.startIndex)])
7   print(str[str.index(str.startIndex, offsetBy: 5)])
8   print(str[str.index(str.endIndex, offsetBy: -2)])
9   for e in str.indices
10  {
11      print(str[e],terminator: "")
12  }
13  print()
14  let index1 = str.index(str.startIndex, offsetBy: 4)
15  let substr = str[...index1]
16  print(substr)
17  print(str[..<index1])
18  let index2 = str.index(str.startIndex, offsetBy: 5)
19  print(str[index2...])
20  print(str[index2..<str.endIndex])
21  let index3 = str.firstIndex(of: "设") ??str.endIndex
22  print(str[index2..<index3])
23  print(str[index2...index3])
24  var strhz = String(str[index2...])
25  print(strhz)
```

在程序段 2-4 中，第 3 行"let str＝"Swift 程序设计""定义常量 str，赋值为字符串字面量
"Swift 程序设计"。第 4 行"print(str[str. startIndex])"中，"str. startIndex"表示字符串 str
的首字符索引号，这里将输出 str 的首字符，即输出"S"。第 5 行"print(str[str. index(before：
str. endIndex)])"中，"str. index(before：str. endIndex)"表示字符串 str 的最后一个字符的索
引号，该行输出 str 的尾字符，即输出"计"。

第 6 行 "print (str [str. index (after：str. startIndex)])"中，"str. index (after：str.
startIndex)"返回字符串 str 的第 2 个字符的索引号，该行将输出 str 的第 2 个字符，即输出
"w"。第 7 行"print (str [str. index (str. startIndex，offsetBy：5)])"中，"str. index (str.
startIndex，offsetBy：5)"表示 str 字符串从首字符开始向右偏移 5 个位置的字符的索引号，即
"程"在 str 中的索引号，该行输出"程"。第 8 行"print(str[str. index(str. endIndex，offsetBy：
－2)])"中，"str. index(str. endIndex，offsetBy：－2)"表示从最后一个字符的下一个位置开始
向左偏移 2 个位置的字符的索引号，即"设"在 str 中的索引号，该行输出"设"。

第 9～12 行为一个 for-in 循环，e 遍历 str 的全部字符，因为这个循环将输出 str 字符串，
即输出"Swift 程序设计"。第 13 行"print()"输出回车换行符。

第 14 行"let index1＝str. index(str. startIndex，offsetBy：4)"定义常量 index1，赋值为 str
字符串中从首字符向右偏移 4 个位置的字符所在的索引号，即"t"的索引号。第 15 行"let
substr＝str[...index1]"中，范围"...index1"表示从首字符至索引号 index1 对应的字符(包括
后者)的索引号区间，该行将"Swift"赋给常量 substr。第 16 行"print(substr)"输出"Swift"。

第 17 行"print(str[..<index1])"中,范围"..<index1"表示从首字符至 index1 对应的字符(不包括后者)的索引号区间,该行输行"Swif"。

第 18 行"let index2＝str.index(str.startIndex, offsetBy:5)"将 str 字符串中"程"的索引号赋给常量 index2。第 19 行"print(str[index2...])"输出"程序设计"。第 20 行"print(str[index2..<str.endIndex])"与第 19 行含义相同,输出"程序设计"。

第 21 行"let index3＝str.firstIndex(of:"设") ?? str.endIndex"调用函数 firstIndex 得到"设"在 str 字符串中的索引号,如要"str.firstIndex(of:"设")"为空值 nil,则返回"str.endIndex"。第 22 行"print(str[index2..<index3])"中,"index2..<index3"表示从 index2 至 index3 的前一个索引的范围,故该行输出"程序"。第 23 行"print(str[index2...index3])"输出"程序设"。第 24 行"var strhz＝String(str[index2...])"将子串"str[index2...]"转换成字符串赋给变量 strhz,第 25 行"print(strhz)"输出 strhz,即输出"程序设计"。

3) 连接两个或多个字符串

"+"号可用于连接多个字符串,此外,字符串的 append 方法可以向当前字符串尾部添加新的字符串。程序段 2-5 说明了连接字符串的方法。

视频讲解

程序段 2-5 连接字符串

```
1    import Foundation
2
3    let str1 = "Hello "
4    let str2 = "Swift."
5    var str3 : String = "Hi"
6    str3.append("Apple.")
7    print(str3)
8    str3 += str1+str2
9    print(str3)
```

程序段 2-5 中,第 3 行"let str1＝"Hello ""定义常量 str1,赋值为"Hello "。第 4 行"let str2＝"Swift.""定义常量 str2,赋值为"Swift."。第 5 行"var str3:String＝"Hi""定义变量 str3,赋值为"Hi"。第 6 行"str3.append("Apple.")"调用 append 方法将字符串"Apple."添加到 str3 尾部。第 7 行"print(str3)"输出 str3,即输出"HiApple."。第 8 行"str3 ＋＝ str1＋str2"中"＋＝"为复合赋值运算符,该行等价于"str3＝str3＋str1＋str2",得到字符串 str3 为"HiApple.Hello Swift.";第 9 行"print(str3)"输出字符串 str3。

4) 字符串插入与删除

在字符串中,可以借助"\(变量或常量)"将变量或常量的值插入其中。字符串的 insert 方法可以向字符串指定的索引位置插入字符或字符串,例如"str.insert("a", str.endIndex)"将向 str 尾部插入字符"a";"str.insert(contentsOf:"Hello", str.startIndex)"将向 str 首部插入字符串"Hello"。

通过指定字符串中字符或其子串的索引位置,可以调用方法 remove 或 removeSubrange 删除相应的字符或子串。方法 replaceSubrange 可以使用新字符串替换字符串指定位置的子串。

程序段 2-6 介绍了上述常用方法的用法。

程序段 2-6 字符串插入与删除方法

```
1    import Foundation
2
```
视频讲解

```
3      print("Simple Algorithm: \(3) *\(7) = \(3*7)")
4      var str = "Swift"
5      str.insert(".", at: str.endIndex)
6      print(str)
7      str.insert(contentsOf: "Hello", at: str.startIndex)
8      print(str)
9      str.insert(" ",at: str.index(str.startIndex,offsetBy: 5))
10     print(str)
11     str.replaceSubrange(str.index(str.startIndex, offsetBy: 6)..<str.index(before:
       str.endIndex), with: "OWorld")
12     print(str)
13     str.remove(at: str.firstIndex(of: "O")!)
14     print(str)
15     str.removeSubrange(str.firstIndex(of: " ")!..<str.index(before: str.endIndex))
16     print(str)
```

在程序段 2-6 中,第 3 行"print("Simple Algorithm: \(3) * \(7) = \(3 * 7)")"输出"Simple Algorithm:3 * 7=21"。

第 4 行"var str= "Swift""定义变量 str,赋值为字符串"Swift"。第 5 行"str.insert(".", at:str.endIndex)"调用 insert 方法在 str 尾部插入字符"."。第 6 行"print(str)"输出字符串 str,即输出"Swift."。

第 7 行"str.insert(contentsOf:"Hello", at:str.startIndex)"在字符串 str 首部插入字符串"Hello"。第 8 行"print(str)"输出字符串 str,即输出"HelloSwift."。

第 9 行"str.insert(" ",at:str.index(str.startIndex,offsetBy:5))"在字符串 str 从首部右移 5 个字符的位置处插入空格。第 10 行"print(str)"输出字符串 str,得到"Hello Swift."。

第 11 行"str.replaceSubrange(str.index(str.startIndex, offsetBy:6)..< str.index(before:str.endIndex), with:"OWorld")"调用方法 replaceSubrange 将 str 的自首字符右移 6 个字符的位置至倒数第 2 个字符的范围替换为"OWorld"。第 12 行"print(str)"输出字符串 str,即输出"Hello OWorld."。

第 13 行"str.remove(at:str.firstIndex(of:"O")!)"中,方法 firstIndex 返回可选的索引类型,这里添加了"!"强制转换为索引类型,该行调用 remove 方法删除 str 中第一次出现的大写字母"O"。第 14 行"print(str)"输出字符串 str,即输出"Hello World."。

第 15 行"str.removeSubrange(str.firstIndex(of:" ")!..< str.index(before:str.endIndex))"删除 str 中从第一个空格出现的位置至倒数第 2 个字符的范围的子串。第 16 行"print(str)"输出字符串 str,即输出"Hello."。

5) 字符串比较大小

两个字符串可以比较大小,比较方式为从左向右依次对比相同位置上的字符的大小,首先出现较大的字符的字符串大;如果两个字符串长度相同,且对应位置上的字符"严格"相同(这里的"严格"相同将排除那些不同语种语言中字符显示样式相同但 Unicode 编码不同的字符),则两个字符串相等。注:参加比较的两个字符串的长度不必相同。

在 Swift 语言中,常需要判断字符串是否包含某些子串,有三种常用方法:①hasPrefix,用于判断字符串是否以某个子串开头;②hasSuffix,用于判断字符串是否以某个子串结尾;③contains,用于判断字符串是否包含某个子串。这三个方法均返回 Bool 值(即 true 或 false)。程序段 2-7 展示了字符串比较大小的方法。

程序段 2-7　字符串比较大小实例

```
1    import Foundation
2
3    let str1 = "Hello swift."
4    let str2 = "Hello world."
5    print(str1>str2)
6    print(str1>=str2)
7    print(str1<str2)
8    print(str1<=str2)
9    print(str1==str2)
10   print(str1 != str2)
11   print(str1.hasPrefix("Hello"))
12   print(str1.hasSuffix("ift."))
13   print(str1.contains("sw"))
```

在程序段 2-7 中,第 3 行和第 4 行依次定义了常量字符串 str1 和 str2,分别为"Hello swift."和"Hello world."第 5 行"print(str1 > str2)"输出 str1 和 str2 的比较结果,由于 str1 < str2,这里输出 false。第 6 行"print(str1 >= str2)"输出 false。第 7 行"print(str1 < str2)"输出 true。第 8 行"print(str1 <= str2)"输出 true。第 9 行"print(str1 == str2)"输出 false。第 10 行"print(str1 != str2)"输出 true。

第 11 行"print(str1.hasPrefix("Hello"))"输出 str1 是否以"Hello"开头,得到结果 true。第 12 行"print(str1.hasSuffix("ift."))"输出 str1 是否以"ift."结尾,得到结果 true。第 13 行"print(str1.contains("sw"))"输出 str1 是否包含子串"sw",得到结果 true。

2.3　浮点型

在 Swift 语言中,浮点型包括单精度浮点型 Float 和双精度浮点型 Double 两种,前者使用 32 位存储一个浮点数,具有 6 位小数位;后者使用 64 位存储一个浮点数,具有至少 15 位小数位。浮点型在计算机中使用 IEEE-754 标准格式存储,详细介绍见参考文献[1]。

程序段 2-8 展示浮点数的用法。

程序段 2-8　文件 main.swift

```
1    import Foundation
2
3    let w1:Float = 0.3
4    var w2:Double = 5.0
5    w2=w2+4.3+Double(w1)
6    print(String(format:"w1=%5.2f, w2=%5.2f",w1,w2))
7    print(type(of: 3.4))
8    print(type(of: 35E4))
9
10   typealias MyFloat64=Double
11   let val : MyFloat64 = 0.34
12   print(val)
```

在程序段 2-8 中,第 3 行"let w1:Float=0.3"定义单精度浮点型常量 w1,赋值为 0.3。注意,浮点数必须带小数点".",但是形如"3."或".5"这样的小数表示是错误的,必须表示为 3.0 和 0.5,即小数点的左右两边必须有数。

第 4 行"var w2:Double=5.0"定义双精度浮点型变量 w2,赋初值为 5.0。该行等价于

"var w2＝5.0"，因为小数值默认为 Double 类型。

第 5 行"w2＝w2＋4.3＋Double(w1)"将 w2、4.3 和 w1 求和，赋给 w2。在 Swift 语言中，小数常量，例如 4.3，默认为 Double 型，Swift 语言是类型安全的语言，Float 型和 Double 型的数据间不能混合运算和互相赋值，这里"Double(w1)"将 w1 由 Float 型转换为 Double 型。在强制数型转换时，只能使用"类型(变量或常量)"，而不能使用"(类型)变量或常量"的形式。

第 6 行"print(String(format:"w1＝％5.2f, w2＝％5.2f",w1,w2))"格式化输出 w1 和 w2 的值，得到"w1＝ 0.30，w2＝ 9.60"。

第 7 行"print(type(of:3.4))"输出字面量 3.4 的类型，得到"Double"。第 8 行"print(type(of:35E4))"输出字面量 35E4 的类型，得到"Double"。

第 10 行"typealias MyFloat64＝Double"自定义变量类型 MyFloat64，等同于 Double 类型。第 11 行"let val :MyFloat64＝0.34"定义自定义变量类型 MyFloat64 类型的变量 val，赋初值为 0.34。第 12 行"print(val)"输出 val 的值，得到"0.34"。

浮点型常量(即浮点型字面量)可以用十进制(默认)或十六进制数表示，还可以用指数表示，十进制数用 E 或 e 表示指数(以 10 为底)，例如"E5"表示 10^5；十六进制数以 0x 作为前缀，以 P 或 p 表示指数(以 2 为底)，例如"p3"表示 2^3。例如，4.35、35E4、1.2e6 都是合法的十进制浮点数；0x3Ap4、0xB1.E2CP－3 均为合法的十六进制浮点数。浮点数的小数点左右两边必须具有数值，例如，".32"和"89."是不合法的浮点数。

浮点数常量可以使用下画线"_"作为分隔符，以增强可读性，例如，"3_000.010_5"等价于"3000.0105"；浮点数前面可以添加额外的"0"，例如"00045.67"和"45.67"含义相同。

2.4　布尔型

布尔型，又称逻辑型，数据类型声明符为 Bool，只有两个字面量 true 和 false。Swift 语言中，布尔型与整型等类型无关，是独立的类型。

程序段 2-9 说明了布尔型的用法。

程序段 2-9　文件 main. swift

视频讲解

```
1    import Foundation
2
3    var t1: Bool=true
4    print(t1)
5    t1 = !t1
6    print(t1)
```

在程序段 2-9 中，第 3 行"var t1:Bool＝true"定义布尔型变量 t1，赋初始值 true。该行等价于"var t1＝true"，Swift 语言鼓励定义变量或常量时使用其值推断数据类型。

第 4 行"print(t1)"在控制台上输出"true"。

第 5 行"t1＝!t1"将 t1 的逻辑值取非。

第 6 行"print(t1)"在控制台上输出"false"。

将布尔型的 true 转换为整数 1，false 转换为整数 0，需要使用三目的条件运算符，例如："let val＝(t1＝＝true)？1:0"将布尔型变量 t1 转换为 Int 类型赋给常量 val，这里，若 t1 为 true，则得到 1；否则得到 0。同样地，整型值不能直接转换为布尔值，由整型值 val 得到一个布尔值的方法为"t1＝(val !＝ 0)"，此时，若 val 非零，则返回 true；否则，返回 false。

2.5 元组

严格意义上,元组不属于数据类型,而属于数据结构。元组将一些变量或常量或字面量组织成一个有序的序列,索引号从 0 开始,用圆括号"()"括起来,各个元素间用","分隔。元组中可以有任意多个元素,各个元素可为任意类型;如果元组被定义为变量,则其各个位置的元素值可以改变(但各个位置的元素的数据类型保持不变)。

元组常被用作函数的返回值,借助元组可以从函数中返回多个值。

程序段 2-10 介绍了元组的基本用法。

程序段 2-10 文件 main. swift

视频讲解

```
1    import Foundation
2
3    var price = 5.6
4    var tup1 = ("Apple",price,"Shangdao")
5    print(tup1)
6    print(tup1.0)
7    tup1.1=8.9
8    print(tup1)
9    var tup2 = (fruit:tup1,kind:"Fushi")
10   print(tup2)
11   print(tup2.kind)
12   tup2.kind="Guoguang"
13   print(tup2.1)
14   let cord = (x:3.4,y:7.8,z:4.9)
15   var (x,y,_) = cord
16   print(x," ",y)
17   print(cord.z)
```

在程序段 2-10 中,第 3 行"var price=5.6"定义变量 price,赋初值为 5.6,Swift 语言自动识别 price 为 Double 型变量。

第 4 行"var tup1=("Apple",price,"Shangdao")"定义元组 tup1,这里的元组为变量,其各个位置的元素值可以修改,但其各个位置的元素的数据类型保持不变,例如,第 1 个索引位置(从 0 开始索引)处只能为 Double 型数据。此外,元组不是数据类型,定义元组时,不用指定类型。

第 5 行"print(tup1)"在控制台上输出整个元组 tup1,即输出"("Apple", 5.6, "Shangdao")"。

第 6 行"print(tup1.0)"在控制台上输出元组 tup1 的第 0 索引号对应的元素,即输出"Apple"。

第 7 行"tup1.1=8.9"将 tup1 元组的第 1 索引号位置的元素修改为 8.9。元组中的元素可以借助"元组名.索引号"访问。

第 8 行"print(tup1)"输出元组 tup1,得到"("Apple", 8.9, "Shangdao")"。

第 9 行"var tup2=(fruit:tup1,kind:"Fushi")"定义元组 tup2。定义元组时可以为其每个元组指定"名称"或"标签",并且元组可以嵌套,这里"fruit"为 tup1 的标签;"kind"为"Fushi"的标签。定义了元组中各个元素的标签后,可以借助"元组名.标签名"访问相应的元素。

第 10 行"print(tup2)"输出元组 tup2,得到"(fruit:("Apple", 8.9, "Shangdao"), kind:"Fushi")"。

第 11 行"print(tup2. kind)"输出元组 tup2 的标签为 kind 的元素,得到"Fushi"。

第 12 行"tup2. kind="Guoguang""由于元组 tup2 为变量,这里将 tup2 的 kind 标签的元素修改为"Guoguang"。

第 13 行"print(tup2.1)"输出元组 tup2 的第 1 索引号位置的元素,得到"Guoguang"。

第 14 行"let cord=(x:3.4,y:7.8,z:4.9)"定义 cord 元组,具有 3 个元素,它们的标签依次为 x、y 和 z。这里的 cord 对应于空间中一个点的坐标,且这里元组 cord 为常量。

第 15 行"var (x,y,_)=cord"称为元组的"解包""拆包"或"分解",而把一组变量、常量或字面量组合为一个元组,可称为元组的"打包"。这里 x 赋值为元组 cord 的标签 x 对应的元素;y 赋值为 cord 的标签 y 对应的元素;"_"为占位符,表示 cord 的标签 z 对应的元素被忽略。这里的变量 x、y 与 cord 元素中的同名标签互不影响。

第 16 行"print(x," ",y)"输出"3.4　7.8",两个值间有 3 个空格。

第 17 行"print(cord. z)"输出 cord 元组的标签 z 对应的元素,得到"4.9"。

程序段 2-10 的执行结果如图 2-2 所示。

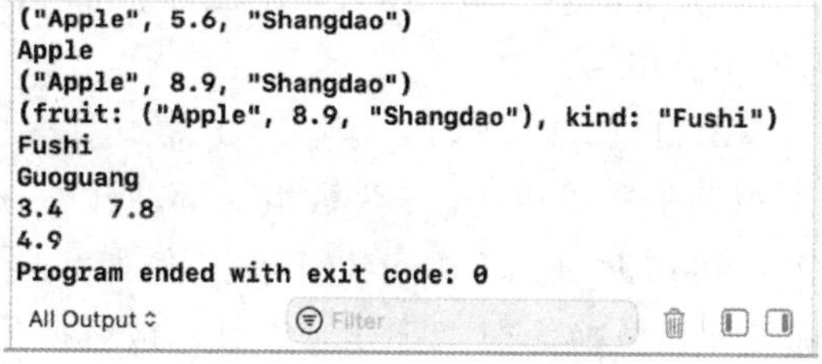

```
("Apple", 5.6, "Shangdao")
Apple
("Apple", 8.9, "Shangdao")
(fruit: ("Apple", 8.9, "Shangdao"), kind: "Fushi")
Fushi
Guoguang
3.4    7.8
4.9
Program ended with exit code: 0
All Output ⇕          ⊜ Filter                    🗑 ▯ ▯
```

图 2-2　程序段 2-10 的执行结果

元组主要用作函数的返回值,可以返回多个值。此外,元组可以实现多个变量或常量的并行赋值。例如:

```
1    var x=3,y=5              //定义两个变量 x 和 y,分别赋值为 3 和 5
2    (x,y) = (y,x)
3    print(x,y)               //在控制台上输出 x 和 y 的值,得到"5 3"
```

上述代码中,第 2 行"(x,y)=(y,x)"以两个元组的形式实现并行赋值,即交换 x 和 y 的值。

两个元组间可以比较大小,要求两个元组对应位置的元素类型相同,且对应位置的元素可以比较大小。元组按照其元素从左至右的方式依次比较相应位置上元素的大小,得到第一个较大元素值的元组大。若两个元组的全部对应位置上的元素都相等,则两个元组相等。

2.6　数组

在 Swift 语言中,提供了"集合"类型(或称"集"类型),这种类型的特点在于:①包含多个"元素";②可以使用"下标"访问其中的元素;③都是泛型。本章前述介绍的字符串、整型、浮点型和布尔型均为基础类型;而"集"类型包括三种,即数组、集合(类似于数学意义上的集合)和字典。本节将介绍数组的定义和使用方法。

数组属于泛型(即在一对"<>"中指定元素数据类型的一种通用类型,形如"通用类型名<元素类型名>"),其定义形式为"Array<数据元素的类型>",常简记为"[数据元素的类型]",数组中的所有元素类型必须相同。

下面定义了几个数组：

```
var   array1 : Array<String> = [ ]              //定义数组 array1,其元素为字符串,初始为
                                                //空数组
var   array2 : [String] = ["Apple", "Pear"]     //定义字符串数组 array2,包括 2 个字符串元
                                                //素,即"Apple"和"Pear"
var   array3 = ["Apple", "Pear"]                //与 array2 含义相同,在定义数组时,可根据
                                                //数组元素的类型推断数组类型,此时,省略
                                                //数组类型声明"[String]"
var   array4 = Array(repeating: 1, count: 10)   //定义包含相同元素的数组 array4,这里包含
                                                //了 10 个整数 1,数组 array4 自动识别为整
                                                //型数组
```

在上述定义的基础上,语句"array3=[]"将清空数组 array3 中的全部元素。

使用 var 关键字定义的数组变量,其元素可以改变;而使用 let 关键字定义的数组常量,只能通过初始化赋值,之后,其元素不能更改。数组是有序的数据结构,即其中的元素是有序排列的。数组元素通过"下标"访问,下标从 0 开始,直到数组的长度减去 1 的值。数组具有一个只读属性 count,返回数组中元素的总个数;还有一个属性 isEmpty,返回 Bool 值,若数组为空则返回真(true),否则返回假(false)。

现在定义数组 var arr=[10,11,12,13,14,15],则 arr[0]为 10,arr[5]为 15,没有 arr[6];arr.count 返回 6;arr.isEmpty 返回 false;由于 arr 为数组变量,所以 arr[3]=23 将 arr 中原来下标为 3 的元素 13 替换为 23。可借助"范围"访问数组元素,例如"arr[0...1]=[1,2,3,4,5]"将 arr 的第 0 个和第 1 个下标的元素替换为"1,2,3,4,5",注:被替换的元素个数不必与指定的元素个数相同。

除了上述借助下标访问数组元素的方式外,数组还支持 insert、remove 等方法实现元素的插入和删除,这些用法参考程序段 2-11。

程序段 2-11 数组用法实例

```
1    import Foundation
2
3    var arr1 : Array<Int> = [1,2,3,4,5]
4    var arr2 : [Int] = [1,2,3,4,5]
5    var arr3 = [6,7,8,9,10]
6    var arr4 = Array(repeating: 1, count: 5)
7    var arr5 = arr1 + arr3
8    print(arr5)
9    print(arr5[0],arr5[arr5.count-1])
10   arr5.append(11)
11   print(arr5)
12   arr5 += [12,13]
13   print(arr5)
14   print(arr5[...3])
15   print(arr5[10...])
16   print(arr5[3...6])
17   print(arr5[3..<6])
18   arr5[3...10]=[7,8]
19   print(arr5)
20   arr5.insert(4, at: 3)
21   print(arr5)
22   arr5.insert(contentsOf: [4,5,6], at:0)
23   print(arr5)
```

```
24    arr5.remove(at:5)
25    print(arr5)
26    arr5.removeLast()
27    print(arr5)
28    arr5.removeSubrange(3...5)
29    print(arr5)
30    if !arr5.isEmpty
31    {
32        for e in arr5
33        {
34            print(e,terminator: " ")
35        }
36    }
37    print()
38    for (i,e) in arr5.enumerated()
39    {
40        print("\(i+1):\(e)", terminator: ", ")
41    }
42    print()
```

程序段 2-11 的执行结果如图 2-3 所示。

现结合图 2-3 分析程序段 2-11 中的代码。第 3
行"var arr1：Array<Int>=[1,2,3,4,5]"定义整型数
组变量 arr1,赋值为"[1,2,3,4,5]"。第 4 行"var
arr2：[Int]=[1,2,3,4,5]"定义整数数组变量 arr2,赋
值为"[1,2,3,4,5]"。第 5 行"var arr3=[6,7,8,9,
10]"定义整数数组变量 arr3,赋值为"[6,7,8,9,10]"。
上述 3 行展示了定义数组的方法,一般地,第 4 行和第
5 行的方法更常用,第 4 行使用形式"[元素的数据类
型]",第 5 行根据数组的值推断数组类型。

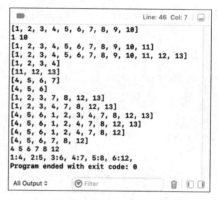

图 2-3　程序段 2-11 的执行结果

第 6 行"var arr4=Array(repeating:1, count:5)"展示了定义元素相同的数组的快捷方
法,这里定义了数组变量 arr4,包括 5 个元素,每个元素均为整数 1。

第 7 行"var arr5=arr1+arr3"定义数组 arr5,将 arr1 和 arr3 合并后的数组赋给 arr5。这
里的"+"号用于合并两个数组的元素,形成一个新的数组。第 8 行"print(arr5)"输出数组
arr5,得到"[1, 2, 3, 4, 5, 6, 7, 8, 9, 10]"。第 9 行"print(arr5[0],arr5[arr5.count-1])"输
出 arr5 的第 0 个元素(即下标为 0 的元素)和最后一个元素(即下标为 arr5.count-1 的元素),
这里的"arr5.count"返回 arr5 的元素个数,即返回 10,第 9 行的输出结果为"1 10"。

第 10 行"arr5.append(11)"调用 append 方法在 arr5 最后一个元素后添加新元素 11。第
11 行"print(arr5)"输出 arr5,得到"[1, 2, 3, 4, 5, 6, 7, 8, 9, 10, 11]"。第 12 行"arr5 +=
[12,13]"将数组"[12,13]"合并到数组 arr5 中,添加到 arr5 元素的后面。第 13 行"print
(arr5)"输出 arr5,得到"[1, 2, 3, 4, 5, 6, 7, 8, 9, 10, 11, 12, 13]"。第 14 行"print(arr5
[...3])"输出 arr5 的第 0 个至第 3 个元素组成的新数组,即输出"[1, 2, 3, 4]"。第 15 行
"print(arr5[10...])"输出 arr5 的第 10 个至最后一个元素组成的新数组,即输出"[11, 12,
13]"。第 16 行"print(arr5[3...6])"输出 arr5 的第 3 个至第 6 个元素组成的新数组,即输出
"[4, 5, 6, 7]"。第 17 行"print(arr5[3..<6])"输出 arr5 的第 3 个至第 6 个元素(不含后者)
组成的新数组,即输出"[4, 5, 6]"。

第 18 行"arr5[3...10]=[7,8]"将 arr5 的第 3 个至第 10 个元素替换为元素 7 和 8；第 19 行"print(arr5)"输出 arr5，得到"[1, 2, 3, 7, 8, 12, 13]"。第 20 行"arr5.insert(4, at:3)"在 arr5 的第 3 个位置插入元素 4。第 21 行"print(arr5)"输出 arr5，得到"[1, 2, 3, 4, 7, 8, 12, 13]"。第 22 行"arr5.insert(contentsOf:[4,5,6], at:0)"在 arr5 的第 0 个元素位置插入数组 [4,5,6]的元素。第 23 行"print(arr5)"输出 arr5，得到"[4, 5, 6, 1, 2, 3, 4, 7, 8, 12, 13]"。

第 24 行"arr5.remove(at:5)"删除 arr5 中第 5 个位置处的元素(注意标号从 0 开始，这里将删除元素 3)。第 25 行"print(arr5)"输出 arr5，得到"[4, 5, 6, 1, 2, 4, 7, 8, 12, 13]"。第 26 行"arr5.removeLast()"删除 arr5 的最后一个元素。第 27 行"print(arr5)"输出 arr5，得到"[4, 5, 6, 1, 2, 4, 7, 8, 12]"。第 28 行"arr5.removeSubrange(3...5)"调用方法 removeSubrange 删除指定范围的数组元素，这里删除 arr5 的第 3 个至第 5 个元素。第 29 行"print(arr5)"输出 arr5，得到"[4, 5, 6, 7, 8, 12]"。

第 30~36 行为一个 if 结构，第 30 行"if !arr5.isEmpty"中，"!arr5.isEmpty"为 true，第 31~36 行将被执行；第 32~35 行为一个 for-in 结构，对于 arr5 中的每个元素(这里记为 e)，执行第 34 行"print(e,terminator:" ")"，即输出该元素 e 的值，以空格作为结束符，于是得到"4 5 6 7 8 12"。第 37 行"print()"输出一个空白行。

第 38~41 行为一个 for-in 循环结构，第 38 行"for (i,e) in arr5.enumerated()"中，方法 enumerated 以二元组的形式"(元素标号，元素值)"返回数组的每个元素，这里的 i 将保存标号，e 将保存该标号对应的元素值。第 40 行"print("\(i+1):\(e)", terminator:", ")"输入标号和元素值。第 38~41 行执行后输出"1:4, 2:5, 3:6, 4:7, 5:8, 6:12,"。第 42 行"print()"输出一个空白行。

2.7 集合

集合是一种无序的数据结构，其元素的数据类型必须相同，且每个元素在集合中必须是唯一的。在 Swift 语言中，为了表示数据的唯一性，为数据提供了一个"标签"和计算该"标签"的方法，这个"标签"可以区分不同的数据，称为"哈希值"，例如，全部基本数据类型，即字符串、整型、浮点型和布尔型等，定义的数据均具有"哈希值"。由于集合中的元素具有唯一性，集合元素必须是可区分的，故只有具有"哈希值"的数据才能作为集合元素。

集合类型是一种泛型，其定义方式为"Set<元素类型>"，当可借助集合中的元素推断集合类型时，可以写为"Set"。集合的表示方式和数组相同，都使用方括号"[ ]"将元素括起来。类似于数组，集合也具有只读属性 count，用于获取集合中的元素个数；属性 isEmpty 返回集合是否为空的布尔值；方法 contains 判断某个元素是否在集合中；可使用 insert 向集合插入单个元素，使用 remove 删除集合的单个元素，使用 removeAll 清空集合。

常用的集合操作有并、交、差、包含、不相交等，设两个集合为 a 和 b，则：

(1) a.union(b)返回 a 与 b 的并集；

(2) a.intersection(b)返回 a 与 b 的交集；

(3) a.subtracting(b)返回 a 与 b 的差集，由在 a 中且不在 b 中的元素组成；

(4) a.symmetricDifference(b)返回由只在 a 中或只在 b 中的元素组成的集合；

(5) a.isSubset(b)返回 a 是否为 b 的子集的布尔量，如果是，返回 true；否则返回 false；

(6) a.isSuperset(b)返回 a 是否包含 b 的布尔量，如果 a 包含 b，则返回 true；否则返回 false；

（7）a.isStrictSubset(b)返回 a 是否为 b 的真子集的布尔量,如果是,则返回 true;否则返回 false;

（8）a.isStrictSuperset(b)返回 a 是否真包含 b 的布尔量,如果 a 真包含 b(排除了 a 与 b 相等),则返回 true;否则返回 false;

（9）a.isDijoint(b)返回 a 是否与 b 不相交的布尔量,如果 a 与 b 无相同元素,则返回 true;否则返回 false。

程序段 2-12 介绍了集合的定义和用法。

程序段 2-12　集合用法实例

视频讲解

```
1    import Foundation
2
3    var set1 : Set<Int> = [1,2,3,4,5]
4    var set2 : Set = [2,3,4,5,6,7,8]
5    var set3 = Set([1,3,5,7,10,12,14])
6    var set4 = Set<Int>()
7    var set5 : Set<Int> = []
8    set1.insert(6)
9    print(set1)
10   let v1 = set1.remove(1) ?? 0
11   print(v1)
12   print(set1)
13   if !set1.isEmpty
14   {
15       for e in set1.sorted()
16       {
17           print(e,terminator: " ")
18       }
19   }
20   print()
21   let arr = Array(repeating: 1, count: 10) + Array(repeating: 3, count: 5)
22   var set6 = Set(arr)
23   print(set6)
24   print(type(of: set6))
25   print(set1.isSubset(of: set2))
26   print(set1.isStrictSubset(of: set2))
27   print(set1.isDisjoint(with: set3))
28   print(set1.union(set3))
29   print(set1.intersection(set3))
30   print(set1.symmetricDifference(set3))
31   print(set1.subtracting(set3))
```

程序段 2-12 的执行结果如图 2-4 所示。

现结合图 2-4 分析程序段 2-12 中的代码。在程序段 2-12 中,第 3～7 行均为定义集合的方法。第 3 行"var set1:Set < Int >=[1,2,3,4,5]"定义集合 set1,初始化为数组"[1,2,3,4,5]",包含整数"1,2,3,4,5"。第 4 行"var set2:Set=[2,3,4,5,6,7,8]"定义集合 set2,赋值为数组"[2,3,4,5,6,7,8]",根据集合元素可以推断集合为整型,故省略了类型声明符"< Int >"。请注意:由方括号"[ ]"

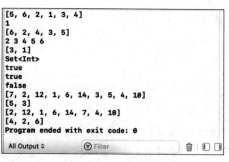

```
[5, 6, 2, 1, 3, 4]
1
[6, 2, 4, 3, 5]
2 3 4 5 6
[3, 1]
Set<Int>
true
true
false
[7, 2, 12, 1, 6, 14, 3, 5, 4, 10]
[5, 3]
[2, 12, 1, 6, 14, 7, 4, 10]
[4, 2, 6]
Program ended with exit code: 0
All Output ⌄        ⊚ Filter
```

图 2-4　程序段 2-12 的执行结果

括起来的同类型的一组数据属于数组,而不是集合。上述的第3、4行应理解为用数组初始化集合。但是,不同于数组,集合中的元素没有顺序且具有唯一性,不能像数组那样使用数字形式的"下标"检索元素,同时,如果数组中有相同的元素,当这种数组赋值给集合时,多个相同的元素仅保留为一个(将自动删除多余的相同元素)。

将数组转换为集合的方法为 Set(数组)。第5行"var set3 = Set([1,3,5,7,10,12,14])"将数组"[1,3,5,7,10,12,14]"转换为集合赋给变量 set3,此时 set3 自动被识别为整型集合。第6行"var set4 = Set < Int >()"和第7行"var set5: Set < Int >= []"是等价的,均为定义空集合。

第8行"set1. insert(6)"调用 insert 方法将6插入集合 set1 中。第9行"print(set1)"输出集合 set1,得到"[5,6,2,1,3,4]"。由于集合元素没有顺序,故可能每次执行时输出的集合中各个元素的位置会有不同。第10行"let v1 = set1. remove(1) ?? 0"删除 set1 中的元素"1",如果 set1 中有元素"1",则将其从集合中删除,且返回该删除值"1";否则,将0赋给 v1。第11行"print(v1)"输出 v1 的值,这里为"1"。第12行"print(set1)"输出集合 set1,此时得到"[6,2,4,3,5]"。

第13~19行为一个 if 结构,第13行"if !set1. isEmpty"判断 set1 是否为空集合,这里 set1 非空,故 if 语句的条件表达式为真,第14~19行被执行。第15~18行为一个 for-in 循环结构,第15行"for e in set1. sorted()"中,集合的 sorted 方法默认按升序排列其元素,该行将从按升序排列好的 set1 中遍历各个元素,第17行"print(e,terminator:" ")"输出各个元素 e。第13~19行执行得到"2 3 4 5 6"。第20行"print()"输出空行。

第21行"let arr = Array(repeating:1, count:10) + Array(repeating:3, count:5)"定义数组 arr,具有10个1和5个3。第22行"var set6 = Set(arr)"将数组 arr 转换为集合赋给 set6。第23行"print(set6)"输出集合 set6,得到"[3,1]"。注意,输出集合的显示样式和数组的显示样式相同,但是作为输入时,"[3,1]"这种样式被识别为数组。第24行"print(type(of: set6))"输出 set6 的类型,得到"Set < Int >",即整型集合类型。

第25行"print(set1. isSubset(of:set2))"输出"true",表明 set1 是 set2 的子集;第26行"print(set1. isStrictSubset(of:set2))"输出"true",表明 set1 是 set2 的真子集;第27行"print(set1. isDisjoint(with:set3))"输出"false",表明 set1 和 set3 有交集。第28行"print(set1. union(set3))"输出 set1 和 set3 的并集"[7,2,12,1,6,14,3,5,4,10]"。第29行"print(set1. intersection(set3))"输出 set1 和 set3 的交集"[5,3]"。第30行"print(set1. symmetricDifference(set3))"输出由只在 set1 中或只在 set3 中的元素组成的集合"[2,12,1,6,14,7,4,10]"。第31行"print(set1. subtracting(set3))"输出集合 set1 减去集合 set3 后的差集"[4,2,6]"。

2.8 字典

字典是一种无序的数据类型,其每个元素由"键值对"组成,其形式为由"[ ]"括起来的"键值对",即"[键1:值1,键2:值2,…,键 n:值 n]",例如,"["Apple":4.5,"Pear":3.7,"Banana":2.8]"为一个字典,其中的键为字符串,值为双精度浮点型,键和值间用":"分开,"键值对"间用","分开。对于每个字典,要求:①所有的键的数据类型是相同的,所有的值的数据类型也是相同的;②键必须具有唯一性,只有具有唯一性的数据(即具有哈希值的数据)才能作为键。

字典是一种泛型,其类型为"Dictionary<键类型,值类型>",简记为"[键类型:值类型]"。例如,定义一个键类型为整型、值类型为字符型的字典 dic 的语句为

```
var  dic : Dictionary<Int, Character> =[1:"A"]
```

或者

```
var  dic :[Int : Character] =[1 : "A"]
```

以上述 dic 字典为例,字典的操作有以下几种:

(1) 向字典 dic 中添加元素(即"键值对")。例如,向 dic 中添加一个元素"3:"C""的方法为"dic[3]="C"";

(2) 修改 dic 字典中键"1"的值为"E",其方法为"dic[1]="E"";或者调用 updateValue 方法实现,即"dic.updateValue("E", forKey:1)";

(3) 字典具有只读属性 count,返回字典中元素的个数,例如,dic.count 返回字典 dic 中元素的个数;

(4) 字典具有 isEmpty 属性,判断字典是否为空;

(5) 字典具有 keys 和 values 属性,分别返回字典中的全部键和全部值;

(6) 可借助 for-in 循环结构逐个访问字典中的元素。

字典是无序的,输出显示字典中的元素时,每次执行的结果可能不同。通过添加 sorted 方法可对字典元素进行排序,有以下三种情况(以 dic 字典为例)。

(1) 对字典中的键进行排序访问,其代码如下:

```
1    for  k  in  dic.keys.sorted()
2    {
3        print("\(k)", terminator: "")
4    }
```

这将读出 dic 中的键并将它们按升序排序。若第 1 行修改为"for k in dic.keys.sorted(by:>)",则上述代码将按降序显示 dic 字典中的全部键。

(2) 对字典中的值进行排序访问,其代码如下:

```
1    for  v  in  dic.values.sorted()
2    {
3        print("\(v)", terminator: "")
4    }
```

这将以升序方式显示字典 dic 中的全部值。若将第 1 行改为"for v in dic.values.sorted(by:>)",则上述代码将按降序显示 dic 字典中的全部值(注:"键"具有唯一性,但"值"可以重复)。

(3) 对字典中的元素进行排序访问,其代码如下:

```
1    for  (k,v)  in  dic.values.sorted(by: {$ 0.1<$ 1.1})
2    {
3        print("\(k):\(v)", terminator: "")
4    }
```

上述代码将按"值"的升序显示字典,这里的"$ 0.1"表示传递到排序规则(称为闭包,类似于 C++语言的 Lambda 函数)中的字典型的参数,"$ 0"表示第 1 个参数,这里为字典,所以"$ 0.1"表示传递给的第一个参数(即字典)的值,而"$ 0.0"表示字典的键。这里的"$ 0.1<$ 1.1"表示按值的升序排列;若是"$ 0.1>$ 1.1"则表示按值的降序排列;若是"$ 0.0<

"$1.0"表示按键的升序排列;若是"$0.0＞$1.0"表示按键的降序排列。

在上述代码中,如果不关心字典的"键",只关心"值",则第 1 行可以写为"for (_,v) in dic. values. sorted(by:{$0.1＜$1.1})"(注:此时要删除第 3 行中的"\(k):"),这时的代码变为只对字典的值进行升序排列。

下面程序 2-13 介绍字典的常用编程方法。

视频讲解

程序段 2-13 字典应用实例

```
1    import Foundation
2
3    var dic1 : Dictionary<String,Double> = ["Apple":4.5,"Pear":3.7,"Banana":2.8]
4    var dic2 : [String : Double] = ["Apple" : 4.5]
5    var dic3 = Dictionary<String,Double>()
6    var dic4 : [String : Double] = [:]
7    print(dic1.count)
8    print(dic1)
9    dic2["PineApple"]=5.0
10   print(dic2)
11   dic2.updateValue(6.5, forKey: "Apple")
12   print(dic2)
13   dic2["PineApple"]=nil
14   print(dic2)
15   for (k,v) in dic1
16   {
17       print("\(k):\(v)",terminator: " ")
18   }
19   print()
20   if !dic1.isEmpty
21   {
22       for k in dic1.keys
23       {
24           print("\(k)",terminator: " ")
25       }
26   }
27   print()
28   for v in dic1.values
29   {
30       print("\(v)",terminator: " ")
31   }
32   print()
33   for (_,v) in dic1
34   {
35       print("\(v)",terminator: " ")
36   }
37   print()
38   let keys = Array<String>(dic1.keys) //[String](dic1.keys)
39   print(keys)
40   let vals = [Double](dic1.values)     //Array<Double>(dic1.values)
41   print(vals)
```

程序段 2-13 的执行结果如图 2-5 所示。

下面结合图 2-5 介绍程序段 2-13 中的代码。在程序段 2-13 中,第 3~6 行均展示了定义字典的方法。第 3 行"var dic1:Dictionary < String,Double >=["Apple":4.5,"Pear":3.7,

"Banana":2.8]"定义字典 dic1,其"键"和"值"类型分别为字符串型和双精度浮点型,初始值设为"["Apple":4.5,"Pear":3.7,"Banana":2.8]",包含三个元素。第 4 行"var dic2:[String:Double]=["Apple":4.5]"定义字典 dic2,赋值为"["Apple":4.5]",这里字典类型使用了简写方式"[String:Double]"。第 5 行"var dic3 = Dictionary < String,Double >()"和第 6 行"var dic4:[String:Double]=[:]"均展示了定义空字典的方法。

图 2-5　程序段 2-13 的执行结果

第 7 行"print(dic1.count)"输出字典 dic1 中的元素个数,得到"3"。第 8 行"print(dic1)"输出字典 dic1,由于字典是无序的类型,每次执行的显示结果可能不同,这里显示"["Banana":2.8,"Apple":4.5,"Pear":3.7]"。

第 9 行"dic2["PineApple"]=5.0"向字典 dic2 中添加键 PineApple,其对应的值为 5.0。第 10 行"print(dic2)"输出字典 dic2,这里为"["Apple":4.5,"PineApple":5.0]"。第 11 行"dic2.updateValue(6.5,forKey:"Apple")"修改字典 dic2 的键 Apple 对应的值为 6.5。第 12 行"print(dic2)"输出字典 dic2,这里为"["Apple":6.5,"PineApple":5.0]"。

第 13 行"dic2["PineApple"] = nil"向字典 dic2 的键 PineApple 赋值 nil,将删除该键值对。删除字典中键值对(或称字典的元素)的另一种方法为调用 removeValue,第 13 行可以写为"dic2.removeValue(forKey:"PineApple")"。注意,该方法将返回被删除的值;当要删除的键值对不存在时,将返回空值 nil。第 14 行"print(dic2)"输出字典 dic2,这里为"["Apple":6.5]"。

第 15~18 行为一个 for-in 循环结构,用于输出字典 dic1 中的元素,得到"Banana:2.8 Apple:4.5 Pear:3.7"。第 19 行"print()"输出一个空行。

第 20~26 行为一个 if 结构,第 20 行"if !dic1.isEmpty"中,"!dic1.isEmpty"为真,即字典 dic1 非空,然后,第 21~26 行被执行。第 22~25 行为一个 for-in 循环结构,输出 dic1 字典中的键,得到"Banana Apple Pear"。第 27 行"print()"输出一个空行。

第 28~31 行为一个 for-in 循环结构,输出字典 dic1 中的值,得到"2.8 4.53.7"。第 32 行"print()"输出一个空行。

第 33~36 行为一个 for-in 循环结构,实现的功能与第 28~31 行相同,输出字典 dic1 中的值,得到"2.8 4.53.7",这里第 33 行"for (_,v) in dic1"中,"_"表示不关心的数据的占位符。第 37 行"print()"输出一个空行。

第 38 行"let keys=Array < String >(dic1.keys)"将字典 dic1 的全部键转换为一个数组,赋给 keys;第 39 行"print(keys)"输出数组 keys,得到"["Banana","Apple","Pear"]"。第 40 行"let vals=[Double](dic1.values)"将字典 dic1 的全部值转换为一个数组,赋给 vals;第 41 行"print(vals)"输出数组 vals,得到"[2.8,4.5,3.7]"。

2.9　本章小结

在第 1 章介绍了 Swift 语言简单程序设计的基础上,本章详细介绍了 Swift 语言的数据类型和数据表示方法。Swift 语言的数据类型可以分为两种,其一为基本类型,如整型、字符型、字符串型、浮点型(又分单精度和双精度)和布尔型等;其二为集类型,如数组、集合和字典,这些数据类型定义的变量(或常量)可包含多个数据。需要指出的是,在 Swift 语言中,字符串为值类型,而不是引用类型;此外,Swift 语言中,字符使用 Unicode scalar value 类型表示。为了叙述方便,本章使用了 if 选择结构和 for-in 循环结构,这些内容将第 3 章深入讨论。

习题

1. 简述 Swift 语言中的常用基本数据类型及其表示方法。

2. 编写应用实现 Caesar 密码,即输入一个字母,输出该字母后的第 3 个字母,如果输入 X、Y 或 Z,则输出字符依次为 A、B 和 C。

3. 编写应用,实现输入一个字符串,统计其中包含的各类字符的数量,这里仅统计空格、数字和英文字母的情况。

4. 定义两个字符串“Hello”和“World”,输出其中的元音字母,并将元音字母从字符串中删除,输出删除元音字母的字符串。

5. 编写一个应用,实现两个浮点数的加法和乘法运算,并将两个结果保存在一个元组中,输出这个元组。

6. 定义一个包含 10 个元素“1,2,3,4,5,6,7,8,9,10”的数组,编写程序将其中的奇数加上 1 后除以 2,将其中的偶数乘以 2 再加上 1,输出新的数组。

7. 定义两个集合,分别包含元素“4,5,6,9,10,11”和“2,4,6,8,10,12”,然后求这两个集合的交集和并集。

8. 设有一个字典,包含元素为“红色: 0.35,绿色: 0.55,白色: 0.9,蓝色: 0.15,黄色: 0.2”,编写程序按字典元素的值的大小进行元素的排序。

9. 在第 8 题中,字典元素的值表示某人对颜色的喜爱程度,编程挑选其最喜爱的颜色、居中的颜色和最讨厌的颜色,组成一个元组,输出该元组。

第 3 章

运算符与程序控制

Swift 语言具有众多的运算符,根据运算符作用的操作数的个数,可将运算符分为单目运算符、双目运算符和三目运算符。根据运算符的性质,又可分为算术运算符、关系运算符、逻辑运算符、位运算符和赋值运算符等。运算符和操作数构成表达式,或称语句,是程序执行的基本单元。程序执行主要有三种控制方式,即顺序执行、分支执行(或称选择执行)和循环执行,当考虑硬件触发中断或软件异常处理时,还有一种中断执行方式。本章将介绍 Swift 语言的运算符和主要程序控制方式。

表 3-1 为按优先级排列的全部运算符。注意,在语句中,加圆括号"( )"部分运算优先级更高。

表 3-1　Swift 语言运算符

优 先 级 别	运 算 符	含 义
1 (最高)	<<	按位左移
	>>	按位右移
	& <<	按位左移(忽略溢出)
	& >>	按位右移(忽略溢出)
2	*	乘法
	& *	乘法(带溢出)
	/	除法
	%	取余
	&	按位与
3	+	加法
	& +	加法(带溢出)
	−	减法
	& −	减法(带溢出)
	|	按位或
	^	按位异或
4	..<	左闭右开的半开区间
	...	闭区间
5	is	判断一个对象是否属于某个子类实例
	as	将子类对象用作父类实例
	as!	将子类对象强制用作父类实例
	as?	将子类对象用作父类实例(失败返回 nil)
6	??	表达式为 nil 时返回其后的默认值

续表

优 先 级 别	运 算 符	含 义
7	<	小于
	<=	小于或等于
	>	大于
	>=	大于或等于
	==	等于
	!=	不等于
	===	两个对象为同一个实例
	!==	两个对象不为同一个实例
	~=	模式匹配
	.<	向量逐点小于
	.<=	向量逐点小于或等于
	.>	向量逐点大于
	.>=	向量逐点大于或等于
	.==	向量逐点等于
	.!=	向量逐点不等于
8	&&	逻辑与
	.&	向量逐点按位与
9	||	逻辑或
	.|	向量逐点按位或
	.^	向量逐点按位异或
10	?:	三目运算符(或称条件运算符)
11 (最低)	=	赋值
	*=	相乘与赋值复合
	/=	除法与赋值复合
	%=	取余与赋值复合
	+=	加法与赋值复合
	-=	减法与赋值复合
	<<=	按位左移与赋值复合
	>>=	按位右移与赋值复合
	&=	按位与与赋值复合
	|=	按位或与赋值复合
	^=	按位异或与赋值复合
	&*=	带溢出乘法与赋值复合
	&+=	带溢出加法与赋值复合
	&-=	带溢出减法与赋值复合
	&<<=	忽略溢出按位左移与赋值复合
	&>>=	忽略溢出按位右移与赋值复合
	.&=	向量逐点按位与与赋值复合
	.|=	向量逐点按位或与赋值复合
	.^=	向量逐点按位异或与赋值复合

表 3-1 中的运算符处于操作数中间,称这类运算符为中缀运算符。除表 3-1 中的中缀运算符外,还有 7 个可用作前缀的运算符和 1 个可用作后缀的运算,如表 3-2 所示。

表 3-2　Swift 语言的前缀和后缀运算符(设 a 为操作数)

运算符性质	运　算　符	含　　义
前缀运算符	!	逻辑非
	.!	向量逐点逻辑非
	~	按位取反
	+	正
	−	负
	..<	"..<a"表示从首位置至 a 的前一个位置的范围
	...	"...a"表示从首位置至 a 表示的位置的范围
后缀运算符	...	"a..."表示从 a 表示的位置至最后一个位置的范围

注意区分表 3-1 和表 3-2 中表示区间的运算符"..."和"..<"。除了 Swift 标准库运算符外，用户可以自定义运算符，默认自定义运算符的优先级属于 DefaultPrecedence,略高于三目运算符;可以为自定义运算符指定优先级，表 3-1 中的各个优先级号对应的优先级组名如表 3-3 所示。

表 3-3　优先级号与优先级组名对应关系表

优先级号	优先级组名	优先级号	优先级组名
1	BitwiseShiftPrecedence	7	ComparisonPrecedence
2	MultiplicationPrecedence	8	LogicalConjunctionPrecedence
3	AdditionPrecedence	9	LogicalDisjunctionPrecedence
4	RangeFormationPrecedence	自定义	DefaultPrecedence
5	CastingPrecedence	10	TernaryPrecedence
6	NilCoalescingPrecedence	11	AssignmentPrecedence

下面将介绍常用的运算符。

3.1　算术运算符

算术运算符包括加法"+"、减法"−"、乘法" * "、除法"/"和取余"％"等,其中,对于加法、减法和乘法操作的运算符在计算过程中将自动进行越界管理(对于除法和取余不会溢出),当发生溢出时报错。可容许溢出的加法"&+"、减法"&−"和乘法"&*"运算符将自动舍弃计算中溢出的部分。加法、减法、乘法和除法运算符可适用于整型和浮点型,而取余运算只能适用于整型数。注意,加法"+"还可用于字符串连接操作。

下面以整型数为例,介绍算术运算符的用法,如程序段 3-1 所示。

程序段 3-1　算术运算符的用法

```
1    import Foundation
2
3    let arr1 = Array(repeating: 22, count: 5)
4    let arr2 = [Int](6...10)
5    var arr3 : [Int] = []
6    print("arr1 = \(arr1)")
7    print("arr2 = \(arr2)")
8    arr3.append(arr1[0] * arr2[0])
9    arr3.append(arr1[1] / arr2[1])
10   arr3.append(arr1[2] + arr2[2])
11   arr3.append(arr1[3] - arr2[3])
```

视频讲解

```
12    arr3.append(arr1[4] % arr2[4])
13    print("arr3 = \(arr3)")
14    let a : Int8 = 100
15    let b : Int8 = 120
16    let c : Int8 = a & * b
17    print(c & 0x7F)
18    print(Int(a) * Int(b) & 0x7F)
```

程序段 3-1 的执行结果如图 3-1 所示。

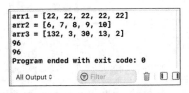

现在结合图 3-1 分析程序段 3-1 的执行过程。在程序段 3-1 中,第 3 行"let arr1=Array(repeating:22, count:5)"定义数组常量 arr1,具有 5 个相同的元素 22。第 4 行"let arr2=[Int](6…10)"定义数组常量 arr2,为"[6,7,8,9,10]"。第 5 行"var arr3:[Int]=[]"定义数组变量 arr3,为空数组。

图 3-1　程序段 3-1 的执行结果

第 6 行"print("arr1=\(arr1)")"输出数组 arr1,得到"arr1=[22,22,22,22,22]"。第 7 行"print("arr2=\(arr2)")"输出数组 arr2,得到"arr2=[6,7,8,9,10]"。

第 8 行"arr3.append(arr1[0] * arr2[0])"将 arr1[0]与 arr2[0]相乘,其积添加到 arr3 中。第 9 行"arr3.append(arr1[1]/arr2[1])"将 arr1[1]除以 arr2[1]的商添加到 arr3 中。第 10 行"arr3.append(arr1[2]+arr2[2])"将 arr1[2]与 arr2[2]的和添加到 arr3 中。第 11 行"arr3.append(arr1[3]−arr2[3])"将 arr1[3]与 arr2[3]的差添加到 arr3 中。第 12 行"arr3.append(arr1[4]%arr2[4])"将 arr1[4]除以 arr2[4]的余数添加到 arr3 中。第 13 行"print("arr3=\(arr3)")"输出数组 arr3,得到"arr3=[132,3,30,13,2]"。

第 14 行"let a:Int8=100"定义常量 a 为有符号 8 位整数,赋值为 100;第 15 行"let b:Int8=120"定义常量 b 为有符号 8 位整数,赋值为 120。第 16 行"let c:Int8=a & * b"定义常量 c 为有符号 8 位整数(范围为−128～127),赋值为 a 与 b 的容许溢出的乘法,这里,由于操作数均为有符号 8 位整数,故乘法将自动舍弃第 7 位以上的位数(注:最低位为第 0 位),且将第 7 位视为符号位。第 16 行中如果使用" * ",将报溢出错误。

第 17 行"print(c & 0x7F)"将 c 与 0x7F 按位与,即将 c 的最高位清零,得到 96。第 16～17 行相当于第 18 行"print(Int(a) * Int(b) & 0x7F)",即将 a 和 b 转换为整数,作普通乘法,再与 0x7F 按位与,得到 96。

最后,再强调一下取余操作。在 Swift 语言中,求整数 a 除以整数 b 的余数 c,使用表达式 c=a%b。这个运算与 C++语言中的取余操作有区别,这里相当于求 a 中最多包含的 b 的个数 n,然后,c=a−n * b。例如,30%7=30%(−7)=2,−30%7=−30%(−7)=−2,这是因为 30=4 * 7+2=(−4) * (−7)+2,−30=(−4) * 7+(−2)=4 * (−7)+(−2)。可以将"c=a%b"理解为"c=a−|a|%|b| * sign(a * b) * b",其中,"|a|"表示 a 的绝对值,"sign(a * b)"表示 a 与 b 的乘积的符号。

3.2　关系运算符和条件运算符

关系运算符包括小于"<"、小于或等于"<="、大于">"、大于或等于">="、等于"=="和不等于"!="等。关系运算符连接操作数得到关系表达式,关系表达式的返回值为布尔型量(true 或 false)。

条件运算符为"?:",是 Swift 语言中唯一的三目运算符,对于形式"a?b:c"而言,若 a 为真,则返回表达式 b 的结果,否则返回表达式 c 的结果。这里 a 必须为布尔量或返回值为布尔量的关系表达式。

下面借助程序段 3-2 介绍关系运算符和条件运算符的用法。

程序段 3-2 关系运算符和条件运算符实例

视频讲解

```
1    import Foundation
2
3    let str1 = "Hello Swift."
4    let str2 = "Hello World."
5    let n1 = 15, n2 = 18, d1 = 3.4, d2 = 5.6
6    print(str1 > str2)
7    print(str1 >= str2)
8    print(str1 < str2)
9    print(str1 <= str2)
10   print(n1 == n2)
11   print(n1 != n2)
12   print(d1>d2 ? d1 : d2)
```

在程序段 3-2 中,第 3 行"let str1 ＝ " Hello Swift. ""定义字符串常量 str1,赋值为"Hello Swift. "。第 4 行"let str2 ＝ " Hello World. ""定义字符串常量 str2,赋值为"Hello World. "。第 5 行"let n1＝15, n2＝18, d1＝3.4, d2＝5.6"定义两个整型常量 n1 和 n2 以及两个双精度浮点型常量 d1 和 d2,依次赋值为 15、18、3.4 和 5.6。

第 6 行"print(str1 > str2)"输出关系表达式"str1 > str2"的结果,由于"S"<"W",故"str1 < str2",这里输出 false。第 7 行"print(str1 >= str2)"输出关系表达式"str1 >= str2"的结果,这里输出 false。第 8 行"print(str1 < str2)"输出关系表达式"str1 < str2"的结果,得到 true。第 9 行"print(str1 <= str2)"输出关系表达式"str1 <= str2"的结果,得到 true。

第 10 行"print(n1 ＝＝ n2)"输出关系表达式"n1 ＝＝ n2"的结果,得到 false。第 11 行"print(n1!＝n2)"输出关系表达式"n1!＝n2"的结果,得到 true。

第 12 行"print(d1 > d2 ? d1:d2)"中,"d1 > d2 ? d1:d2"借助条件运算符计算 d1 和 d2 中的最大者,这里输出 5.6。

最后,需要补充说明两点:①关系运算符不能级联,例如,类似于"3<4<5"这种用法是错误的;②条件运算符可以嵌套,例如,形如"5＞3 ? (7＞8 ? 10:12):13"这种用法是正确的。

3.3 逻辑运算符

在 Swift 语言中,逻辑常量仅有 2 个,即 true 与 false。逻辑运算符只能连接逻辑量,并得到一个新的逻辑量。常用的逻辑运算符为逻辑非"!"、逻辑与"&&"和逻辑或"||",优先级从高至低依次为逻辑非>逻辑与>逻辑或。逻辑运算符的运算规则如表 3-4 所示。

表 3-4 逻辑运算符的运算规则

逻辑运算符	运 算 规 则
逻辑非"!"	!false＝true, !true＝false
逻辑与"&&"	false && false＝false && true＝true && false＝false, true && true＝true
逻辑或"||"	false || true＝true || false＝true || true＝true, false || false＝false

逻辑表达式主要用于条件控制,在 Swift 语言中,表示"控制条件"的表达式结果只能为逻辑量。程序段 3-3 展示了逻辑运算符的用法。

程序段 3-3 逻辑运算符用法实例

```
1    import Foundation
2
3    var a1,a2 : Int
4    a1 = -12
5    a2 = 7
6    var b1, b2 : Bool
7    b1 = a1 >= a2
8    b2 = a1 < a2
9    print("b1=\(b1),!b1=\(!b1),b2=\(b2),!b2=\(!b2)")
10   print("b1 && b2 = \(b1 && b2), b1 || b2 = \(b1 || b2)")
11   if b1
12   {
13       print("\(a1)>=\(a2)")
14   }
15   if b2
16   {
17       print("\(a1)<\(a2)")
18   }
```

程序段 3-3 的执行结果如图 3-2 所示。

现在,结合图 3-2 分析程序段 3-3 的执行情况。在程序段 3-3 中,第 3 行"var a1,a2:Int"定义两个整型变量 a1 和 a2(默认均被初始化为 0)。第 4 行"a1=−12"将 −12 赋给 a1,注意,负号前有一个空格,在 Swift 语言中,

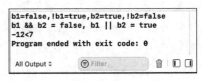

图 3-2 程序段 3-3 的执行结果

尽可能在独立的语言元素(如变量、常量和运算符)间插入一个空格。第 5 行"a2=7"将 7 赋给变量 a2。

第 6 行"var b1, b2:Bool"定义两个布尔型(即逻辑型)变量 b1 和 b2,默认初始化值均为 false。第 7 行"b1=a1 >= a2"将关系表达式"a1 >= a2"的结果赋给 b1,这里为 false。第 8 行"b2=a1 < a2"将关系表达式"a1 < a2"的结果赋给 b2,这里为 true。

第 9 行"print("b1=\(b1),!b1=\(!b1),b2=\(b2),!b2=\(!b2)")"输出 b1、b1 的逻辑非、b2 和 b2 的逻辑非,将得到"b1=false, !b1=true, b2=true, !b2=false"。第 10 行"print("b1 && b2=\(b1 && b2), b1 || b2=\(b1 || b2)")"输出 b1 与 b2 的逻辑与和逻辑或,得到"b1 && b2=false, b1 || b2=true"。

第 11~14 行为一个 if 结构,由于 b1 为假,第 12~14 行不执行。第 15~18 行也为一个 if 结构,由于 b2 为真,第 16~18 行被执行,其中第 17 行"print("\(a1)<\(a2)")"输出"−21<7"。

注意:不能把布尔量作为整型量使用,一般借助条件运算符将布尔量转换为整型,例如,设 a 为布尔量,则"a ? 1:0"返回 1(若 a 为真)或 0(若 a 为假)。

3.4 位运算符与区间运算符

位运算符只能适用于整型,一般地,位运算符主要用于无符号整型。常用的位运算符有按位取反"~"、按位左移"<<"、按位右移">>"、按位左移(忽略溢出)"& <<"、按位右移(忽略溢出)"& >>"、按位与"&"、按位或"|"和按位异或"^"等。其中,"按位取反"优先级最高;"按位

左移""按位右移""按位左移(忽略溢出)"和"按位右移(忽略溢出)"的优先优相同,低于"按位取反"运算符;然后,"按位与"运算符的优先级更低;最后,"按位或"与"按位异或"优先级相同,它们的优先级最低。

位运算符直接作用于操作数的各位,设 a 和 b 为无符号 8 位整型,不妨设 a 为 23,b 为 145,则表 3-5 给出了位运算符的计算情况。

表 3-5　位运算符计算结果(设 a=23(0b00010111),b=145(0b10010001))

位　运　算	计 算 结 果	位　运　算	计 算 结 果
~a	0b11101000	a& b	0b00010001
~b	0b01101110	a ∣ b	0b10010111
a >> 2	0b00000101	a ^ b	0b10000110
a << 2	0b01011100	(a&(1 << 2)) >> 2	1
a >> 9	0b00000000	a ∣ (1 << 6)	0b01010111
a& >> 9	0b00001011	a ^(1 << 5)	0b00110111
b >> 2	0b00100100	a& ~(1 << 2)	0b00010011
b << 2	0b01000100	a& 0x0F	0b00000111

位运算有一些特殊的用法,例如,右移一位相当于整数值除以 2;左移一位相当于整数值乘以 2;将一个整数 a 的第 n 位设为 1 而其余位不变,可用"a ∣ (1 << n)";将整数 a 的第 n 位设为 0 而其余位不变,可用"a & ~(1 << n)";将整数 a 的第 n 位取反而其余位不变,可以用"a ^(1 << n)"。

区间运算符只有两种表示:"..."和"..<"。设 a 和 b 为索引,则区间运算符可有五种情况:①"a...b"表示从 a 至 b 的闭区间,包含两个端点;②"a..."表示从 a 至最后一个索引号的闭区间,包括两个端点;③"...b"表示从首索引至 b 的闭区间,包括两个端点;④"a..< b"表示从 a 至 b 的半开区间,包括 a 但不包括 b;⑤"..< b"表示从首索引至 b 的半开区间,包括首位置,但不包括 b 端点。

程序段 3-4 展示了位运算符和区间运算符的用法。

程序段 3-4　位运算符与区间运算符用法实例

视频讲解

```
1    import Foundation
2
3    let a : UInt8 = 23
4    let b : UInt8 = 145
5    let sa = String(a, radix: 2)
6    print("a: 0b" + String(repeating: "0", count: 8-sa.count) +sa)
7    let sb = String(b, radix: 2)
8    print("b: 0b" + String(repeating: "0", count: 8-sb.count) +sb)
9    var res = [~a, ~b, a >> 2, a << 2, a >> 9, a &>> 9, b >> 2, b << 2, a & b, a | b, a ^ b]
10
11   for (i,e) in res.enumerated()
12   {
13       print("res["+String(format: "%2d", i) +"]: 0b" + String(repeating: "0",
         count: 8-String(e, radix: 2).count) +String(e, radix: 2))
14   }
15
16   var c1,c2,c3,c4: UInt8
17   c1 = (a &(1<<2)) >> 2
18   c2 = a | (1<<6)
19   c3 = a ^ (1<<5)
```

```
20    c4 = a & ~(1<<2)
21    print("c1 = \(c1), c2 = \(c2), c3 = \(c3), c4 = \(c4)")
22    print("c1: 0b" + String(repeating: "0", count: 8-String(c1,radix: 2).count) +
      String(c1,radix: 2))
23    print("c2: 0b" + String(repeating: "0", count: 8-String(c2,radix: 2).count) +
      String(c2,radix: 2))
24    print("c3: 0b" + String(repeating: "0", count: 8-String(c3,radix: 2).count) +
      String(c3,radix: 2))
25    print("c4: 0b" + String(repeating: "0", count: 8-String(c4,radix: 2).count) +
      String(c4,radix: 2))
26
27    let arr = Array(10...19)
28    print("arr[3...5] = \(arr[3...5])")
29    print("arr[3..<5] = \(arr[3..<5])")
30    print("arr[3...]   = \(arr[3...])")
31    print("arr[...5]   = \(arr[...5])")
32    print("arr[..<5]) = \(arr[..<5])")
33    let str = "Hello Swift."
34    print("\(str[..<str.index(str.endIndex,offsetBy: -4)])")
```

程序段 3-4 的执行结果如图 3-3 所示。

```
a: 0b00010111
b: 0b10010001
res[ 0]: 0b11101000
res[ 1]: 0b01101110
res[ 2]: 0b00000101
res[ 3]: 0b01011100
res[ 4]: 0b00000000
res[ 5]: 0b00001011
res[ 6]: 0b00100100
res[ 7]: 0b01000100
res[ 8]: 0b00010001
res[ 9]: 0b10010111
res[10]: 0b10000110
c1 = 1, c2 = 87, c3 = 55, c4 = 19
c1: 0b00000001
c2: 0b01010111
c3: 0b00110111
c4: 0b00010011
arr[3...5] = [13, 14, 15]
arr[3..<5] = [13, 14]
arr[3...] = [13, 14, 15, 16, 17, 18, 19]
arr[...5] = [10, 11, 12, 13, 14, 15]
arr[..<5]) = [10, 11, 12, 13, 14]
Hello Sw
Program ended with exit code: 0

All Output ◇        Filter
```

图 3-3　程序段 3-4 的执行结果

下面结合图 3-3 介绍程序段 3-4。在程序段 3-4 中,第 3 行"let a:UInt8＝23"定义无符号 8 位整型常量 a,赋值为 23;第 4 行"let b:UInt8＝145"定义无符号 8 位整型常量 b,赋值为 145。第 5 行"let sa＝String(a, radix:2)"将 a 转换为二进制数表示的字符串;第 6 行"print ("a:0b"＋String(repeating:"0", count:8-sa.count)＋sa)"以 8 位长显示 a 的二进制数表示, 输出"0b00010111"。第 7 行"let sb＝String(b, radix:2)"将 b 转换为二进制数表示的字符串; 第 8 行"print("b:0b"＋String(repeating:"0", count:8-sb.count)＋sb)"以 8 位长显示 b 的二 进制数表示,输出"0b10010001"。

第 9 行"var res＝[～a,～b,a＞＞2,a＜＜2, a＞＞9, a & ＞＞9, b＞＞2, b＜＜2, a & b, a｜b, a ^ b]"定义数组 res,其元素依次为 a 的按位取反值、b 的按位取反值、a 右移 2 位、a 左 移 2 位、a 右移 9 位、a 忽略溢出右移 9 位、b 右移 2 位、b 左移 2 位、a 与 b、a 或 b、a 异或 b。 第 11～14 行为一个 for-in 循环结构,用于输出数组 res。这里,"res.enumerated()"将数组的

每个元素序号和元素值打包成一个元组返回,第 11 行"for (i,e) in res. enumerated()"中 i 为元素序号(即下标值),e 为 i 对应的元素值。第 13 行"print("res["+String(format:"%2d",i)+"]:0b"+String(repeating:"0", count:8-String(e,radix:2). count)+String(e,radix:2))"格式化输出 i 和 e 的值,例如,对于 res[0]得到"res[0]:0b11101000"。表 3-5 和图 3-3 中列出了数组 res 的所有结果。

第 16 行"var c1,c2,c3,c4:UInt8"定义无符号 8 位整型变量 c1、c2、c3 和 c4。第 17 行"c1=(a &(1 << 2)) >> 2"计算 a 的第 2 位(注:从右向左从第 0 位算起)上的值,赋给 c1。第 18 行"c2=a | (1 << 6)"将 a 的第 6 位置为 1,然后,赋给 c2。第 19 行"c3=a ^(1 << 5)"将 a 的第 5 位取反后赋给 c3。第 20 行"c4=a & ~(1 << 2)"将 a 的第 2 位清零后赋给 c4。第 21 行"print("c1=\(c1), c2=\(c2), c3=\(c3), c4=\(c4)")"以十进制数格式输出 c1、c2、c3 和 c4 的值,得到"c1=1, c2=87, c3=55, c4=19"。第 22～25 行以二进制形式输出 c1、c2、c3 和 c4 的值,如图 3-3 所示。

第 27 行"let arr=Array(10...19)"定义常量数组 arr,包含 10～19 共 10 个整数。第 28 行"print("arr[3...5]=\(arr[3...5])")"输出 arr 的第 3～5 个元素,得到"arr[3···5]=[13, 14, 15]"。第 29 行"print("arr[3..< 5]=\(arr[3..< 5])")"输出 arr 的第 3～4 个元素,得到"arr[3..< 5]=[13, 14]"。第 30 行"print("arr[3...]= \(arr[3...])")"输出 arr 的第 3 个至最后一个元素,得到"arr[3...]=[13, 14, 15, 16, 17, 18, 19]"。第 31 行"print("arr[...5]=\(arr[...5])")"输出 arr 的首个至第 5 个元素,得到"arr[...5]=[10, 11, 12, 13, 14, 15]"。第 32 行"print("arr[..<5]= \(arr[..< 5])")"输出 arr 的首个至第 4 个元素,得到"arr[..<5]=[10, 11, 12, 13, 14]"。

第 33 行"let str="Hello Swift.""定义字符串常量为"Hello Swift. "。第 34 行"print(" \(str[..< str. index(str. endIndex,offsetBy:-4)])")"输出字符串 str 的首个字符至倒数第 5 个位置间的子串,得到"Hello Sw"。

3.5　赋值和复合赋值运算符

在 Swift 语言中,赋值运算符为"="。赋值运算符可以和算术运算符或位运算符复合使用,例如,a=a + b 可以简写为 a += b,后者的"+="为复合赋值运算符,这两个表达式都表示将 a 与 b 作加法运算,其结果赋给 a。常用的复合赋值运算符有" * =""& * =""/=""%=""+=""&+=""-=""&-=""<<=""& <<="">>=""& >>=""&=""|=""^ ="等。

赋值和复合赋值运算符的优先级是所有运算符中级别最低的。注意区分赋值运算符"="与关系运算符中的等于运算符"==",赋值运算符将其右边表达式的计算结果赋给左边的变量或常量(注:常量只能在定义时赋值一次),等于运算符用于判断其两端的表达式的结果是否相等,整个表达式的判定值为逻辑值。

程序段 3-5 是赋值和复合赋值运算符的应用实例。

程序段 3-5　赋值和复合赋值运算符实例

```
1    import Foundation
2
3    var sum = 0
4    for i in 1...100
5    {
6        sum += i
```

```
7       }
8       print("1+2+...+100 = \(sum)")
```

在程序段 3-5 中,第 3 行"var sum＝0"定义变量 sum,赋值为 0。第 4～7 行为一个 for-in 结构,i 从 1 遍历到 100,执行第 6 行 100 次。第 6 行"sum ＋= i"使用复合赋值运算符实现 sum 与 i 相加的和赋给 sum。第 8 行"print("1＋2＋...＋100＝\(sum)")"输出"1＋2＋...＋ 100＝5050"。

3.6　程序执行方式

程序主要有三种执行方式,即顺序执行、分支执行和循环执行。程序总的执行方式为顺序执行,在 Swift 语言中,程序入口为 main. swift,然后,按照程序指令的"先后"位置顺序执行。为了实现复杂的算法,Swift 语言带有分支和循环控制语句,可以实现程序代码的有条件执行和循环执行。下面首先回顾程序的顺序执行方式。

3.6.1　顺序执行方式

Swift 语言中,程序会按照语句的位置先后关系顺序执行,这是程序的基本执行方式,如程序段 3-6 所示,这个程序段实现了求三角形面积和周长。

视频讲解

程序段 3-6　顺序执行程序实例

```
1       import Foundation
2
3       let triangle = (3.4, 2.6, 4.7)
4       var area,peri : Double
5       peri = triangle.0+triangle.1+triangle.2
6       let s = peri/2.0
7       area = sqrt(s * (s-triangle.0) * (s-triangle.1) * (s-triangle.2))
8       print("perimeter: \(peri), area: \(String(format: "%5.2f", area))")
```

在程序段 3-6 中,语句按先后顺序依次执行。第 3 行"let triangle＝(3.4,2.6,4.7)"定义元组 triangle,包括了三角形的三条边长。第 4 行"var area,peri:Double"定义变量 area 和 peri,分别用于保存三角形的面积和周长。

第 5 行"peri＝triangle.0＋triangle.1＋triangle.2"计算三角形的周长,赋给 peri。第 6 行"let s＝peri/2.0"定义常量 s,保存周长的一半。第 7 行"area＝sqrt(s * (s-triangle.0) * (s-triangle.1) * (s-triangle.2))"利用海伦公式计算三角形的面积,赋给 area。

第 8 行"print("perimeter:\(peri),area:\(String(format:"%5.2f",area))")"输出三角形的周长和面积,得到"perimeter:10.7,area:4.32"。

3.6.2　分支执行方式

分支执行方式,又称选择执行方式或有条件执行方式。Swift 语言通过 if 结构、switch 结构和 guard 结构实现分支执行。if 结构和 switch 结构均可以嵌套(包括互相嵌套和多级嵌套)使用,例如,if 结构中包含另一个 if 结构、if 结构中包括一个 switch 结构、switch 结构中包含一个 if 结构等。

if 结构的基本形式有以下三种。

（1）基本 if 结构。

```
if    条件表达式
{
      条件表达式为真时执行的语句或语句组
}
```

在上述基本 if 结构中，如果 if 后的"条件表达式"为真，则执行"{ }"括起来的语句；如果"条件表达式"为假，则跳至"}"后面的语句执行。

（2）基本 if-else 结构。

```
if    条件表达式
{
      条件表达式为真时执行的语句或语句组
}
else
{
      条件表达式为假时执行的语句或语句组
}
```

在上述基本 if-else 结构中，当条件表达式为真时，执行 if 下的"{ }"括住的语句；否则，执行 else 下的"{ }"括住的语句。基本 if-else 结构实现了两路选择。

（3）多选择 if-else 结构。

```
if    条件表达式 1
{
      条件表达式 1 为真时执行的语句或语句组
}
else if    条件表达式 2
{
      条件表达式 2 为真时执行的语句或语句组
}
......//省略多个 elseif 块
else if    条件表达式 n
{
      条件表达式 n 为真时执行的语句或语句组
}
else
{
      上述条件表达式 1 至 n 均为假时执行的语句或语句组
}
```

上述多选择 if-else 结构中，else 块可以省略。注意，if 或 else 部分不能为空，如果没有语句，则需要插入 break。

下面举例说明 if 结构的用法，如程序段 3-7 所示，这个程序段实现了一元二次方程求根运算。

程序段 3-7　if 结构用法实例

```
1    import Foundation
2
3    print("Please input a:")
4    let a = Double(readLine() ??"1.0") ??1.0
5    print("Please input b:")
6    let b = Double(readLine() ??"2.0") ???2.0
7    print("Please input c:")
```

视频讲解

```
8    let c = Double(readLine() ?? "1.0") ?? 1.0
9    var x1, x2 : Double
10   if abs(a) < 1E-8
11   {
12       print("Not a quadratic equation.")
13   }
14   else
15   {
16       let delta = b * b - 4 * a * c
17       if delta > 1E-8
18       {
19           x1 = (-b + sqrt(delta))/(2.0*a)
20           x2 = (-b - sqrt(delta))/(2.0*a)
21           print("x1 = \(String(format: "%5.2f", x1)), x2 = \(String(format: "%5.
             2f", x2))")
22       }
23       else if abs(delta) < 1E-8
24       {
25           x1 = -b/(2.0*a)
26           print("x1 = x2 = \(String(format: "%5.2f", x1))")
27       }
28       else
29       {
30           x1 = -b/(2.0*a)
31           x2 = sqrt(-delta)/(2.0*a)
32           print("x1 = \(String(format: "%5.2f", x1)) + \(String(format: "%5.2f",
             x2))i", terminator: ", ")
33           print("x2 = \(String(format: "%5.2f", x1)) - \(String(format: "%5.2f",
             x2))i")
34       }
35   }
```

在程序段3-7中，第3行"print("Please input a：")"输出提示信息"Please input a："。第4行"let a＝Double(readLine() ?? "1.0") ?? 1.0"从键盘读入浮点型数值,赋给a,如果输入非法,则a将赋值1.0。第5行 print("Please input b：")"输出提示信息"Please input b："。第6行"let b＝Double(readLine() ?? "2.0") ?? 2.0"从键盘读入浮点型数值,赋给b,如果输入非法,则b将赋值2.0。第7行 print("Please input c：")"输出提示信息"Please input c："。第8行"let c＝Double(readLine() ?? "1.0") ?? 1.0"从键盘读入浮点型数值,赋给c,如果输入非法,则c将赋值1.0。

第9行"var x1, x2：Double"定义双精度浮点型变量 x1 和 x2,用于保存一元二次方程的两个根。第10~35 行为一个 if-else 结构,在 else 部分嵌套了一个 if-else 结构。第10行"if abs(a) < 1E-8"表示如果a的绝对值小于 10^{-8},则认为a近似为0,则执行第12行"print("Not a quadratic equation.")"输出"Not a quadratic equation.";否则,认为输入的a非0,则执行第15~35行。

第16行"let delta＝b * b－ 4 * a * c"计算判别式 delta 的值。第17~34 行为多选择的 if-else 结构,分为三种情况。

(1) delta 大于0,即第17行为真,这里用"delta > 1E－8"表示 delta 大于0。此时,一元二次方程具有两个不等的实根,第19行"x1＝(－b ＋ sqrt(delta))/(2.0 * a)"计算第一个实根 x1,第20行"x2＝(－b－sqrt(delta))/(2.0 * a)"计算第二个实根 x2。第21行"print("x1＝

\(String(format:"%5.2f", x1)), x2＝\(String(format:"%5.2f", x2))")"输出两个实根的值。

（2）delta 等于 0，即第 23 行的条件"abs(delta) < 1E－8"为真，这里用 delta 的绝对值小于 10^{-8} 表示 delta 为 0。此时，一元二次方程具有两个相同的实根，第 25 行"x1＝－b/(2.0 * a)"计算这个实根，第 26 行"print("x1＝x2＝\(String(format:"%5.2f", x1))")"输出两个相等的实根。

（3）当上述两个情况都不满足时，即 delta 小于 0 时，执行第 30～33 行，此时一元二次方程具有一对共轭复根。第 30 行"x1＝－b/(2.0 * a)"计算根的实部，赋给 x1；第 31 行"x2＝sqrt(－delta)/(2.0 * a)"计算根的虚部，赋给 x2。第 32 行"print("x1＝\(String(format:"%5.2f", x1)) + \(String(format:"%5.2f", x2))i",terminator:", ")"输出第一个复根。第 33 行"print("x2＝\(String(format:"%5.2f", x1)) － \(String(format:"%5.2f", x2))i")"输出第二个复根。

程序段 3-7 的执行结果如图 3-4 所示。

下面介绍 switch 结构的两种形式。

（1）标准 switch 结构。

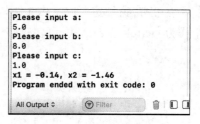

图 3-4　程序段 3-7 的执行结果

```
switch 表达式
{
    case 值 1:
        语句组 1
    case 值 2:
        语句组 2
    case 值 3:
        语句组 3
    ...
    case 值 n:
        语句组 n
    default:
        语句组 n+1
}
```

在 switch 结构中，当"表达式"的值为"值 1"时，执行"语句组 1"，然后，跳出 switch 结构；当"表达式"的值为"值 2"时，执行"语句组 2"，然后，跳出 switch 结构；以此类推，当"表达式"的值为"值 n"时，执行"语句组 n"；当"表达式"的值不为上述任一值时，执行"default"下的"语句组 n+1"。注意，switch 结构中的 case 部分必须涵盖所有的情况，如果不能包含所有情况，则必须添加"default"部分。

在 switch 结构中，若"表达式"的值为多个值，且执行同一个处理时，则在 case 中罗列这些值，并使用"，"分隔它们，形式如下所示：

```
case 值 m, 值 m+1, 值 m+2, 值 m+3:
    "表达式"为上述任一值时执行的语句组
```

此外，可以在 case 部分使用范围（或区间）运算符"..<"或"..."，例如：

```
case  0..<100:
    当"表达式"的值为大于或等于 0 且小于 100 的整数时执行的语句组
```

（2）具有"值绑定"和 where 子句的 switch 结构。

```
switch 表达式
```

```
{
    case let x where 条件表达式 1:
        语句组 1
    case let y where 条件表达式 2:
        语句组 2
    ...
    case _:
        语句组 n+1
}
```

在上述 switch 结构中,当"条件表达式 1"为真时,"表达式"的值赋给 x,然后,执行"语句组 1",这里的"x"的作用域为"语句组 1",称为将 x 绑定在"语句组 1"中。如果 x 的值在"语句组 1"中可被改变,则使用"var x where 条件表达式 1"。当"条件表达式 1"为假时,判断"条件表达式 2"的值,若其为真,则将"表达式"的值赋给 y,并执行"语句组 2",以此类推;如果上述所有条件都不满足时,则"表达式"将匹配"_"(其中,"_"表示任意值),并执行"语句组 n+1"。

在带有"值绑定"的 switch 结构中,where 子句可根据情况使用,是可选项。一般使用元组作为 switch 的表达式,可实现多个值的匹配,下面以二元元组为例,介绍一种典型形式:

```
switch (e1,e2)                              // e1 和 e2 为元组的两个元素
{
    case let (x, 0):
        当 e2 为 0 时执行的语句组,其中 e1 赋给 x
    case let (x, y) where x>y:
        将 e1 赋给 x、e2 赋给 y,当 x>y 时执行的语句组
    case let (x, y):
        将 e1 赋给 x、将 e2 赋给 y,然后执行这时的语句组
}
```

在上述 switch 结构中,首先判断给定的元组"(e1,e2)"是否匹配形式"let(x,0)",即 e2 为 0 的情况(e1 赋给 x),如果匹配成功,则执行"当 e2 为 0 时执行的语句组,其中 e1 赋给 x"。如果匹配不成功,则匹配"let(x,y) where x>y",即"将 e1 赋给 x、将 e2 赋给 y"且 x 大于 y 的情况,如果匹配成功,则执行"将 e1 赋给 x、e2 赋给 y,当 x>y 时执行的语句组"。如果匹配不成功,则执行"case let(x,y)"部分,这种情况包含了其上述 case 匹配不成功的所有情况,此时将 e1 赋给 x、将 e2 赋给 y,执行"将 e1 赋给 x、将 e2 赋给 y,然后执行这时的语句组",这里无须 default 部分。

在带有"值绑定"和 where 子句的 switch 结构中,case 的"值"也可以组合使用,例如:

```
switch 表达式
{
    case let x where x>10 && x<60, let x where x<-10 && x>-60:
        语句组 1
    case _:
        语句组 2
}
```

在上述 switch 结构中,首先将"表达式"的值匹配 case 的条件"let x where x>10 && x<60, let x where x<-10 && x>-60",即将"表达式"的值赋给 x,如果 x 大于 10 且小于 60,或者 x 小于-10 且大于-60,则执行"语句组 1";否则,执行"语句组 2"。

注意:case 部分不能为空,如果 case 部分没有语句,则需要插入 break。

程序段 3-8 介绍了 switch 结构的用法。

程序 3-8　switch 结构用法实例

```
1    import Foundation
2
3    let i = Int.random(in: 1...21)
4    switch i
5    {
6    case 1..<7:
7        print(i,"is a small number.")
8    case 7, 14, 21:
9        print(i,"is a big prize.")
10   case let x where x % 2==0:
11       print(x,"is an even number.")
12   default:
13       print(i,"is an odd number.")
14   }
15
16   let (j,k)=(Int.random(in: 1...100),Double.random(in: 0...1))
17   switch (j,k)
18   {
19   case (let x, let y) where y>0.5,(let x,let y) where Double(x)*y>80:
20       print("x=",x,", y=",String(format: "%4.2f", y),", y>0.5 or x*y>80")
21   case (let x,let y) where x<50,(let x,let y) where Double(x)*y<20:
22       print("x=",x,", y=",String(format: "%4.2f", y),", x<50 or x*y<20")
23   case let (_,y):
24       print("j=",j,", y=",String(format: "%4.2f", y))
25   }
```

在程序段 3-8 中,第 3 行"let i＝Int. random(in:1...21)"生成一个 1~21 的伪随机整数, 赋给常量 i。第 4~14 行为一个 switch 结构,根据 i 的值做出选择:首先,与第 6 行"case 1..＜7" 进行匹配,即判断 i 的值是否在 1~7(不含后者)之间,若是,则执行第 7 行"print(i,"is a small number. ")"输出 i 的值和字符串"is a small number. ",之后跳出 switch 结构,去执行第 16 行。 如果第 6 行匹配失败,则与第 8 行"case 7,14,21"相匹配,即判断 i 的值是否为 7、14 或 21,如 果是,则执行第 9 行"print(i,"is a big prize. ")"输出 i 的值和字符串"is a big prize. ",之后跳 至第 16 行执行。如果第 8 行匹配失败,则与第 10 行"case let x where x % 2＝＝0"匹配,即 将 i 的值赋给 x,判断 x 是否为偶数,如果 x 为偶数,则执行第 11 行"print(x,"is an even number. ")"输出 x 的值和字符串"is an even number. "。如果 x 不为偶数,则执行第 12~ 13 行,即 default 部分,输出 i 的值和字符串"is an odd number. "。

第 16 行"let (j,k)＝(Int. random(in:1...100),Double. random(in:0...1))"定义一个二 元元组,包含一个 1~100 的伪随机整数和一个 0~1 的伪随机双精度浮点数。第 17~25 行为 一个 switch 结构,根据元组(j,k)的值做出选择,共有三种情况:①第 19 行"case (let x, let y) where y＞0.5,(let x,let y) where Double(x) * y＞80",表示将 j 的值赋给 x,将 k 的值赋给 y,这里包含了两个条件,即 y 大于 0.5 或者 x 与 y 的积大于 80;②第 21 行"case (let x,let y) where x＜50,(let x,let y) where Double(x) * y＜20",表示将 j 的值赋给 x,将 k 的值赋给 y, 这里也包含了两个条件,即 x 的值小于 50 或者 x 与 y 的积小于 20;③第 23 行"case let (_, y):",这里不关注 j 的值,只是将 k 的值赋给 y。第 17 行的 switch 语句依次与上述三种情况 进行匹配,然后,执行匹配成功的情况下的语句,执行完后跳出 switch 结构。

注意:switch 结构的各个 case 部分无须添加 break,这一点和 C 语言不同;如果某个 case

执行完后，希望其相邻的下一个 case 部分被直接执行（即无须判断这个 case 的条件部分），则在该 case 的执行语句后添加语句 fallthrough。

除了 if 结构和 switch 结构外，还有一种分支结构，即 guard 结构。guard 结构类似于 if 结构，但是 guard 结构必须有 else 部分，并且 guard 结构一般只用于函数中，保证某些条件为真，其典型结构如下：

```
guard 条件表达式
else
{
    语句组
    return
}
```

程序段 3-9 是继程序段 3-8 的部分代码，展示 guard 结构的用法。

程序段 3-9　guard 结构用法实例

```
26   func show(_ x: Int)
27   {
28       guard x>=0
29       else
30       {
31           print("x is negative.")
32           return
33       }
34       print(String(format:"x=%4d",x))
35   }
36   show(10)
37   show(-5)
```

在程序段 3-9 中，第 26 行"func show(_ x:Int)"定义了一个函数 show，具有一个整型参数 x，函数用法将在第 4 章中介绍。第 27～35 行为 show 函数体，第 28～33 行为一个 guard 结构，第 28 行"guard x>=0"判断 x 是否大于或等于 0，如果为真，则执行 guard 结构之后的语句，即第 34 行语句；如果为假，则执行第 30～33 行，输出字符串"x is negative."，调用 return 跳出函数 show。

第 36 行"show(10)"由于参数 10 为正数，故调用 show 函数输出"x=10"；第 37 行"show(−5)"由于参数 −5 为负数，故调用 show 函数输出"x is negative."。

除了上述分支控制结构外，还有 continue 和 break 语句可用于控制程序跳转，这两个语句不但可以用于 if 分支结构和 switch 分支结构，也可以用于 while 循环结构和 for 循环结构，故将这两个语句放在 3.6.3 节循环执行方式时介绍。此外，异常处理 throw 语句也可以实现程序跳转，将在第 7 章中介绍。

本节最后介绍一下借助 if 结构实现系统版本检查的方法。

在 if 结构中，可以通过 available 内置方法指定程序代码的最低运行平台，如程序段 3-10 所示。

程序段 3-10　设定程序代码运行的最低平台

```
1   if #available(iOS 16.1.1,macOS 13.2.1, *)
2   {
3       print("The program can be executed.")
4   }
5   else
```

```
6    {
7        print("The program need to be updated.")
8    }
9
10   @available(macOS 13.2.1,*)
11   struct student
12   {
13       var name = "John"
14   }
15   if #available(macOS 13.2.1, *)
16   {
17       let s = student()
18       print(s.name)
19   }
20   else
21   {
22       print("student cannot be used.")
23   }
```

在程序段 3-10 中,第 1 行"if ♯available(iOS 16.1.1,macOS 13.2.1, ∗)"表示如果程序运行在 iOS 系统版本 16.1.1 及以上平台或者 macOS 系统版本 13.2.1 及以上平台时,执行第 3 行"print("The program can be executed. ")",输出信息"The program can be executed. ",否则(第 5 行"else"),执行第 7 行"print("The program need to be updated. ")",输出信息"The program need to be updated. "。第 1 行中的"∗"表示没有其他的平台。在我们使用的 MacBook 笔记本电脑上,由于其系统为 macOS 13.2.1,故执行第 1~8 行代码时,将输出信息"The program can be executed. "。

第 10 行"@available(macOS 13.2.1, ∗)"称为装饰器,也称"语法糖",表示其下相邻的结构工作在 macOS 13.2.1 系统及其以上平台上,这里表示第 11~14 行的 student 结构工作在 macOS 13.2.1 系统及其以上平台上。第 15~23 行为一个 if 结构,第 15 行"if ♯available (macOS 13.2.1, ∗)"判断如果平台为 macOS 13.2.1 及其以上系统时,执行第 17~18 行,定义一个结构体常量 s,输出 s 的成员 name;否则执行第 22 行"print("student cannot be used. ")"输出提示信息"student cannot be used. "。

对程序做版本检查的好处在于使程序随着系统版本的升级而同步更新,保证程序使用最新的 API(应用程序接口)函数。

3.6.3　循环执行方式

在 Swift 语言中,主要有两种循环执行控制方式: for-in 结构和 while 结构。while 结构又细分为当型 while 结构和直到型 while 结构,后者称为 repeat-while 结构。下面首先介绍 for-in 结构。

循环控制方式 for-in 结构可用于区间中的整数值遍历、字符串中的字符遍历、字典中的元素遍历等,常用的形式如下。

(1) 典型 for-in 结构。

```
for 元素 in 范围
{
    语句组
}
```

　　上述 for-in 结构中,遍历"范围"中的各个"元素",对于每个"元素"执行"语句组"一次。这里无须为"元素"定义变量类型,自动根据"范围"中的数组类型设定"元素"的数据类型。

　　如果"元素"使用"_"替换,则表示不关注"范围"中的具体元素,只关注循环次数。表示"范围"的方法可借助运算符"..."和"..<",或者使用函数 stride(from:to:by:)或 stride(from:through:by:)实现,两个 stride 的区别在于前者不包含"to"参数指定的边界,而后者包含"through"参数指定的边界。例如:stride(from:1,to:10,by:3)表示 1～10、步长为 3 生成的序列,即 1、4、7,不包含 10;stride(from:1,through:10,by:3)表示 1～10、步长为 3 生成的序列,即 1、4、7、10,包含 10。

　　for-in 结构中的"范围"可以为字符串或字典。

　　(2) 用于字典遍历的 for-in 结构。

```
for 二元元组 in 字典
{
    语句组
}
```

　　在上述 for-in 结构中,使用"二元元组"作为字典中每个元素的返回值,例如,将二元元组表示为"(k,v)",则 k 将对应着字典元素的键值,v 将对应着同一个字典元素的值。如果 k 用"_"表示,则将只关心字典元素的值,而不关心它的键值。如果 v 用"_"表示,则将只关心字典元素的键值,而不关心它的值。

　　程序段 3-11 介绍了 for-in 结构的用法。

　　程序段 3-11　for-in 结构的用法实例

```
1    import Foundation
2    var s = 1
3    for e in 1...10
4    {
5        s *= e
6    }
7    print("10!=",s)
8
9    s = 1
10   for _ in 1...10
11   {
12       s *= 2
13   }
14   print("2^10=",s)
15
16   s = 0
17   for e in stride(from: 1, to: 100, by: 2)
18   {
19       s += e
20   }
21   print("1+3+...+99 = ",s)
22
23   s = 0
24   for e in stride(from: 1, through: 100, by: 1)
25   {
26       if e % 2 == 0
27       {
28           continue
```

```
29          }
30          s += e
31      }
32      print("1+3+...+99 = ", s)
33
34      s = 0
35      for e in 1...200
36      {
37          if e % 2 == 0
38          {
39              continue
40          }
41          if e>=100
42          {
43              break
44          }
45          s += e
46      }
47      print("1+3+...+99 = ", s)
48
49      s = 0
50      mylabel: for e in 1...100
51      {
52          if e % 2 == 0
53          {
54              continue mylabel
55          }
56          if e >= 100
57          {
58              break mylabel
59          }
60          s += e
61      }
62      print("1+3+...+99 = ", s)
63
64      let p = "helloworld"
65      var c : String = ""
66      print("plain =", p)
67      for e in p.unicodeScalars
68      {
69          c += String(UnicodeScalar((e.value-97+4) % 26 + 97)!)
70      }
71      print("cipher=", c)
72
73      let dic = ["Apple":3.5, "Pear":2.7, "Banana":5.2]
74      for (k, v) in dic
75      {
76          print(k, v, terminator: ", ")
77      }
78      print()
79
80      var t = 0.0
81      for (_, v) in dic
82      {
83          t += v
```

```
84    }
85    print("Total price:",t)
```

程序段 3-11 的执行结果如图 3-5 所示。

下面结合图 3-5 介绍程序段 3-11 的执行过程。在
程序段 3-11 中,第 2 行"var s＝1"定义整型变量 s,赋初
值为 1。第 3～6 行为一个 for-in 结构,第 3 行"for e in
1...10"表示 e 在 1～10 的 10 个整数上遍历,即 e 依次
取值 1、2、……、10,循环执行第 5 行"s ＊ ＝ e",这里为
计算 10 的阶乘。第 7 行"print("10!＝",s)"输出 10 的
阶乘的值。

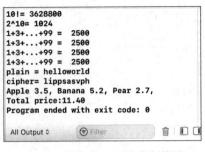

图 3-5　程序段 3-11 的执行结果

第 9 行"s＝1"令变量 s 的值为 1。第 10～13 行为
一个 for-in 结构,第 10 行"for _ in 1...10"中使用"_"作为循环变量,没有指定循环变量的名
称,表示该循环只关注循环次数,这里循环 10 次,计算第 12 行"s ＊ ＝ 2",即计算 2 的 10 次
方。第 14 行"print("2^10＝",s)"输出 2 的 10 次方的值。

第 16 行"s＝0"将 0 赋给变量 s。第 17～20 行为一个 for-in 结构,第 17 行"for e in stride
(from:1, to:100, by:2)"这里 e 遍历的序列为 1、3、5、……、99,对于每个遍历值执行第 19 行
"s+＝e",即计算 100 以内的正奇数的和。第 21 行"print("1+3+...+99＝",s)"输出字符串
"1+3+...+99＝"和 s 的值。这里循环变量 e 的作用范围为 for-in 结构,故在其他的 for-in 结
构中仍然可以使用同名的局部变量 e。

第 23～32 行实现了与第 16～21 行相同的功能,这里为演示 continue 语句的用法。第 23
行"s＝0"将 0 赋给变量 s。第 24～31 行为一个 for-in 结构,第 24 行"for e in stride(from:1,
through:100, by:1)"表示循环变量 e 在范围 1、2、……、100 上遍历取值,对每个 e,执行第
26～30 行,第 26～29 行为一个 if 结构,第 26 行"if e % 2 ＝＝ 0"如果 e 为偶数,则执行第 28 行
"continue",表示跳过 for-in 结构中 continue 后面的语句回到第 24 行执行条件判断,这里跳过
第 30 行回到第 24 行,即忽略循环变量 e 为偶数的情况。第 32 行"print("1+3+...+99＝",s)"
输出字符串"1+3+...+99＝"和 s 的值。

第 34～47 行实现了与第 16～21 行相同的功能,即计算 100 以内正奇数的和,这里为了演
示 break 语句的用法。第 41～44 行为一个 if 结构,如果第 41 行"if e＞＝100"的条件为真,则
执行第 43 行 break 语句,跳出它所在的 for-in 结构,这里跳转到第 47 行执行。

现在总结一下 continue 和 break 的特点:①continue 和 break 均可以用于 if、switch、for-
in 和 while 结构中;②在循环体中遇到 continue,将跳过循环体内 continue 之后的语句,转到
循环开头执行条件判断,开始下一次循环;③在循环体内遇到 break 语句,将跳出该循环体,
转到循环体外的下一条语句执行;④对于嵌套的循环体而言,continue 和 break 语句仅对它所
在的循环体有效,当有多个嵌套的循环体时,为了明确 continue 和 break 作用的循环体,可以
为它们所在的循环体开头添加标号,指示 continue 和 break 的跳转,这个仅是为了方便程序阅
读,第 49～62 行中演示了这种用法。

第 49～62 行实现了与第 16～21 行相同的功能。第 50～61 行为一个 for-in 结构,第 50
行"mylabel:for e in 1...100"在 for 循环体头部添加了标号 mylabel,第 54 行 continue mylabel
表示 continue 执行时要跳转的标号为 mylabel;第 58 行 break mylabel 表示 break 要执行时
跳出的循环体为 mylabel 指示的循环体。

第 64 行"let p＝"helloworld""定义常量 p,赋值为"helloworld"。第 65 行"var c:String＝"""
定义字符串变量 c,赋值为空串。第 66 行"print("plain＝",p)"输出字符串"plain＝"和字符串
p 的值。第 67～70 行为一个 for-in 结构,这里实现了凯撒密码,即一个字符用其后的第 4 个字
符替换,第 67 行"for e in p. unicodeScalars"表示循环变量 e 在 p 的 Unicode 码形式的字符串
中遍历各个字符,对于每个 e,执行第 69 行"c＋＝String(UnicodeScalar((e. value－97＋4)％
26＋97)!)",这里"e. value"返回 e 的 ASCII 值,97 为字符 a 的 ASCII 值,UnicodeScalar 函数
返回以整数值参数作为 ASCII 值对应的字符,这里将每个 e 变换后的字符转换为字符串添加
到 c 的尾部。第 71 行"print("cipher＝",c)",输出加密后的密文文本 c。第 69 行中的 97 可以使
用"UnicodeScalar("a"). value"替换,可避免去查字符 a 的 ASCII 值,这里,"UnicodeScalar("a").
value"返回字符 a 的 ASCII 值。

第 73 行"let dic＝["Apple":3.5,"Pear":2.7,"Banana":5.2]"定义字典 dic。第 74～77 行为
一个 for-in 结构,第 74 行"for (k,v) in dic"中,元组(k,v)遍历 dic 字典的每个元素,其中,k 存
储遍历到的字典元素的键值,v 存储遍历到的字典元素的值,对于每个元组(k,v),执行第 76
行"print(k,v,terminator:",")",输出遍历到的键值对。第 78 行"print()"输出一个空行。

第 80 行"var t＝0.0"定义双精度浮点型变量 t,赋值为 0.0。第 81～84 行为一个 for-in 结
构,第 81 行"for(_,v) in dic"中,只关注从字典 dic 中遍历到的元素的值,将这个值赋给 v,对
于每次遍历,执行第 83 行"t＋＝v",这里表示计算字典中所有水果的单价和。第 85 行"print
("Total price:",t)"输出字符串"Total price:"和 t 的值。

上述介绍的 for-in 结构的特点在于循环变量的取值范围是确定的,可以准确地推断出循
环的次数。而当循环次数不可知时,一般不使用 for-in 结构,而使用 while 循环控制结构。
while 结构分为标准 while 结构和 repeat-while 结构两种,其语法如下。

(1) 标准 while 结构,即当型 while 结构。

```
while 条件表达式
{
    条件表达式为真时执行的语句组
}
```

在上述结构中,当"条件表达式"为真时,循环执行"条件表达式为真时执行的语句组",直
到"条件表达式"为假时跳出 while 循环体。在"条件表达式为真时执行的语句组"中,一般包
含有调整"条件表达式"结果的语句。在标准 while 结构中,如果"条件表达式"为假,则"条件
表达式为真时执行的语句组"可能一次也得不到执行。

(2) repeat-while 结构,即直到型 while 结构。

```
repeat
{
    语句组
}while 条件表达式
```

在上述结构中,先执行一次"语句组",再判断"条件表达式"的值,若其为真,则循环执行
"语句组",直到"条件表达式"为假,跳出 repeat-while 循环体。在 repeat-while 结构中,表示循
环体的"语句组"至少可以被执行一次。

程序段 3-12 介绍了 while 结构的用法,实现了欧几里得求两个整数的最大公约数和最小
公倍数的算法。欧几里得算法的基本原理:设 a 和 b 为两个整数,不妨设 a＞b,则 gcd(a,b)＝
gcd(b, a mod b),即 a 与 b 的最大公约数等于 b 与 a 模 b 的最大公约数,通过反复求模运算,

视频讲解

最后可以表示为 gcd(r,0)，则 r 为 a 与 b 的最大公约数，最小公倍数为 a * b/r。现在发现这个 2000 多年前的算法是求两数的最大公约数最快的方法。

程序段 3-12 while 结构用法实例

```
1    import Foundation
2
3    var a0 = 6525
4    var b0 = 81450
5    var a,b : Int
6    if a0<b0
7    {
8        (a0,b0)=(b0,a0)
9    }
10   (a,b)=(a0,b0)
11   var r = 1
12   while r>0
13   {
14       r = a % b
15       a = b
16       b = r
17   }
18   print("gcd(\(a0),\(b0))=\(a)")
19   print("lcm(\(a0),\(b0))=\(a0*b0/a)")
20
21   (a,b)=(a0,b0)
22   repeat
23   {
24       r = a % b
25       a = b
26       b = r
27   }while(r>0)
28   print("gcd(\(a0),\(b0))=\(a)")
29   print("lcm(\(a0),\(b0))=\(a0*b0/a)")
30
31   (a,b)=(a0,b0)
32   while true
33   {
34       r = a % b
35       a = b
36       b = r
37       if r==0
38       {
39           break
40       }
41   }
42   print("gcd(\(a0),\(b0))=\(a)")
43   print("lcm(\(a0),\(b0))=\(a0*b0/a)")
```

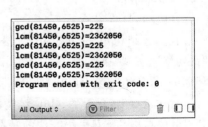
图 3-6 程序段 3-12 的执行结果

程序段 3-12 的执行结果如图 3-6 所示。

下面结合图 3-6 介绍程序段 3-12 的执行过程。在程序段 3-12 中，第 3 行"var a0＝6525"定义整型变量 a0，赋初值为 6525。第 4 行"var b0＝81450"定义整型变量 b0，赋初值为 81450。第 5 行"var a,b:Int"定义整型变量 a 和 b。

第6～9行为一个 if 结构,第6行"if a0<b0"若 a0 小于 b0,则执行第8行"(a0,b0)=(b0,a0)"将 a0 和 b0 的值对换。第10行"(a,b)=(a0,b0)"将 a0 赋给 a,将 b0 赋给 b。

第11行"var r=1"定义整型变量 r,赋初值为1。第12～17行为一个 while 结构,实现欧几里得算法,第12行"while r>0"当 r 大于0时,循环执行第14～16行,这里的 r 保存 a 除以 b 的余数,如第14行"r=a % b"所示,然后,第15行"a=b"将 b 赋给 a,第16行"b=r"将 r 赋给 b,进行下一次循环,直到余数 r 为0。第18行"print("gcd(\(a0),\(b0))=\(a)")"输出 a0 和 b0 的最大公约数,第19行"print("lcm(\(a0),\(b0))=\(a0 * b0/a)")"输出 a0 和 b0 的最小公倍数。

第21～29行实现了与第10～19行相同的功能,这里使用了 repeat-while 结构。第21行"(a,b)=(a0,b0)"将 a0 赋给 a,将 b0 赋给 b。第22～27行为一个 repeat-while 结构,循环执行第24～26行直到 r 小于或等于0。第28、29行依次输出 a0 和 b0 的最大公约数和最小公倍数。

第31～43行实现了与第10～19行相同的功能。这里使用了 while 结构,第31行"(a,b)=(a0,b0)"将 a0 赋给 a,将 b0 赋给 b;第32行"while true"表示这是一个无限循环,循环执行第34～40行,在无限循环体中,添加了第37～40行的一个 if 结构,判断 r 的值是否为0(第37行"if r==0"),如果 r 为0,则执行第39行 break,跳出 while 循环体,跳至第42行执行,第42行"print("gcd(\(a0),\(b0))=\(a)")"输出 a0 和 b0 的最大公约数;第43行"print("lcm(\(a0),\(b0))=\(a0 * b0/a)")"输出 a0 和 b0 的最小公倍数。

3.7　本章小结

本章详细介绍了 Swift 语言的运算符,讨论了运算符的优先级以及常用运算符的用法,重点阐述了算术运算符、关系运算符、条件运算符、逻辑运算符、位运算符、区间运算符、赋值与复合赋值运算符等的用法。本章还详细介绍了程序流程控制方式,即顺序执行、分支执行和循环执行方式,重点讲述了 if 结构、if-else 结构、switch 结构、for-in 结构和 while 结构等,借助本章的内容可以编写实现任意计算机数值算法的代码。

习题

1. Swift 语言常用的运算符有哪些?讨论这些运算符的优先级情况。

2. 简述 Swift 语言的位运算符的用法。

3. 编程实现 3n+1 猜想,即输入一个整数,如果该整数为奇数,则将其乘以3加上1;如果其为偶数,则将其除以2,如此循环下去,必能得到1。

4. 编程输入一个整数 n,输出该整数的二进制形式。

5. 编程求一元二次方程 $ax^2 + bx + c = 0$ 的根。

6. 编程计算两个正整数的最大公约数和最小公倍数。

7. 输入一个正整数 n,求它的素数因子。例如,n=80,则其素数因子为"2,2,2,2,5"。

第 4 章

函数与闭包

函数是模块化编程的基本单位,将一组完成特定功能的代码"独立"地组成一个执行单位,称为函数。函数的基本结构如下所示:

```
func 函数名(参数标签 参数名称:参数类型) ->函数返回类型
{
    函数体
}
```

其中,func 为定义函数的关键字;"函数名"是调用函数的入口;每个函数可以有多个参数,即可以有多个"参数标签 参数名称:参数类型",一般地,各个参数的标签不同,参数名称不能相同;当函数没有参数时,"()"必须保留;"函数返回类型"为函数返回值的类型,如果一个函数没有返回值,则省略"->函数返回类型",此时返回空类型,即 Void。函数本身也有类型,由其"(参数类型)->函数返回类型"表示。

一个函数可以作为另一个函数的参数,此时的函数可以写成无函数名的"闭包"形式。所谓闭包,是指由"{ }"包围的一组完成特定功能的代码。函数可视为带有函数名的特殊形式的闭包,而常用的闭包没有"函数名",参数和返回类型均位于"{ }"内部,闭包类似于 C++语言的 Lambda 函数。本章将详细介绍 Swift 语言中函数与闭包的用法。

4.1　简单函数实例

按第 1 章介绍的创建工程的方法创建一个新工程,工程名为 MyCh0401,创建好的工程中包含一个程序文件 main.swift,该程序文件为工程执行时的入口文件。从本章开始,将使用多程序文件的工程,这里在工程 MyCh0401 的工作界面上,右击工程名 MyCh0401,在其弹出菜单中选择 New File,进入如图 4-1 所示界面。

在图 4-1 中,依次选中 macOS、Swift File,表示程序文件工作在 macOS 下;然后,单击 Next 按钮,进入如图 4-2 所示对话框。

在图 4-2 中的 Save As 处输入程序文件名,这里为 myfunc.swift,然后,单击 Create 按钮进入如图 4-3 所示窗口。

在图 4-3 中,工程 MyCh0401 包含两个程序文件,其中,main.swift 为工程执行的入口文件,包含可执行语句;myfunc.swift 为另一个程序文件,它只能包含函数、结构体和类等不能直接执行的功能模块,供 main.swift 文件调用执行,myfunc.swift 不能包含可直接执行的语句。注意,main.swift 文件中也可以包含函数、结构体和类等功能模块,这里为增强工程的层次性,将函数保存在文件 myfunc.swift 中。

下面编写几个简单的函数,说明函数的定义和用法,如程序段 4-1 所示。

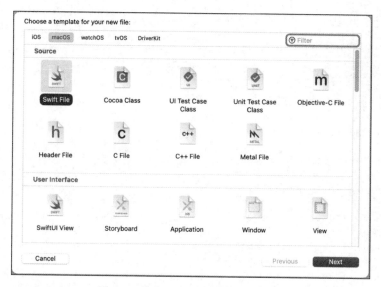

图 4-1 单击 New File 弹出的对话框

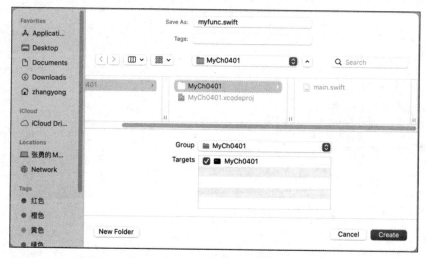

图 4-2 创建新程序文件对话框

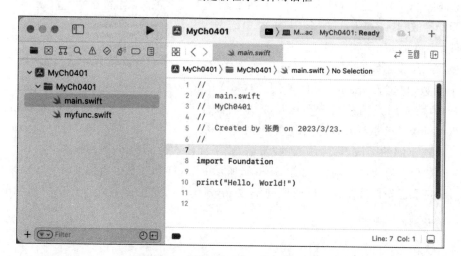

图 4-3 工程 MyCh0401 工作界面

程序段 4-1 myfunc.swift 文件内容

```
1   import Foundation
2
3   func myHello()
4   {
5       print("Hello, World!")
6   }
7   func myHello(name:String)
8   {
9       print("Hello, " + name)
10  }
11  func myHello(to name:String)
12  {
13      print("Hello, " + name)
14  }
15  func myHello(_ name:String)
16  {
17      print("Hello, " + name)
18  }
19  func myHelloReturn()->String
20  {
21      return "Hello, Swift."
22  }
23  func myHelloReturn(to name:String)->String
24  {
25      "Hello, " + name
26  }
```

程序段 4-2 main.swift 文件内容

```
1   import Foundation
2
3   myHello()
4   myHello(name:"Mr. Zhang")
5   myHello(to:"Mr. Tang")
6   myHello("Mr. Chen")
7   print(myHelloReturn())
8   print(myHelloReturn(to: "Mr. Li"))
```

工程 MyCh0401 的执行结果如图 4-4 所示。

下面结合图 4-4 介绍工程 MyCh0401 中的两个程序文件 myfunc.swift 和 main.swift。

图 4-4 工程 MyCh0401 的执行结果

在程序段 4-1 所示的 myfunc.swift 文件中,定义了 6 个函数,供文件 main.swift 调用。这 6 个函数中,4 个函数使用了函数名 myHello,2 个函数使用了函数名 myHelloReturn,这类使用相同的函数名但参数形式不同的函数,称为函数的"重载"。下面依次介绍这 6 个函数。

(1) 无参数无返回值的函数,如第 3~6 行所示的 myHello 函数,函数类型为"() -> Void"。

第 3~6 行定义了无参数无返回值的函数 myHello,将这个函数内容再次罗列如下:

```
3   func myHello()
4   {
5       print("Hello, World!")
6   }
```

第3行定义函数myHello,这里func为定义函数的关键字,函数名为myHello,该函数没有参数,函数名myHello后面要跟一对"()"。函数体只有一条语句,即第5行"print("Hello, World!")"输出字符串"Hello, World!"。

该函数的调用方式,如程序段4-2的第3行所示,即"myHello()",这里"()"不能少。

(2) 有参数但无返回值的函数,如第7~10行所示的myHello函数,函数类型为"(String)-> Void"。

第7~10行定义了有一个参数但无返回值的函数myHello,将这个函数的内容再次罗列如下:

```
7   func myHello(name:String)
8   {
9       print("Hello, " + name)
10  }
```

第7行定义了函数myHello,具有一个参数,参数名为name,参数类型为String,有时将定义函数时的参数称为形式参数,简称形参,调用时给形参赋的值称为实参。注意,定义函数时的参数的作用域为整个函数,在函数内部作为常量使用(inout类型的参数例外,本章稍后介绍)。该函数的函数体只包含一条语句,即第9行"print("Hello, " + name)"输出"Hello,"与参数name合并后的字符串。

该函数的调用方式如程序段4-2的第4行"myHello(name:"Mr. Zhang")"所示,指定参数名name,加上":",然后为赋给参数name的参数值"Mr. Zhang"。

(3) 有带有参数标签和参数名的参数但无返回值的函数,如第11~14行所示的myHello函数,函数类型为"(String)-> Void",将该函数的代码再次罗列如下:

```
11  func myHello(to name:String)
12  {
13      print("Hello, " + name)
14  }
```

第11行定义函数时使用了标准的参数命名方式,即"参数标签 参数名:参数类型",这里"参数标签"与"参数名"的区别在于:①参数名不可省略,参数标签可省略;②参数名用作函数内部的局部常量(inout型参数例外);③参数标签用作调用函数时替代参数名指示相应的参数位置,如果省略了参数标签,则使用参数名;④参数标签不能出现在函数内部;⑤参数标签可以使用"_"代替,此时调用函数时无须指定参数名,见程序段4-1第15~18行的函数及其在程序段4-2中第6行的调用语句;⑥函数有多个参数时,各个参数名必须不同,但各个参数的参数标签可以相同;⑦参数名和参数标签不能相同。

第11行"func myHello(to name:String)"定义了函数myHello,具有一个参数,参数标签为to,参数名为name,其中,参数名用于函数中作为常量使用;函数体只有第13行"print("Hello,"+name)"输出"Hello, "与参数名name的组合字符串。

该函数的调用方式如程序段4-2的第5行"myHello(to:"Mr. Tang")",在参数中使用了参数标签to,之后添加":",再加上为参数赋的值"Mr. Tang"。

(4) 有带有参数标签"_"和参数名的参数但无返回值的函数,如程序段4-1的第15~18行所示,函数类型为"(String)-> Void",该函数的代码再次罗列如下:

```
15  func myHello(_ name:String)
16  {
```

```
17        print("Hello, " + name)
18    }
```

第 15 行定义函数 myHello 时,参数标签使用了"_",表示该函数在调用时无须为该参数指定参数标签,也不能指定参数名。该函数的调用方式如程序段 4-2 的第 6 行"myHello ("Mr. Chen")",直接将参数值"Mr. Chen"列出,而不指定该参数的参数标签和参数名。

(5) 不带参数但具有返回值的函数,如程序段 4-1 中的第 19~22 行,该函数的类型为"()-> String",将该函数的代码再次罗列如下:

```
19    func myHelloReturn()->String
20    {
21        return "Hello, Swift."
22    }
```

第 19 行定义了函数 myHelloReturn,不具有参数,这里的"->"为返回值的符号,"-> String"表示返回一个字符串类型的值。该函数的函数体只有一条语句,即第 21 行的"return "Hello, Swift."",其中 return 是关键字,其后的内容为返回值,这里表示函数执行完后返回字符串"Hello,Swift."。

上述函数的调用方式如程序段 4-2 的第 7 行"print(myHelloReturn())"所示,输出字符串"Hello,Swift."

(6) 带有一个参数和返回值的函数,如程序段 4-1 中的第 23~26 行,该函数类型为"(String)-> String",将此函数的代码再次罗列如下:

```
23    func myHelloReturn(to name:String)->String
24    {
25        "Hello, " + name
26    }
```

第 23 行定义函数 myHelloReturn,具有一个参数,参数标签为 to,参数名为 name,参数名 name 用于函数中作为一个常量使用,参数标签 to 在调用此函数时作为参数的提示信息,"-> String"表示函数的返回值为 String 类型。对于带有返回值的函数,如果其函数体只有一条语句,可以省略 return,这里的第 25 行""Hello, "+name"的完整形式为"return "Hello, "+name"。

上述函数的调用方式如程序段 4-2 的第 8 行"print(myHelloReturn(to:"Mr. Li"))"所示,输出字符串"Hello, Mr. Li"。

4.2 多参数函数

函数可以带有多个参数,多参数函数的情况包括以下三种。

(1) 函数带有的多个参数间用","分隔,带有三个参数的典型形式如下:

```
func 函数名(参数标签 1 参数名 1：参数类型 1, 参数标签 2 参数名 2：参数类型 2,参数标签 3
参数名 3：参数类型 3) ->返回值类型
{
    函数体
}
```

在调用具有多个参数的函数时,各个参数的位置必须与定义函数时各个形参的位置对应。

(2) 函数的参数可以带有默认值,默认值形如"= 默认值",添加到"参数类型"的后面,其典型形式如下:

```
func 函数名(参数标签 1　参数名 1：参数类型 1, 参数标签 2　参数名 2：参数类型 2 = 默认值 2,
参数标签 3　参数名 3：参数类型 3 = 默认值 3) ->返回值类型
{
    函数体
}
```

注意,带默认值的参数必须位于不带默认值的参数的右边。在调用带默认值的参数的函数时,如果使用某个参数的默认值,该参数可省略不写。省略不写的带默认值的参数后面的参数,如果不使用它们的默认值,则需要将它们列在参数列表中。例如,假设第 2 个和第 3 个参数均为带默认值的参数,如果第 2 个参数使用了默认值可以忽略不写,但第 3 个参数没有使用默认值,则需要直接在第 1 个参数后面列出第 3 个参数。

（3）函数可以带有可变个数的参数,其定义方式为在参数类型后添加"…",表示该参数可接收可变个数的实参,其典型形式如下：

```
func 函数名(参数标签 1　参数名 1：参数类型 1…, 参数标签 2　参数名 2：参数类型 2…,参数标签 3
参数名 3：参数类型 3) ->返回值类型
{
    函数体
}
```

上面的多参数函数语法中,有两个参数为可变个数的参数,这时注意,尽可能为每个可变个数的参数加上参数标签,在调用时可通过参数标签区别它们；至少需要为定义在前面的所有可变个数的参数加上参数标签,最后一个可变个数的参数可不加参数标签。

下面的工程 MyCh0402 介绍了多参数的函数用法。

按 4.1 节介绍的方法新建工程 MyCh0402,包括两个程序文件,即 main. swift 和 myfunc. swift,如程序段 4-3 和程序段 4-4 所示。

程序段 4-3　程序文件 myfunc. swift

```
1    import Foundation
2
3    func add(first op1 : Int, second op2 : Int) ->Int
4    {
5        return op1+op2
6    }
7    func add(first op1 : Int, second op2 : Int, third op3 : Int) ->Int
8    {
9        return op1+op2+op3
10   }
11   func addex(first op1 : Int, second op2 : Int = 1, third op3 : Int = 1) ->Int
12   {
13       return add(first: op1, second: op2, third: op3)
14   }
15   func addex(list op: Int...) ->Int
16   {
17       var s=0
18       for e in op
19       {
20           s += e
21       }
22       return s
23   }
24   func addex(list1 op1 : Int..., list2 op2 : Int..., means way: Bool = false) ->Int
```

```
25    {
26        let l1=op1.count
27        let l2=op2.count
28        let l3 = min(l1,l2)
29        var s=0
30        if way
31        {
32            for i in 0..<l3
33            {
34                s += op1[i]*op2[i]
35            }
36        }
37        else
38        {
39            for i in 0..<l3
40            {
41                s += op1[i]+op2[i]
42            }
43        }
44        return s
45    }
46    func addex(array op:[Int])->Int
47    {
48        var s=0
49        for e in op
50        {
51            s += e
52        }
53        return s
54    }
```

程序段 4-4 程序文件 main.swift

```
1     import Foundation
2
3     let a=3,b=5,c=12
4     var s=0
5     s=add(first: a, second: b)
6     print("\(a) + \(b) = \(s).")
7     s=add(first: a, second: b, third: c)
8     print("\(a) + \(b) + \(c) = \(s).")
9     s=addex(first: a,third: c)
10    print("\(a) + \(1) + \(c) = \(s).")
11    s=addex(list: a,b,c)
12    print("\(a) + \(b) + \(c) = \(s).")
13    s=addex(list: 1,2,3,4,5,6,7,8,9,10)
14    print("1+2+...+10 = \(s)")
15    s=addex(list1: 1,2,3,4,5, list2: 6,7,8,9,10,means: true)
16    print("s = \(s)")
17    s=addex(array: [1,2,3,4,5])
18    print("1+2+...+5 = \(s)")
19    s=addex(array: [Int](1...10))
20    print("1+2+...+10 = \(s)")
```

工程 MyCh0402 的执行结果如图 4-5 所示。

下面结合图 4-5 介绍工程 MyCh0402 中的程序文件 myfunc.swift 和 main.swift。

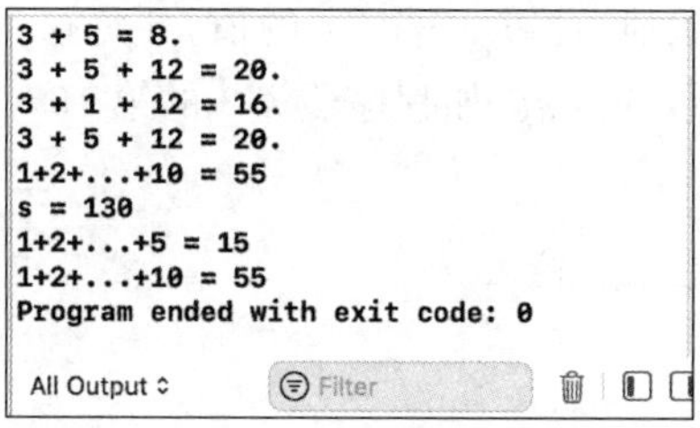

```
3 + 5 = 8.
3 + 5 + 12 = 20.
3 + 1 + 12 = 16.
3 + 5 + 12 = 20.
1+2+...+10 = 55
s = 130
1+2+...+5 = 15
1+2+...+10 = 55
Program ended with exit code: 0
```

All Output ◇   ⑦ Filter   🗑 | ▯ ▯

图 4-5 工程 MyCh0402 的执行结果

在程序文件 myfunc. swift 中定义了 6 个函数,下面依次介绍各个函数。

(1) 带有 2 个参数的函数,如程序段 4-3 中的第 3~6 行所示的函数 add,这里将此函数再次罗列如下:

```
3    func add(first op1 : Int, second op2 : Int)->Int
4    {
5        return op1+op2
6    }
```

第 3 行定义函数 add,具有两个参数:第一个参数标签为 first,参数名为 op1;第二个参数标签为 second,参数名为 op2。该函数的返回值类型为 Int。add 函数体只有第 5 行语句,即返回 op1 和 op2 的和。

该函数的调用位于程序段 4-4 的第 5 行"s=add(first:a, second:b)",其中的 a 和 b 的定义见程序段 4-4 的第 3 行,这里调用 add 函数返回 a 和 b 的和,赋给整型变量 s。

(2) 带有 3 个参数的函数,如程序段 4-3 中的第 7~10 行所示的函数 add,这里将此函数的代码再次罗列如下:

```
7    func add(first op1 : Int, second op2 : Int, third op3 : Int)->Int
8    {
9        return op1+op2+op3
10   }
```

第 7 行定义了函数 add,具有三个参数:第一个参数标签为 first,参数名为 op1;第二个参数标签为 second,参数名为 op2;第三个参数标签为 third,参数名为 op3。该函数的返回值类型为 Int,其函数体只有第 9 行语句,即将 op1、op2 和 op3 的和返回。

函数 add 的调用位于程序段 4-4 的第 7 行"s=add(first:a, second:b, third:c)",这里调用 add 函数,将 a、b 和 c 的和赋给变量 s。

(3) 参数带有默认值的函数,如程序段 4-3 中的第 11~14 行所示的函数 addex,这里将此函数的代码再次罗列如下:

```
11   func addex(first op1 : Int, second op2 : Int = 1, third op3 : Int = 1)->Int
12   {
13       return add(first: op1,second: op2,third: op3)
14   }
```

第 11 行定义了函数 addex,具有三个参数:第一个参数标签为 first,参数名为 op1;第二个参数标签为 second,参数名为 op2,具有默认值 1;第三个参数标签为 third,参数名为 op3,具有默认值 1。函数 addex 的返回值类型为 Int。该函数只有第 13 行一条语句,调用了 add 函数,返回 add 函数的调用结果。

函数 addex 的调用位于程序段 4-4 的第 9 行"s=addex(first:a,third:c)",这里使用了

addex 函数的第二个参数的默认值,计算 a+1+c 的值,并将这个和赋给变量 s。

(4) 带有一个可变个数参数的函数,如程序段 4-3 的第 15~23 行的 addex 函数所示,这里将该函数的代码再次罗列如下:

```
15   func addex(list op: Int...)->Int
16   {
17       var s=0
18       for e in op
19       {
20           s += e
21       }
22       return s
23   }
```

第 15 行定义了函数 addex,具有一个可变个数的整型参数,其参数标签为 list,参数名为 op,函数返回值的类型为 Int。第 17 行定义整型变量 s;第 18~21 行为一个 for-in 结构,将 op 参数的全部元素加到变量 s 中;第 22 行返回 s。

上述函数的调用位于程序段 4-4 的第 11 行"s=addex(list:a,b,c)"和第 13 行"s=addex (list:1,2,3,4,5,6,7,8,9,10)",分别求 a、b 和 c 的和以及求 1~10 的累加和。

(5) 带有两个可变个数参数的函数,如程序段 4-3 的第 24~45 行的 addex 函数所示,这时将该函数的代码再次罗列如下:

```
24   func addex(list1 op1 : Int..., list2 op2 : Int..., means way: Bool = false)->Int
25   {
26       let l1=op1.count
27       let l2=op2.count
28       let l3 = min(l1,l2)
29       var s=0
30       if way
31       {
32           for i in 0..<l3
33           {
34               s += op1[i]*op2[i]
35           }
36       }
37       else
38       {
39           for i in 0..<l3
40           {
41               s += op1[i]+op2[i]
42           }
43       }
44       return s
45   }
```

第 24 行定义函数 addex,具有三个参数:第一个参数为可变个数参数,参数标签为 list1,参数名为 op1;第二个参数为可变个数参数,参数标签为 list2,参数名为 op2;第三个参数标签为 means,参数名为 way,参数类型为 Bool 型,具有默认值 false。函数 addex 的返回值类型为 Int。

第 26 行定义常量 l1,其值为 op1 的元素总个数;第 27 行定义常量 l2,其值为 op2 的元素总个数;第 28 行定义常量 l3,其值为 l1 和 l2 的较小者。第 29 行定义变量 s,赋初值为 0。

第 30～43 行为一个 if-else 结构,如果 way 为真,则执行 op1 与 op2 对应元素相乘,积累加到变量 s 中;否则,执行 op1 与 op2 对应元素相加,和值累加到 s 中。第 44 行返回 s 的值。

上述函数的调用位于程序段 4-4 的第 15 行“s＝addex(list1:1,2,3,4,5, list2:6,7,8,9,10,means:true)”,计算结果保存在 s 中。

(6) 以数组作为参数的函数,如程序段 4-3 的第 46～54 行所示的 addex 函数,该函数的代码再次罗列如下:

```
46    func addex(array op:[Int])->Int
47    {
48        var s=0
49        for e in op
50        {
51            s += e
52        }
53        return s
54    }
```

第 46 行定义了函数 addex,具有一个数组类型的参数,参数标签为 array,参数名为 op;函数返回值为 Int 类型。第 48 行定义整型变量 s,赋初值为 0;第 49～52 行为一个 for-in 结构,将 op 数组的各个元素累加到 s 中。第 53 行返回 s 的值。

上述函数在程序段 4-4 中调用了两次,即第 17 行“s＝addex(array:[1,2,3,4,5])”和第 19 行“s＝addex(array:[Int](1...10))”,分别计算 1～5 的累加和以及 1～10 的累加和。

由工程 MyCh0402 可知,可以借助数组向函数传递大量数据,程序段 4-3 的第 46～54 行的函数展示了借助一维数组向函数传递多个值的方法。同理,更高维的数组也可作为函数的参数,程序段 4-5 为使用二维数组作为函数参数的实例。

程序段 4-5 二维数组作为函数参数的实例

视频讲解

```
1     func addex(array op:[[Int]])->Int
2     {
3         var s=0
4         for e in op
5         {
6             for i in e
7             {
8                 s += i
9             }
10        }
11        return s
12    }
```

在程序段 4-5 中,第 1 行定义了函数 addex,具有一个二维整型数组类型的参数,参数标签为 array,参数名为 op,“[[Int]]”为二维整型数组的类型声明符。第 3 行定义整型变量 s,赋初值为 0;第 4～10 行为一个嵌套的 for-in 结构,将二维数组 op 的所有元素累加到变量 s 中;第 11 行返回 s 的值。

可以借助下述代码调用上述函数:

```
1     var t :[[Int]] =[[1,2,3],[4,5,6]]
2     print(addex(array: t))
```

这里第 1 行定义二维数组 t,第 2 行调用 addex 函数计算二维数组 t 的全部元素的和,并输出该和值。

4.3 多返回值函数

从函数中返回多个值的方法有如下四种。

(1) 将元组作为函数的返回值,其典型语法如下:

```
func 函数名(参数标签 参数名 : 参数类型) -> (元素名 1 : 元素类型 1, 元素名 2 : 元素类型 2)
{
    函数体
}
```

上述函数语法中,返回值为一个包含两个元素的元组,这里元组的元素名可以省略。

(2) 将数组作为函数的返回值,其典型语法如下:

```
func 函数名(参数标签 参数名 : 参数类型) -> [数组元素类型]
{
    函数体
}
```

上述函数语法中,返回值为一个数组。

(3) 借助 inout 参数从函数中返回值,其典型语法如下:

```
func 函数名(参数标签 参数名 : inout 参数类型) ->返回值类型
{
    函数体
}
```

上述函数语法中,虽然只有一个返回值,但是使用了 inout 参数,即定义的参数在"参数类型"前添加了 inout 关键字,表示该参数将直接使用传递给该参数的实参变量,在函数体内部对于 inout 型参数的修改,都将直接对传递给该参数的实参变量进行修改,从而可以通过 inout 参数实现从函数中返回值。注意,在调用带有 inout 参数的函数时,inout 参数前需要添加"&"符号。

(4) 返回值为可选类型的函数,其典型语法如下:

```
func 函数名(参数标签 参数名 : 参数类型) ->返回值类型?
{
    函数体
}
```

上述函数在"返回值类型"后添加了一个"?"号,除了可以返回"返回值类型"指定的值外,还可以返回空值 nil。

现在创建工程 MyCh0403,包含程序文件 main. swift 和 myfunc. swift,如程序段 4-6 和程序段 4-7 所示,下面借助工程 MyCh0403 介绍上述多返回值函数的用法。

程序段 4-6 程序文件 myfunc. swift

视频讲解

```
1    import Foundation
2
3    func calc(list val : Double...) ->(Double,Double,Double)
4    {
5        var m1,m2,m3,s : Double
6        m1=val[0];m2=val[0];m3=0;s=0
7        for e in val
8        {
9            s += e
```

```
10          if m1>e
11          {
12               m1=e
13          }
14          if m2<e
15          {
16               m2=e
17          }
18      }
19      m3=s/Double(val.count)
20      return (m1,m2,m3)
21  }
22  func minmax(first val1 : Double, second val2 : Double) ->(min: Double, max:
    Double)
23  {
24      let v1 = val1<val2 ? val1:val2
25      let v2 = val1<val2 ? val2:val1
26      return (v1,v2)
27  }
28  func minmax(array val : [Double]) ->[Double]
29  {
30      let v1=val.min()
31      let v2=val.max()
32      var r : [Double]=[]
33      r.append(v1!)
34      r.append(v2!)
35      return r
36  }
37  func minmaxex(array val : [Double]) ->[Double]?
38  {
39      if val.isEmpty
40      {
41          return nil
42      }
43      return minmax(array: val)
44  }
45  func swap(first v1 : inout Int, second v2 : inout Int)
46  {
47      (v1,v2) = (v2,v1)
48  }
```

程序段 4-7 程序文件 main.swift

视频讲解

```
1   import Foundation
2
3   let t1 = calc(list: 1,2,3,4,5,6,7,8,9,10)
4   print("minimum = \(t1.0), maximum = \(t1.1), average = \(t1.2)")
5   let t2 = minmax(first: 13.2, second: 7.9)
6   print("min = \(t2.min), max = \(t2.max)")
7   let t3 = minmax(array: [3.6,8.2,6.5,10.2,4.1,7.3])
8   print("min = \(t3[0]), max = \(t3[1])")
9   if let t4 = minmaxex(array: [3.6,8.2,6.5,10.2,4.1,7.3])
10  {
11      print("min = \(t4[0]), max = \(t4[1])")
12  }
13  var v1=5, v2=9
```

```
14    print("v1 = \(v1), v2 = \(v2)")
15    swap(&v1,&v2)
16    print("v1 = \(v1), v2 = \(v2)")
```

工程 MyCh0403 的执行结果如图 4-6 所示。

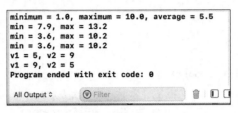

图 4-6　工程 MyCh0403 的执行结果

下面结合图 4-6 介绍工程 MyCh0403 的程序文件代码。

程序段 4-6 所示的程序文件 myfunc.swift 包含了 5 个函数,依次如下。

(1) 返回包含三个元素的元组的函数,如程序段 4-6 的第 3～21 行所示,这里将该函数代码再次罗列如下:

```
3     func calc(list val : Double...) ->(Double,Double,Double)
4     {
5         var m1,m2,m3,s : Double
6         m1=val[0];m2=val[0];m3=0;s=0
7         for e in val
8         {
9             s += e
10            if m1>e
11            {
12                m1=e
13            }
14            if m2<e
15            {
16                m2=e
17            }
18        }
19        m3=s/Double(val.count)
20        return (m1,m2,m3)
21    }
```

第 3 行定义了函数 calc,具有一个可变个数参数,参数标签为 list,参数名为 val,返回值为包含三个 Double 型元素的元组类型。该函数借助元组可以返回三个 Double 型值。

第 5 行定义双精度浮点型变量 m1、m2、m3 和 s,其中,m1 用于保存数组的最小值,m2 用于保存数组的最大值,m3 用于保存数组的平均值,s 用于保存数组所有元素的和。第 6 行将 m1 初始化为 val[0],即数组 val 的首元素;将 m2 也初始化为 val[0];将 m3 初始化为 0;将 s 初始化为 0。

第 7～18 行为一个 for-in 结构,计算数组 val 的全部元素和 s、最小元素值 m1 和最大元素值 m2。第 19 行计算数组 val 的平均值 m3。第 20 行返回元组"(m1, m2, m3)"。

该函数的调用位于程序段 4-7 的第 3 行"let t1＝calc(list:1,2,3,4,5,6,7,8,9,10)",返回的 t1 为元组(1.0, 10.0, 5.5),即借助元组实现了多返回值。

(2) 返回值为带索引的元组类型的函数,如程序段 4-6 的第 22～27 行所示的 minmax 函数,将函数的代码再次罗列如下:

```
22   func minmax(first val1 : Double, second val2 : Double) ->(min:Double,max:Double)
23   {
24       let v1 = val1<val2 ?val1:val2
25       let v2 = val1<val2 ?val2:val1
26       return (v1,v2)
27   }
```

第 22 行定义了函数 minmax,具有两个双精度浮点型的参数,返回值的类型为二元元组,这里为元组的每个元素指定了索引名称。第 24 行定义常量 v1,将 val1 和 val2 的较小者赋给 v1;第 25 行定义常量 v2,将 val1 和 val2 的较大者赋给 v2。第 26 行返回元组形式的 v1 和 v2,即返回"(v1, v2)"。

该函数的调用位于程序段 4-7 的第 5 行"let t2＝minmax(first:13.2,second:7.9)",调用 minmax 得到一个元组 t2,为(7.9, 13.2)。由于在上述定义函数 minmax 时为作为函数的返回值的元组的各个元素指定了索引名称,这里可以使用索引名称访问元组的元素,如程序段 4-7 的第 6 行"print("min＝\(t2.min), max＝\(t2.max)")"所示,使用 t2.min 访问元素 t2.0,使用 t2.max 访问元素 t2.1。

(3) 返回值类型为数组类型的函数,如程序段 4-6 的第 28～36 行的函数 minmax,该函数的代码再次罗列如下:

```
28   func minmax(array val : [Double]) ->[Double]
29   {
30       let v1=val.min()
31       let v2=val.max()
32       var r : [Double]=[]
33       r.append(v1!)
34       r.append(v2!)
35       return r
36   }
```

第 28 行定义了函数 minmax,具有一个数组类型的参数,参数标签为 array,参数名为 val,返回值类型为双精度浮点型的数组类型。第 30 行定义常量 v1,赋值为 val 的最小值;第 31 行定义常量 v2,赋值为 val 的最大值;第 32 行定义数组变量 r,赋为空数组。第 33 行将 v1 添加到数组 r 中;第 34 行将 v2 添加到数组 r 中。第 35 行返回数组 r。

上述函数的调用位于程序段 4-7 的第 7 行"let t3＝minmax(array:[3.6,8.2,6.5,10.2,4.1,7.3])",返回结果赋给 t3,此时 t3 为包含两个元素的一维数组,即[3.6, 10.2]。

上述函数 minmax 具有一个缺点,没有考虑参数 val 为空数组的情况。在第 30 行和第 31 行中,v1 和 v2 都有可能为空值 nil,因此函数 minmax 的返回值有可能为空值 nil。下面的函数修正了这点不足。

(4) 返回值为可选类型的函数,如程序段 4-6 中第 37～44 行所示的函数 minmaxex,该函数的代码再次罗列如下:

```
37   func minmaxex(array val : [Double])->[Double]?
38   {
39       if val.isEmpty
40       {
41           return nil
42       }
43       return minmax(array: val)
44   }
```

第 37 行定义了函数 minmaxex,返回值为"[Double]?",表示这是一个可选类型,可以返回空值 nil 或双精度浮点型的数组。第 39～42 行为一个 if 结构,如果参数 val 为空数组,则第 41 行返回空值 nil;否则,第 43 行返回函数 minmax 的返回值。

调用上述函数 minmaxex 的语句位于程序段 4-7 的第 9～12 行,该函数的代码再次罗列如下:

```
9    if let t4 = minmaxex(array: [3.6,8.2,6.5,10.2,4.1,7.3])
10   {
11       print("min = \(t4[0]), max = \(t4[1])")
12   }
```

这里第 9～12 行为一个 if 结构,第 9 行使用了"iflet"形式的"可选绑定"方法,如果调用 minmaxex 返回 nil,则第 9 行为假;否则,将 minmaxex 的返回值赋给 t4。第 11 行输出结果"min=3.6,max=10.2"。

(5) 使用 inout 类型的参数的函数,如程序段 4-6 的第 45～48 行所示的函数 swap,该函数的代码再次罗列如下:

```
45   func swap(first v1 : inout Int, second v2 : inout Int)
46   {
47       (v1,v2) = (v2,v1)
48   }
```

第 45 行定义了函数 swap,具有两个 inout 类型的参数,这类参数可使得传递给这类参数的实参变量进入函数内部参与运算,修改结果被保留在实参变量中。该函数只有第 47 行一条语句,即实现 v1 和 v2 交换数值。

函数 swap 的调用位于程序段 4-7 的第 15 行"swap(&v1,&v2)",使用"&"放在实参变量的前面,其中,v1 和 v2 为整型变量,初始值分别为 5 和 9(见程序段 4-7 的第 13 行),执行"swap(&v1,&v2)",v1 和 v2 的值将依次为 9 和 5,相当于借助 inout 参数返回了两个值。

4.4 复合函数

在 Swift 语言中,复合函数有三种情况:①一个函数作为另一个函数的参数;②函数的返回值为一个函数;③函数中可以嵌套另一个函数。函数具有类型,由参数类型和返回值类型组成。函数类型可像普通变量类型一样使用,例如,可以定义函数类型的变量,这种变量是一个函数;可以定义函数类型的数组,每个数组元素为一个函数;可以将函数类型作为某个函数的返回值类型等。

下面借助工程 MyCh0404 介绍复合函数的用法。工程 MyCh0404 包含两个程序文件,即 myfunc. swift 和 main. swift,其内容如程序段 4-8 和程序段 4-9 所示。

程序段 4-8 程序文件 myfunc. swift

视频讲解

```
1    import Foundation
2
3    func add(first op1:Int,second op2:Int) ->Int
4    {
5        return op1 + op2
6    }
7    func sub(first op1:Int,second op2:Int) ->Int
8    {
9        return op1 - op2
```

```
10    }
11    func mul(first op1:Int,second op2:Int)->Int
12    {
13        return op1 * op2
14    }
15    func div(first op1:Int,second op2:Int)->Int
16    {
17        return op1 / op2
18    }
19
20    let funcarr : [(Int,Int)->Int] = [add,sub,mul,div]
21    func calc(function fun:(Int,Int)->Int,dat1 op1:Int,dat2 op2:Int)->Int
22    {
23        return fun(op1,op2)
24    }
25    func calc(which wh:Int)->(Int,Int)->Int
26    {
27        switch wh
28        {
29        case 1:
30            return funcarr[0]
31        case 2:
32            return funcarr[1]
33        case 3:
34            return funcarr[2]
35        case 4:
36            return funcarr[3]
37        case _:
38            return funcarr[0]
39        }
40    }
41    func step(direction dir:Bool)->(Int)->Int
42    {
43        func inc(dat : Int)->Int
44        {
45            return dat + 1
46        }
47        func dec(dat : Int)->Int
48        {
49            return dat - 1
50        }
51        return dir ? inc : dec
52    }
```

程序段 4-9 程序文件 main.swift

```
1     import Foundation
2
3     let a=19,b=3
4     var s1,s2,s3,s4 : Int
5     s1 = calc(function: add, dat1: a, dat2: b)
6     s2 = calc(function: sub, dat1: a, dat2: b)
7     s3 = calc(function: mul, dat1: a, dat2: b)
8     s4 = calc(function: div, dat1: a, dat2: b)
9     print("s1 = \(s1), s2 = \(s2), s3 = \(s3), s4 = \(s4)")
10    s1=0; s2=0; s3=0; s4=0
```

视频讲解

```
11    s1 = calc(which: 1)(a,b)
12    s2 = calc(which: 2)(a,b)
13    s3 = calc(which: 3)(a,b)
14    s4 = calc(which: 4)(a,b)
15    print("s1 = \(s1), s2 = \(s2), s3 = \(s3), s4 = \(s4)")
16    var i=10
17    let inc = step(direction: true)
18    let dec = step(direction: false)
19    i = inc(i)
20    i = step(direction: true)(i)
21    print("i = \(i)")
22    i = step(direction: false)(i)
23    i = dec(i)
24    print("i = \(i)")
```

```
s1 = 22, s2 = 16, s3 = 57, s4 = 6
s1 = 22, s2 = 16, s3 = 57, s4 = 6
i = 12
i = 10
Program ended with exit code: 0

All Output ⌄        ⊛ Filter              🗑 ▯ ▮
```

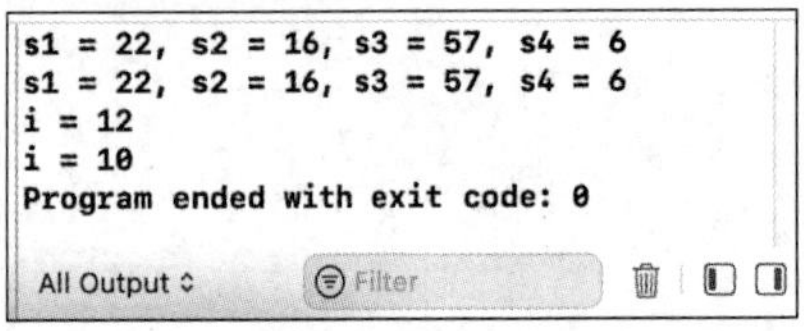

图 4-7　工程 MyCh0404 的执行结果

工程 MyCh0404 的执行结果如图 4-7 所示。

下面结合图 4-7 介绍工程 MyCh0404 的程序文件代码。

在程序段 4-8 中,第 3~6 行定义了一个函数 add,函数类型为(Int, Int)-> Int,实现两个整数加法运算。第 7~10 行定义了一个函数 sub,函数类型为(Int, Int)-> Int,实现两个整数的减法运算。第 11~14 行定义了一个函数 mul,函数类型为(Int, Int)-> Int,实现两个整数的乘法运算。第 15~18 行定义了一个函数 div,函数类型为(Int, Int)-> Int,实现两个整数的除法运算。

第 20 行“let funcarr:[(Int,Int)-> Int] = [add,sub,mul,div]”定义了一个函数数组 funcarr,包含了 add、sub、mul 和 div 四个函数。

第 21~52 行定义了三种类型的复合函数,依次介绍如下。

(1) 一个函数作为另一个函数的参数,如第 21~24 行所示的函数 calc,该函数代码再次罗列如下:

```
21    func calc(function fun:(Int,Int)->Int,dat1 op1:Int,dat2 op2:Int)->Int
22    {
23        return fun(op1,op2)
24    }
```

第 21 行定义了函数 calc,具有一个函数参数和两个整型参数,其中第一个参数为函数参数,参数标签为 function,参数名称为 fun,参数类型为(Int, Int)-> Int。函数 calc 的返回值类型为 Int 型。此函数只有第 23 行一条语句,即返回“fun(op1, op2)”。

上述函数的调用位于程序段 4-9 的第 5~8 行,这里以第 5 行为例介绍,第 5 行代码为“s1 = calc(function:add, dat1:a, dat2:b)”,相当于调用 add(first:a, second:b),即计算 a 与 b 的和,并赋给变量 s1。

(2) 函数的返回值为一个函数类型,如程序段 4-8 的第 25~40 行所示的 calc 函数,该函数的代码再次罗列如下:

```
25    func calc(which wh:Int)->(Int,Int)->Int
26    {
27        switch wh
28        {
29        case 1:
```

```
30            return funcarr[0]
31        case 2:
32            return funcarr[1]
33        case 3:
34            return funcarr[2]
35        case 4:
36            return funcarr[3]
37        case _:
38            return funcarr[0]
39        }
40    }
```

第 25 行定义了函数 calc,具有一个整型参数 wh,返回值类型为(Int,Int)-> Int 型的函数类型。在函数 calc 内部,第 27～39 行为一个 switch 结构,根据 wh 的值,执行各种情况:当 wh 为 1 时,返回 funcarr[0],由于 funcarr 函数数组的首元素为 add 函数,故这里返回 add 函数;当 wh 为 2 时,返回 funcarr[1],即返回 sub 函数;当 wh 为 3 时,返回 funcarr[2],即返回 mul 函数;当 wh 为 4 时,返回 funcarr[3],即返回 div 函数;其他情况,返回 funcarr[0]。

上述函数 calc 的调用位于程序段 4-9 的第 11～14 行,以第 11 行"s1=calc(which:1)(a,b)"为例,该行相当于执行 s1=add(first:a, second:b)。注意,在上述第 25 行的 calc 函数定义中,返回值类型"(Int,Int)-> Int"中的参数不能设定参数标签。因此在程序段 4-9 的第 11 行调用 calc 函数时,直接使用了参数"(a, b)",而不能为参数添加参数标签。

(3) 函数中包含另一个函数,被包含的函数可以使用包含它的函数中在它前面定义的常量或变量,这一点将在闭包中详细介绍。这种函数复合形式如程序段 4-8 的第 41～52 行所示的 step 函数,该函数的代码再次罗列如下:

```
41    func step(direction dir:Bool)->(Int)->Int
42    {
43        func inc(dat : Int)->Int
44        {
45            return dat + 1
46        }
47        func dec(dat : Int)->Int
48        {
49            return dat - 1
50        }
51        return dir ?inc : dec
52    }
```

第 41 行定义了函数 step,具有一个布尔型参数 dir,返回值为(Int)-> Int 函数类型。在函数 step 内部,第 43～46 行定义了函数 inc,返回参数 dat 的值累加 1 的结果;第 47～50 行定义了函数 dec,返回参数 dat 的值减 1 后的结果。第 51 行判断参数 dir 是否为真,如果为真则返回 inc 函数;否则返回 dec 函数。

如果一个函数只会被另一个函数调用,则可以将前者放在后者的内部,形成复合函数,也是一种函数闭包。

上述 step 函数的调用位于程序段 4-9 的第 16～24 行,这些代码再次罗列如下:

```
16    var i=10
17    let inc = step(direction: true)
18    let dec = step(direction: false)
19    i = inc(i)
```

```
20    i = step(direction: true)(i)
21    print("i = \(i)")
22    i = step(direction: false)(i)
23    i = dec(i)
24    print("i = \(i)")
```

第 16 行定义整型变量 i,赋初值为 10。第 17 行定义 inc,赋为 step(direction:true),即 inc 是 step 函数的参数为真时的返回值,由于 step 的返回值为函数,故 inc 为函数,即完成自增 1 的函数;同样地,第 18 行定义函数 dec,作为自减 1 的函数。第 19 行执行 inc 函数,将 i 自增 1;第 20 行执行 step(direction:true)函数,使 i 自增 1;第 21 行输出 i 的值,为 12。第 22 行调用 step(direction:false)函数,使 i 自减 1;第 23 行调用 dec 函数,使 i 自减 1;第 24 行输出 i 的值,为 10。

4.5 递归函数

Swift 语言支持递归函数,所谓递归函数是指直接或间接调用函数本身的函数。本节用以下四个实例介绍递归函数。

实例一:阶乘

整数 n 的阶乘定义:$n!=1\times2\times\cdots\times n=n\times(n-1)!$,即在求 n 的阶乘时,使用了 n−1 的阶乘。因此,求阶乘的函数直接调用了它本身。

实例二:Fibonacci 数列

Fibonacci 数列的规律为

$$\begin{cases} F_1=F_2=1 \\ F_n=F_{n-1}+F_{n-2}, \quad n>2 \end{cases}$$

即从 Fibonacci 数列的第 3 项起,每一项的值为前两项的和。这样,求 Fibonacci 数列的函数将调用它本身两次,从而构成了递归调用。

实例三:从 n 个球中选 k 个球的组合数

根据排列组合原理,从 n 个球中选 k 个球的组合数等于从 n−1 个球中选 k 个球的组合数加上从 n−1 个球中选 k−1 个球的组合数的和。因此,求组合数问题可分解为两个新的求组合数问题,即求组合数的函数将调用它本身两次,从而构成了递归调用。

实例四:汉诺塔问题

汉诺塔问题是递归调用的经典问题,如图 4-8 所示,有 A、B 和 C 三个台座,A 座上放置 n 个盘子,这 n 个盘子大小互不相同,且从大至小向上依次堆叠。现在,要将 A 座上的 n 个盘子,借助 B 座全部移动到 C 座上,要求每次只能移动一个盘子,且移动过程中,任意时刻三个台座上的盘子必须始终大盘在下、小盘在上。

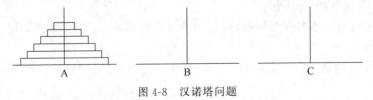

图 4-8 汉诺塔问题

汉诺塔问题可以分解为:

(1) 将 A 座上的 n−1 个盘子借助 C 座移动到 B 座上;

（2）将 A 座上的第 n 个盘子（最大的盘子）直接移动到 C 座上；

（3）将 B 座上的 n−1 个盘子借助 A 座移动到 C 座上。

上述分解过程中,第（1）和（3）步仍然分别为一个汉诺塔问题,故汉诺塔问题可通过递归调用实现。

汉诺塔问题的终止条件：当 A 座上只有一个盘子时（B 座无盘子）,将该盘子从 A 座移动到 C 座。

上述的四个实例,均可以借助递归函数实现。编写递归函数的要点在于：

（1）设计终止条件。例如,对于阶乘而言,其终止条件为 n 等于 0 或 1 时,返回 1；

（2）设计递归调用。例如,对于阶乘而言,n 的阶乘表示为 n 与 n−1 的阶乘的积,设阶乘的递归函数为 fac,则递归调用为"return n * fac(n−1)"。

下面的工程 MyCh0405 详细介绍了上述四个实例的递归函数实现方法。工程 MyCh0405 包括两个程序文件,即 myfunc. swift 和 main. swift,其代码分别如程序段 4-10 和程序段 4-11 所示。

程序段 4-10　程序文件 myfunc. swift

视频讲解

```
1    import Foundation
2
3    func fac(integer i : Int)->Int
4    {
5        if i==1 || i==0
6        {
7            return 1
8        }
9        return i * fac(integer: i-1)
10   }
11
12   func fib(integer i:Int)->Int
13   {
14       if i==1 || i==2
15       {
16           return 1
17       }
18       return fib(integer: i-1)+fib(integer: i-2)
19   }
20
21   func com(total n:Int, selected k:Int)->Int
22   {
23       if k==0 || k==n
24       {
25           return 1
26       }
27       return com(total: n-1, selected: k)+com(total: n-1, selected: k-1)
28   }
29
30   func han(disc n:Int, left a:Character, mid b:Character, right c:Character)
31   {
32       if n==1
33       {
34           print("\(a) --> \(c)")
35           return
36       }
```

视频讲解

```
37      han(disc: n-1, left: a, mid: c, right: b)
38      print("\(a) --> \(c)")
39      han(disc: n-1, left: b, mid: a, right: c)
40  }
```

程序段 4-11　程序文件 main.swift

```
1   import Foundation
2
3   let k = 8
4   var s = 0
5   s = fac(integer: 8)
6   print("\(k)! = \(s)")
7
8   s=fib(integer: k)
9   print("Fibonacci\(\(k)) = \(s)")
10
11  print("C(6,3) = \(com(total: 6, selected: 3))")
12
13  han(disc: 4, left: "A", mid: "B", right: "C")
```

工程 MyCh0405 的执行结果如图 4-9 所示。

下面结合图 4-9,介绍工程 MyCh0405 的程序文件的代码。

在程序段 4-10 所示的程序文件 myfunc.swift 中,有 4 个函数,分别对应着前述的四个实例,下面依次讨论这些实例的实现方法。

(1) 求阶乘。

在程序段 4-10 中,第 3~10 行为求阶乘的函数 fac,其代码再次罗列如下:

图 4-9　工程 MyCh0405 的执行结果

```
3   func fac(integer i : Int)->Int
4   {
5       if i==1 || i==0
6       {
7           return 1
8       }
9       return i * fac(integer: i-1)
10  }
```

第 3 行定义求阶乘的函数 fac,具有一个整型参数,参数标签为 integer,参数名为 i,函数返回值类型为整型。

函数 fac 包括两部分:第一部分为第 5~8 行,表示终止条件,当第 5 行的 i 为 0 或 1 时,返回 1;第二部分为第 9 行,表示递归调用,返回 i 与 i-1 的阶乘的乘积。

上述 fac 函数的调用位于程序段 4-11 的第 5 行"s = fac(integer:8)",这里计算 8!,得到 40320,如图 4-9 所示。

(2) 求 Fibonacci 数列。

在程序段 4-10 中,第 12~19 行为求 Fibonacci 数列的函数 fib,具有一个整型参数,函数返回值类型为整型,该函数的代码再次罗列如下:

```
12  func fib(integer i:Int)->Int
```

```
13      {
14          if i==1 || i==2
15          {
16              return 1
17          }
18          return fib(integer: i-1)+fib(integer: i-2)
19      }
```

函数 fib 包括两部分：第一部分为第 14～17 行，表示终止条件，当 i 等于 1 或 2 时，返回 1；第二部分为第 18 行，表示递归调用，返回第 i－1 个 Fibonacci 数和第 i－2 个 Fibonacci 数的和。

上述函数 fib 的调用位于程序段 4-11 的第 8 行"s＝fib(integer：k)"，这里 k 为 8，返回第 8 个 Fibonacci 数，其值为 21，如图 4-9 所示。

（3）求组合数。

程序段 4-10 的第 21～28 行为求组合数的函数 com，该函数具有两个整型参数，函数返回值为整型，其代码再次罗列如下：

```
21      func com(total n:Int,selected k:Int)->Int
22      {
23          if k==0 || k==n
24          {
25              return 1
26          }
27          return com(total: n-1, selected: k)+com(total: n-1, selected: k-1)
28      }
```

递归函数 com 包括两部分：第一部分为第 23～26 行，表示终止条件，当 k 为 0 或 k 等于 n 时，返回 1；第二部分为第 27 行，为递归调用部分，返回从 n－1 个中取 k 个的组合数与 n－1 个中取 k－1 个的组合数的和。

上述 com 函数的调用位于程序段 4-11 的第 11 行"print("C(6,3)＝\(com(total：6，selected：3))")"，这里计算了从 6 个中取 3 个的组合数，得到结果"C(6,3)＝20"，如图 4-9 所示。

（4）汉诺塔问题。

程序段 4-10 的第 30～40 行为求汉诺塔问题的函数 han，该函数具有 4 个参数，仅次为盘子的总数、表示 A 座名称的字符、表示 B 座名称的字符和表示 C 座名称的字符，函数代码再次罗列如下：

```
30      func han(disc n:Int, left a:Character, mid b:Character, right c:Character)
31      {
32          if n==1
33          {
34              print("\(a) --> \(c)")
35              return
36          }
37          han(disc: n-1, left: a, mid: c, right: b)
38          print("\(a) --> \(c)")
39          han(disc: n-1, left: b, mid: a, right: c)
40      }
```

函数 han 包括两部分：第一部分为第 32～36 行，表示终止条件，在递归调用的过程中，每次调用 han 时盘子数减少 1，所以，最后将会只剩下一个盘子，此时执行第 34～35 行，即将该盘子从参数 a 对应的"座"移到参数 c 对应的"座"上；第二部分为第 37～39 行，表示递归调用，具有 n 个盘子的汉诺塔问题，可以分解为三步：①第一步对应第 37 行，即将 n−1 个盘子借助参数 c 对应的座，由参数 a 对应的座移动到参数 b 对应的座上；②第二步对应第 38 行，即将参数 a 对应的座上的最后一个盘子移动到参数 c 对应的座上；③第三步对应第 39 行，即将 n−1 个盘子从参数 b 对应的座上借助参数 a 对应的座，移动到参数 c 对应的座上。

上述函数 han 的调用位于程序段 4-11 的第 13 行"han(disc:4，left:"A"，mid:"B"，right:"C")"，这里执行 4 个盘子的汉诺塔问题，其盘子的移动方式如图 4-9 所示。

4.6 闭包

闭包是指一组完成特定任务的代码，可认为函数是一种类型的闭包，而本节介绍的闭包是指没有函数名的闭包。当一个函数用作另一个函数的参数时，前者倾向于使用闭包的形式表示，这样表达简洁，但是可读性降低。闭包的标准语法如下：

{(参数列表) -> (返回值类型) in 语句组}

注意：闭包由一对"{ }"包围，原来位于函数头的"(参数列表) -> (返回值类型)"位于"{ }"内部，原来的函数体放置于关键字 in 的后面。

此外，闭包(包括函数)都是引用类型，而不是值类型。如果将一个闭包赋给多个变量或常量，这些量都指向同一个闭包。

4.6.1 常规闭包用法

本节将借助 sorted 方法和 map 方法介绍常规闭包的用法。sorted 方法和 map 方法均具有一个函数参数，其中，sorted 方法内部使用递归的方法实现排序，即反复将传递给其参数的函数应用于被排序数组的两个相邻元素上，直到所有相邻的两个元素全部排序正确为止；map 方法将传递给其参数的函数应用于数组的各个元素上。

现在新建工程 MyCh0406，借助函数实现 sorted 方法和 map 方法的调用。工程 MyCh0406 包括两个程序文件，即 myfunc.swift 和 main.swift，如程序段 4-12 和程序段 4-13 所示。

视频讲解

程序段 4-12 程序文件 myfunc.swift

```
1    import Foundation
2
3    func mysort(first op1 : Int, second op2 : Int) ->Bool
4    {
5        return op1>op2
6    }
7    func mysqr(value op : Int) ->Int
8    {
9        return op * op
10   }
```

视频讲解

程序段 4-13 程序文件 main.swift

```
1    import Foundation
2
3    let arr = [16, 7, 9, 11, 5, 12, 20, 31, 24, 17]
4    print("arr = \(arr)")
```

```
5    var b1 = arr.sorted(by: mysort)
6    print("b1 = \(b1)")
7    var b2 = arr.map(mysqr)
8    print("b2 = \(b2)")
```

工程 MyCh0406 的执行结果如图 4-10 所示。

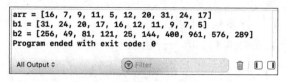

```
arr = [16, 7, 9, 11, 5, 12, 20, 31, 24, 17]
b1 = [31, 24, 20, 17, 16, 12, 11, 9, 7, 5]
b2 = [256, 49, 81, 121, 25, 144, 400, 961, 576, 289]
Program ended with exit code: 0

All Output ⬥          ⬤ Filter              🗑 ▯▯ ▯▯
```

图 4-10 工程 MyCh0406 的执行结果

下面结合图 4-10 介绍工程 MyCh0406 的程序文件。

在程序段 4-12 中,第 3～6 行定义了函数 mysort,函数类型为"(Int,Int)-> Bool"。如果参数 op1 大于 op2,则函数返回 true;否则返回 false。第 7～10 行定义了函数 mysqr,函数类型为"(Int)-> Int",函数返回参数 op 的平方值。

在程序段 4-13 中,第 3 行"let arr=[16,7,9,11,5,12,20,31,24,17]"定义整型数组 arr,赋值为"[16,7,9,11,5,12,20,31,24,17]"。第 4 行"print("arr\(arr)")"输出数组 arr。第 5 行"var b1=arr.sorted(by:mysort)"调用 arr 的 sorted 方法,函数 mysort 作为参数,对 arr 进行降序排列,排列后的数组赋给 b1。第 6 行"print("b1=\(b1)")"输出数组 b1,得到"b1=[31,24,20,17,16,12,11,9,7,5]"。第 7 行"var b2=arr.map(mysqr)"调用 arr 的 map 方法,函数 mysqr 作为参数,将 arr 的每个元素求平方,结果保存在数组 b2 中。第 8 行"print("b2=\(b2)")"输出数组 b2,得到"b2=[256,49,81,121,25,144,400,961,576,289]",如图 4-10 所示。

下面将程序段 4-12 所示的程序文件 myfunc.swift 中的两个函数写成闭包的形式,如程序段 4-14 所示。

程序段 4-14 闭包形式的程序文件 myfunc.swift

```
1    import Foundation
2
3    let mysort = {(_ op1 : Int, _ op2 : Int) ->Bool in return op1>op2}
4    let mysqr = {(_ op : Int) ->Int in return op * op}
```

视频讲解

对比程序段 4-12 可知,函数 mysort 改为闭包的形式,如第 3 行所示,注意闭包中的参数不能带有参数标签,可以使用"_"或者省略参数标签。函数 mysqr 改为闭包的形式,如第 4 行所示。这里的 mysort 和 mysqr 为函数常量。

此时执行包含程序段 4-14 和程序段 4-13 的工程,同样可以得到如图 4-10 所示的结果。

程序段 4-14 可进一步简化:①闭包中的参数可根据作用的对象的类型推断其类型,故可以省略闭包中参数的类型声明;②如果闭包(或函数)只有一条语句,return 关键字可省略;③参数标签必须省略(或使用"_")。这样简化后得到的闭包已不具有独立的语法含义,需要将这些闭包直接应用于函数的参数中,故从工程 MyCh0406 中删除程序文件 myfunc.swift,只需要保留 main.swift 文件,如程序段 4-15 所示。

程序段 4-15 简化闭包后的程序文件 main.swift

```
1    import Foundation
2
```

视频讲解

```
3    let arr = [16, 7, 9, 11, 5, 12, 20, 31, 24, 17]
4    print("arr = \(arr)")
5    var b1 = arr.sorted(by: {(op1, op2)->Bool in  op1 > op2})
6    print("b1 = \(b1)")
7    var b2 = arr.map({(op)->Int in op * op})
8    print("b2 = \(b2)")
```

在程序段 4-15 中,第 5 行使用了闭包"{(op1,op2)-> Bool in op1 ＞ op2}"作为方法 sorted 的参数,实现数组的降序排列;第 7 行使用了闭包"{(op)-> Int in op ＊ op}"作为方法 map 的参数,实现数组各个元素的平方运算。

此时,执行工程 MyCh0406,其结果仍然如图 4-10 所示。

程序段 4-15 中的闭包还可以进一步简化,闭包中的参数按其位置具有名称"＄0""＄1""＄2""＄3"等,依次表示闭包的第一个、第二个、第三个、第四个参数等。当使用位置参数时,无须指定闭包的参数列表和关键字 in,只需要闭包的函数体。按位置参数简化闭包后的程序文件 main. swift 如程序段 4-16 所示。

程序段 4-16 使用位置参数的闭包实例

视频讲解

```
1    import Foundation
2
3    let arr = [16, 7, 9, 11, 5, 12, 20, 31, 24, 17]
4    print("arr = \(arr)")
5    var b1 = arr.sorted(by: {$0 > $1})
6    print("b1 = \(b1)")
7    var b2 = arr.map({$0 * $0})
8    print("b2 = \(b2)")
```

在程序段 4-16 中,第 5 行使用了闭包"{＄0＞＄1}",实现数组的降序排列;第 7 行使用了闭包"{＄0 ＊ ＄0}",实现了数组中各个元素的平方运算。

注意:对于第 5 行的闭包"{＄0＞＄1}"还可以继续简化,由于 Swift 语言定义了运算符方法,而"＞"本身可作为运算符方法(或称运算符函数),故第 5 行可简化为"var b1＝arr. sorted (by:＞)"。

当闭包作为函数的最后一个参数时,可以放置于函数的后面;若有多个闭包作为函数的参数,但均位于函数的最后几个参数时,这些闭包均可以置于函数的后面,称为尾链闭包。在程序段 4-16 中,由于 sorted 方法和 map 方法的闭包均作为其最后一个参数(实际上,这两个方法只有一个函数参数),所以,可将这两个方法的闭包均写为尾链闭包,如程序段 4-17 所示。

程序段 4-17 尾链闭包形式的程序文件 main. swift

视频讲解

```
1    import Foundation
2
3    let arr = [16, 7, 9, 11, 5, 12, 20, 31, 24, 17]
4    print("arr = \(arr)")
5    var b1 = arr.sorted(){$0 > $1}
6    print("b1 = \(b1)")
7    var b2 = arr.map(){$0 * $0}
8    print("b2 = \(b2)")
```

在程序段 4-17 中,第 5 行使用了尾链闭包"{＄0 ＞ ＄1}",闭包放置于函数"()"的后面;第 7 行使用了尾链闭包"{＄0 ＊ ＄0}",闭包放置于函数"()"的后面。

注意:如果函数只有一个参数,且该参数使用了尾链闭包,则函数的"()"可以省略,即第 5

行可以写作"var b1＝arr. sorted{＄0 ＞ ＄1}"；第 7 行可以写作"var b2＝arr. map{＄0 ＊ ＄0}"。

　　尽管闭包有多种形式的简化表示，但是简化表示闭包降低了程序的可读性，建议读者优先使用标准形式的闭包。此外，若某个函数中带有多个函数形式的参数(且函数形式的参数位于全部参数的最右侧)，那么，在使用尾链闭包时必须忽略第一个闭包的参数标签(或参数名称)，但是必须为其余闭包指定参数标签(或参数名称)，如程序段 4-18 所示的程序文件 main. swift，是新建工程 MyCh0407 的唯一程序文件。

视频讲解

程序段 4-18　多个尾链闭包的程序文件 main. swift

```
1    import Foundation
2
3    func calc(value op : Int, sqr fun1: (Int)->Int,tri fun2: (Int)->Int)->(Int,Int,
     Int)
4    {
5        var a,b,c: Int
6        a = op
7        b = fun1(a)
8        c = fun2(a)
9        return (a,b,c)
10   }
11
12   let t1 = calc(value: 3) {$0 *$0} tri:{$0 *$0 *$0}
13   print(t1)
```

　　在程序段 4-18 中，第 3～10 行定义了函数 calc，具有三个参数：第一个参数标签为 value，参数名为 op，该参数为整型参数；第二个参数标签为 sqr，参数名为 fun1，该参数为函数形式的参数，类型为"(Int)-> Int"；第三个参数标签为 tri，参数名为 fun2，该参数为函数形式的参数，类型为"(Int)-> Int"。因此函数 calc 具有两个函数形式的参数，且这两个函数形式的参数是参数列表的最后两个参数。根据第 5～9 行的函数体可知，函数 calc 将 op、op 的平方和 op 的三次方，打包成一个元组返回。

　　第 12 行使用尾链闭包的形式调用 calc 函数，这里第一个尾链闭包为"{＄0 ＊ ＄0}"，不能带有参数标签；第二个尾链闭包为"tri：{＄0 ＊ ＄0 ＊ ＄0}"必须带有参数标签。第 13 行"print(t1)"输出结果(3，9，27)。

4.6.2　特殊闭包用法

　　除了标准形式的闭包之外，还有四种特殊形式的闭包用法：①捕获闭包所在上下文环境中的常量或变量值的闭包；②闭包所在函数返回后才能调用的闭包，称为逃逸闭包；③为表达式形式且返回表达式值的闭包，称为自动闭包；④既为逃逸闭包又为自动闭包的闭包。

　　现在创建工程 MyCh0408，其包括一个程序文件 main. swift，借助该程序文件介绍上述四种特殊方式的闭包用法，如程序段 4-19 所示。

视频讲解

程序段 4-19　程序文件 main. swift

```
1    import Foundation
2
3    func step(direction dir:Bool, amount v : Int)->()->Int
4    {
5        var newval = 0
6        func inc()->Int
7        {
```

```
8              newval += v
9              return newval
10         }
11     func dec()->Int
12     {
13             newval -= v
14             return newval
15         }
16     return dir ?inc : dec
17  }
18  let stepinc = step(direction: true, amount: 2)
19  let stepdec = step(direction: false, amount: 2)
20  var i1=stepinc()
21  var i2=stepinc()
22  var d1=stepdec()
23  var d2=stepdec()
24  var i3=stepinc()
25  var d3=stepdec()
26  print("i1 = \(i1), i2 = \(i2), i3 = \(i3), d1 = \(d1), d2 = \(d2), d3 = \(d3)")
27
28  var arr = [16, 7, 9, 11, 5, 12, 20, 31, 24, 17]
29  var funarr : [()->Int] = []
30  func myclosemin()->Int
31  {
32      return arr.min()!
33  }
34  func mymin(min fun: @escaping ()->Int)
35  {
36      funarr.append(fun)
37  }
38  mymin(min: myclosemin)
39  var v1 = funarr.first!()
40  print("v1 = \(v1)")
41
42  let funau = {arr.max()!}
43  func mymax(max fun: @autoclosure ()->Int)->Int
44  {
45      return fun()
46  }
47  var v2 = mymax(max: funau())
48  print("v2 = \(v2)")
49
50  var funarrex : [()->(Int,Int)] = []
51  let funaues = {(arr.min()!,arr.max()!)}
52  func mymaxmin(maxmin fun: @autoclosure @escaping ()->(Int,Int))
53  {
54      funarrex.append(funaues)
55  }
56  mymaxmin(maxmin: funaues())
57  var v3 = funarrex[0]()
58  print("v3 = \(v3)")
```

程序段 4-19 列举了四种特殊情况下的闭包用法，第 3～26 行展示了捕获上下文环境的常量或变量值的闭包用法；第 28～40 行展示了逃逸闭包的用法；第 42～48 行展示了自动闭包的用法；第 50～58 行为兼具逃逸闭包和自动闭包形式的闭包用法。下面依次介绍这四种特殊形式的闭包。

（1）可捕获上下文环境的常量或变量值的捕获闭包。

第3～17行定义了函数 step，其中包含了两个函数 inc 和 dec，这两个函数均可称为函数闭包。在 step 函数中，第16行"return dir ? inc:dec"根据参数 dir 的值返回 inc 闭包或 dec 闭包。这两个闭包结构相似，这里以 inc 闭包为例，inc 闭包的代码再次罗列如下：

```
6    func inc()->Int
7    {
8        newval += v
9        return newval
10   }
```

在第8行中，inc 闭包使用了包括它的函数 step 的变量 newval 和参数 v；第9行返回 newval 的值。

第18行"let stepinc＝step(direction:true, amount:2)"定义表示函数的常量 stepinc，赋值为函数"step(direction:true, amount:2)"，这实际上将创建一个闭包 inc 的实例，此时闭包 inc 将创建对 step 函数的变量 newval 和 v 的复制（引用）。然后，第20、21、24行调用 stepinc 时，newval 和 v 将在闭包 inc 中得到保留，从而使得 newval 的值在每次调用后增加2。

同理，第19行"let stepdec＝step(direction:false, amount:2)"定义表示函数的常量 stepdec，赋值为函数"step(direction:false, amount:2)"，这实际上创建了一个闭包 dec 的实例，此时闭包 dec 将创新建对 step 函数的变量 newval 和 v 的复制（引用）。然后，第20～25行调用 stepdec 时，将使用保留在 dec 闭包中的 newval 和 v 的副本，使 newval 在每次调用后减少2。

注意：捕获型闭包的关键在于包括它的函数返回这个闭包，且这个闭包使用了上文环境的常量或变量，那么这个闭包将创建它所使用的常量或变量的复制（引用）。

（2）逃逸闭包。

第28～40行展示了逃逸闭包的用法，但是这里不能说明逃逸闭包的真正意义，只能借助类才能体现逃逸闭包的必要性。这里仅是从形式上介绍了如何使用逃逸闭包。

第28行定义了整型数组 arr；第29行定义了以函数为元素的数组 funarr。第30～33行定义了函数 myclosemin。第34行定义了函数"func mymin(min fun:@escaping()-> Int)"，其中包括一个函数类型的参数 fun，其形式为"@escaping ()-> Int"，其中，"@escaping"表示此处的实参应为逃逸闭包，"()-> Int"表示闭包的类型为无参数但具有一个整型返回值。

第38行"mymin(min:myclosemin)"为将函数 myclosemin 作为逃逸闭包赋给函数 mymin 的参数，并执行这条语句。在该语句执行过程中，没有执行 myclosemin，而是执行完后，为 myclosemin 创建了可以执行的环境。第39行"var v1＝funarr. first!()"执行函数数组 funarr 的首元素表示的函数，即执行作为逃逸闭的 myclosemin，将结果赋给 v1。这里的". first"表示数组的首元素，第39行也可写为"var v1＝funarr[0]()"。

由上述代码可知，逃逸闭包在调用其作为参数的函数时并不执行，但是在执行完这个函数后，将为逃逸闭包创建执行环境。如果逃逸闭包用在类的实例中，并包含了修改类中数据成员的语句，那么，后续执行逃逸闭包将修改类中的数据成员。

（3）自动闭包。

自动闭包不具有参数和关键字 in，而只是一个表达式，并返回这个表达式的值。所谓的"自动"在于自动闭包自动将表达式转换为"函数"并返回值。第42～48行展示了自动闭包的用法。

第 42 行"let funau＝{arr. max()!}"定义常量 funau，保存了一个用"{ }"包围的表达式，该表达式的含义为得到数组 arr 的最大值。第 43 行定义了函数 mymax，即"func mymax (max fun:@autoclosure ()-> Int)-> Int"，这里的"@autoclosure"表示该参数应被传递一个自动闭包。第 47 行"var v2＝mymax(max:funau())"将 funau 作为 mymax 的参数，注意，这时使用形式"funau()"，执行 mymax 的结果赋给变量 v2。

由上述代码可知，自动闭包实际上是一个表达式，自动闭包的作用在于可将表达式作为函数赋给函数形式的参数。

（4）兼具逃逸闭包和自动闭包的闭包。

第 50～58 行展示了兼具逃逸闭包和自动闭包的闭包，这类闭包的用处：①可以将表达式作为函数赋给函数形式的参数；②可以在调用它的函数后执行。

第 50 行"var funarrex:[()->(Int,Int)]＝[]"定义以函数为元素的数组 funarrex；第 51 行"let funaues＝{(arr. min()!,arr. max()!)}"定义一个常量 funaues，赋值了一个用"{ }"包围的表达式。第 52～55 行定义了函数 mymaxmin，即"func mymaxmin(maxmin fun: @autoclosure @escaping ()->(Int,Int))"，带有一个函数形式的参数，这里的"@autoclosure @escaping"指示该参数将被传递一个兼具自动闭包和逃逸闭包特性的闭包。第 56 行 "mymaxmin(maxmin:funaues())"执行函数 mymaxmin；第 57 行"var v3＝funarrex[0]()" 执行 funarrex[0]中的函数，结果赋给变量 v3。

程序段 4-19 的执行结果如图 4-11 所示。

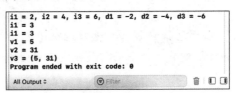

图 4-11　程序段 4-19 的执行结果

4.7　本章小结

本章详细阐述了函数和闭包的定义与用法。针对函数，讨论了无参数函数、无返回值函数、多参数函数、多返回值函数、带默认参数值函数、函数作为参数的函数以及返回类型为函数的函数等。针对闭包，讨论了标准形式的闭包、捕获闭包、逃逸闭包和自动闭包等。函数和闭包是 Swift 语言中重要的语法结构，是实现模块化编程的要素。此外，本章还介绍了多程序文件的工程，在 Swift 语言中，main. swift 是程序入口和可执行程序文件，其他程序文件仅能向 main. swift 文件提供函数和类等可供调用的模块，而 main. swift 可直接调用同一工程中的其他程序文件中定义的函数和类。

习题

1. 简述 Swift 语言中函数的定义方法，讨论函数与闭包的关系。

2. Swift 语言中函数的返回值类型有哪些？

3. 编写一个函数，具有两个正整数类型参数，返回一个元组，包含这两个正整数的最大公约数和最小公倍数。

4. 编写一个函数,具有两个浮点型参数,表示长方形的长和宽,返回该长方形的面积和周长。

5. 编写一个函数,具有一个浮点型参数(具有默认值 1.0),表示圆的半径,返回该半径对应的圆的面积和周长。

6. 编写一个函数,具有一个数组型的参数(元素为整型),返回该数组中的最大值和最小值。

7. 编写一个无返回值函数,具有一个数组型的参数(元素为双精度浮点型,参数为 inout 类型),将该数组的元素按降序排列。

8. 借助闭包对输入的一维数组排序,设输入数组长度为 10,元素为"8,10,7,1,4,13,19,3,22,11",分别输出对其作升序排列和降序排列的数组。

9. 编写递归函数计算表达式 $F_n = F_{n-1} + 2F_{n-2} - F_{n-3}$,其中,$F_0 = 0$,$F_1 = F_2 = 1$,计算 F_8。

第 5 章

枚举与结构体

在 Swift 语言中,数据类型包括基本类型、组合类型和自定义类型三种,其中,基本类型包括整型、字符型、字符串型、单精度浮点型、双精度浮点型、布尔型等;组合类型包括元组、集合、数组和字典等;自定义类型包括枚举、结构体和类等。在自定义类型中,枚举和结构体属于值类型,而类属于引用类型。此外,在 Swift 语言中所有基本类型和集类型均属于值类型,这种类型的量在复制或传递给函数的参数时,将其值复制一个副本给新的量,原来的量和新量间不再有关系。然而,引用类型的量在赋值给另一个量时,原来的量和新量均指向同一个实例。本章将介绍枚举类型和结构体的概念与用法,第 6 章介绍类与实例的概念与用法。

5.1　枚举

枚举是一种自定义类型,也是一种值类型。枚举用于定义一组相互关联且可列举的量,以增加程序的可读性。枚举类型的基本语法为

```
enum 枚举类型名
{
    case 枚举值 1, 枚举值 2, …, 枚举值 n
}
```

这里,enum 为定义枚举类型的关键字;枚举类型名一般使用"大骆驼命名法",即首字母大小、名称中包含的每个英文单词的首字母均大写;各个枚举值的名称不能相同。

例如,下面的枚举类型 Week 定义了一周的情况:

```
enum Week
{
case Monday, Tuesday, Wednesday, Thursday, Friday, Saturday, Sunday
}
```

注意:枚举值一般使用"小骆驼命名法",即首字母小写、名称中包含的每个英文单词的首字母大写。但是,这里表示一星期中的每天的英文单词都是首字母大写,为了和真实的英语单词表示统一。

给定枚举类型后,定义枚举类型的变量或常量的方法与使用基本类型定义变量或常量的方法相同,即分别借助 var 和 let 关键字。

程序段 5-1 展示了枚举的基本用法。

程序段 5-1　枚举基本用法实例

```
1    import Foundation
2
```

```
3      enum Week
4      {
5          case Monday, Tuesday, Wednesday, Thursday, Friday, Saturday, Sunday
6      }
7      var day = Week.Thursday
8      switch day
9      {
10     case .Monday, .Tuesday, .Wednesday, .Thursday, .Friday:
11         print("We work at \(day).")
12     case .Saturday, .Sunday:
13         print("We have a rest at \(day).")
14     }
```

在程序段 5-1 中，第 3～6 行定义了枚举类型 Week。第 7 行等价于"var day：Week＝Week. Thursday"或"var day：Week＝. Thursday"，如果可从上下文中知道枚举类型名，可省略枚举类型名，这里表示定义变量 day，赋初值为"Week. Thursday"。

第 8～14 行为一个 switch 结构，根据 day 的值选择相应的分支执行。由于 day 为"Week. Thursday"，故匹配了第 10 行的 case，从而第 11 行"print("We work at \(day). ")"被执行，输出"We work at Thursday. "。每个枚举类型的量，在默认情况下为它本身表示的字符串，这里的 day 为"Week. Thursday"，故 day 的值为"Thursday"。

5.1.1　枚举量原始值

在 Swift 语言中，枚举类型中的枚举量可具有同一类型的值，称为原始值，原始值可为字符串型、整型、字符型、单精度或双精度浮点型等，有以下几种情况。

(1) 字符串类型的枚举类型，原始值为各枚举量的文本，例如：

```
enum Polarity : String
{
case negative, positive
}
```

此时，Polarity. negative 具有默认的原始值 negative，Polarity. positive 具有默认的原始值 positive。在程序段 5-1 中，枚举类型 Week 的各个枚举量也属于这类情况。

(2) 整数类型的枚举类型，第一个枚举量的原始值为 0，后续的枚举量的原始值依次加 1，例如：

```
enum DNACode : Int
{
case A, G, C, T
}
```

此时，DNACode. A 具有默认的原始值 0，DNACode. G 的原始值为 1，DNACode. C 的原始值为 2，DNACode. T 的原始值为 3。

(3) 整数类型的枚举类型，可以为每个枚举量指定整数值，此时指定的值即为这些枚举量的原始值；也可以只为第一个枚举量指定整数值作为其原始值，后续的各个枚举量的原始值依次加 1，例如：

```
enum Season : Int
{
case spring = 1
case summer
```

```
case autumn
case winter
}
```

这里,枚举类型的各个枚举量可以使用多个 case,上述 Season. spring 的原始值被指定为1,则 Season. summer 的原始值为 2,Season. autumn 的原始值为 3,Season. winter 的原始值为 4。

（4）除上述三种情况,当指定枚举类型的变量类型时,必须指定相同的类型,可单独为每个枚举量设定原始值,例如:

```
enum Constant : Double
{
case pi = 3.14159
case e = 2.71828
}
```

这里枚举类型 Constant 的每个枚举量都被指定了原始值。

当为枚举类型的枚举量指定了原始值后,枚举类型将隐式包含一个"初始化器",所谓的"初始化器"是指由枚举类型名作为函数名、rawValue（即原始值）作为参数的函数,用于生成一个枚举类型的变量或常量。例如,对于上述 Constant 枚举类型,可以使用它的初始化器定义一个枚举变量 c,即"var c＝Constant(rawValue：3.14159)"。注意,初始化器返回的类型为可选类型,对于 Constant 枚举类型,返回的类型为可选双精度浮点类型。

程序段 5-2 展示了带有原始值的枚举类型的用法。

程序段 5-2 带原始值的枚举类型用法实例

视频讲解

```
1    import Foundation
2
3    enum Polarity : String
4    {
5    case negative, positive
6    }
7    var p = Polarity(rawValue: "positive")
8    print("\(p!), \(p!.rawValue)")
9    enum DNACode : Int
10   {
11   case A, G, C, T
12   }
13   var dna = DNACode(rawValue: 3)
14   print("\(dna!),\(dna!.rawValue)")
15   enum Season : Int
16   {
17   case spring = 1
18   case summer
19   case autumn
20   case winter
21   }
22   var s = Season.summer
23   print("\(s),\(s.rawValue)")
24   enum Constant : Double
25   {
26   case pi = 3.14159
27   case e = 2.71828
28   }
```

```
29    var c1 = Constant(rawValue: 3.14159)
30    print("\(c1!),\(c1!.rawValue)")
31    var c2 = Constant.pi
32    print("\(c2),\(c2.rawValue)")
33    if let c3 = Constant(rawValue: 2.71828)
34    {
35        print("\(c3.rawValue)")
36    }
```

在程序段 5-2 中,第 3～6 行定义了枚举类型 Polarity,为字符串类型。第 7 行"var p＝Polarity(rawValue:"positive")"使用枚举类型 Polarity 的初始化器定义枚举变量 p,此时的 p 为可选枚举类型。第 8 行"print("\(p!),\(p!.rawValue)")"输出 p 表示的枚举量和 p 表示的枚举量的原始值,得到"positive, positive"。

第 9～12 行定义枚举类型 DNACode,为整数类型。第 13 行"var dna＝DNACode(rawValue:3)"调用枚举类型 DNACode 的初始化器定义枚举变量 dna,此时的 dna 为可选枚举类型。第 14 行"print("\(dna!),\(dna!.rawValue)")"输出枚举变量 dna 的枚举量和它的原始值,得到"T, 3"。

第 15～21 行定义了枚举类型 Season。第 22 行"var s＝Season.summer"定义枚举变量 s,赋值为 Season.summer。第 23 行"print("\(s),\(s.rawValue)")"输出 s 的枚举量和它的原始值,得到"summer, 2"。

第 24～28 行定义了枚举类型 Constant。第 29 行"var c1＝Constant(rawValue:3.14159)"借助 Constant 的初始化器为变量 c1 赋值;第 30 行"print("\(c1!),\(c1!.rawValue)")"输出 c1 的枚举量和它的原始值,得到"pi, 3.14159"。第 31 行"var c2＝Constant.pi"定义变量 c2,赋值为枚举量 Constant.pi;第 32 行"print("\(c2),\(c2.rawValue)")"输出 c2 的枚举量和它的原始值,得到"pi, 3.14159"。第 33～36 行为一个 if 结构,第 33 行"if let c3＝Constant(rawValue:2.71828)"使用可选绑定方法将 Constant(rawValue:2.71828)的值赋给常量 c3,如果 c3 不为 nil,则执行第 35 行"print("\(c3.rawValue)")",输出 c3 的原始值,得到"2.71828"。

5.1.2　枚举量关联值

枚举类型的枚举量可以关联值,其语法为

case 枚举量(值的类型)

当有多个值时,需要为每个值指定类型,例如:

```
enum  Computer
{
case CPU(Int, Int)
case memory(String)
case display(Int, String)
}
```

上述代码为一个枚举类型 Computer,其中,枚举量 CPU 关联了两个整型值;memory 关联了一个字符串;display 关联了一个整型值和一个字符串。

此外,枚举类型中可以包括"方法",所谓的方法是指包含在枚举类型中的函数。需要注意的是,枚举类型为值类型,枚举类型中的方法要改变枚举本身的枚举量时,需要使用关键字 mutating 修改方法。在枚举类型的方法中,使用 self 指代枚举类型定义的变量或常量(一般称为实例)本身。

　　枚举类型定义的变量仅能保存一个枚举值,借助枚举类型的这一特点和枚举量关联值可以实现联合体,即多种类型的量共用同一个存储空间,但是任一时刻只能存储一种类型。

　　程序段5-3介绍了枚举类型用作联合体的方法,同时,介绍了枚举类型中的方法。

视频讲解

　　程序段5-3 枚举类型实现联合体和枚举类型方法实例

```
1    import Foundation
2
3    enum ASCIICode
4    {
5        case ascii(Int)
6        case code(Character)
7        mutating func change()
8        {
9            switch self
10           {
11           case .ascii(let t):
12               self = .code(Character(UnicodeScalar(t)!))
13           case .code(let c):
14               self = .ascii(Int(c.asciiValue!))
15           }
16       }
17   }
18
19   var a1 = ASCIICode.ascii(65)
20   switch a1
21   {
22   case .ascii(let t):
23       print("\(t)")
24   case .code(let c):
25       print("\(c)")
26   }
27
28   var a2 = ASCIICode.ascii(65)
29   a2.change()
30   switch a2
31   {
32   case .ascii(let t):
33       print("\(t)")
34   case .code(let c):
35       print("\(c)")
36   }
37
38   var a3 = ASCIICode.code("C")
39   a3.change()
40   switch a3
41   {
42   case .ascii(let t):
43       print("\(t)")
44   case .code(let c):
45       print("\(c)")
46   }
```

在程序段 5-3 中,第 3~17 行定义了枚举类型 ASCIICode,包含两个枚举量,即第 5 行的"case ascii(Int)",关联一个整型值;第 6 行的"case code(Character)",关联一个字符值。还包含一个方法,即第 7~16 行的 change 方法"mutating func change()"。在方法 change 内部,第 9~15 行为一个 switch 结构,第 9 行"switch self"根据枚举类型定义的实例做出选择,如果匹配第 11 行"case .ascii(let t):"(这里根据上下文可省略枚举类型名,完整的形式为"ASCIICode.ascii(let t)"),则执行第 12 行"self=.code(Character(UnicodeScalar(t)!))",将整数值作为 ASCII 值转换为字符;如果匹配第 13 行"case .code(let c):",则执行第 14 行"self=.ascii(Int(c.asciiValue!))",将字符转换为对应的 ASCII 整数值。

第 19 行"var a1=ASCIICode.ascii(65)"定义枚举变量 a1,赋值为枚举量 ascii,关联值为 65。第 20~26 行为一个 switch 结构,第 20 行"switch a1"根据 a1 的值选择执行后续操作,如果 a1 匹配第 22 行"case .ascii(let t):",则执行第 23 行"print("\(t)")"。由第 19 行可知,a1 匹配第 22 行,这里第 23 行执行得到"65"。

第 28 行"var a2=ASCIICode.ascii(65)"定义枚举变量 a2,赋值为枚举量 ascii,关联值为 65。第 29 行"a2.change()"调用 change 方法将变量 a2 的关联整型值转换为字符。第 30~36 行为一个 switch 结构,这里第 30 行"switch a2"根据 a2 的值进行匹配,将与第 34 行"case .code(let c):"匹配成功,执行第 35 行"print("\(c)")"输出"A"。

第 38 行"var a3=ASCIICode.code("C")"定义枚举变量 a3,赋值为枚举量 code,关联值为字符 C。第 39 行"a3.change()"调用 change 方法将变量 a3 的关联字符值转换为其 ASCII 码整型值。第 40~46 行为一个 switch 结构,第 40 行"switch a3"根据 a3 的值选择支路执行,这里 a3 与第 42 行"case .ascii(let t):"相匹配,第 43 行"print("\(t)")"输出"67"。

5.1.3 遍历枚举量

将枚举类型定义为 CaseIterable,使用枚举类型的属性 allCases 可将枚举类型转换为数组,此时可以遍历枚举类型中的各个枚举量。

程序段 5-4 介绍了遍历枚举类型中枚举量的方法。

程序段 5-4 遍历枚举量实例

视频讲解

```
1    import Foundation
2
3    enum Vehicle : CaseIterable
4    {
5        case plane, train, bus, ship
6    }
7    for e in Vehicle.allCases
8    {
9        print(e)
10   }
```

在程序段 5-4 中,第 3~6 行定义枚举类型 Vehicle,使用 CaseIterable 类型将其转换可数特性。第 7~10 行为一个 for-in 结构,第 7 行"for e in Vehicle.allCases"中"Vehicle.allCases"为由枚举类型 Vehicle 中各枚举量组成的数组,这里遍历这个数组,输出各个枚举量,执行程序将依次输出 plane、train、bus、ship。

枚举类型定义了包含原始值的情况下可以输出每个枚举量的原始值,如程序段 5-5 所示。

程序段 5-5 遍历枚举量的原始值实例

```
1    import Foundation
2
3    enum Vehicle : Int, CaseIterable
4    {
5        case plane = 1, train, bus, ship
6    }
7    for e in Vehicle.allCases
8    {
9        print(e.rawValue)
10   }
```

对比程序段 5-4 和程序段 5-5 可知,在程序段 5-5 中第 3 行定义枚举变量时指定了类型为"Int,CaseIterable",表示为枚举量指定整型原始值。在第 5 行中指定 plane 的原始值为 1,则 train、bus 和 ship 的原始值依次为 2、3 和 4。在第 7~10 行的 for-in 结构中,第 9 行"print(e. rawValue)"输出每个枚举量的原始值,将依次输出 1、2、3、4。

5.1.4 递归枚举

Swift 语言支持递归枚举结构,即在一个枚举类型中可以使用其定义了的实例作为关联值,此时需要用 indirect 关键字修饰该枚举类型,或者用 indirect 关键字修饰使用了自身实例作为关联值的枚举情况,例如:

```
indirect enum Fibonacci
{
case number(Int)
case next(Fibonacci, Fibonacci)
}
```

或

```
enum Fibonacci
{
case number(Int)
indirect case next(Fibonacci, Fibonacci)
}
```

上述定义了一个枚举类型 Fibonacci,其中包含了将枚举类型 Fibonacci 的实例作为关联值的枚举量,这类枚举类型称为递归枚举。

程序段 5-6 展示了递归枚举的用法。

程序 5-6 递归枚举类型用法实例

```
1    import Foundation
2
3    enum Fibonacci
4    {
5    case number(Int)
6    indirect case next(Fibonacci, Fibonacci)
7    }
8    var fab : [Int] = [1,1]
9    for i in 2...10
10   {
11       var k1=Fibonacci.number(fab[i-2])
12       var k2=Fibonacci.number(fab[i-1])
```

```
13          var k3=Fibonacci.next(k1, k2)
14          fab.append(calc(next: k3))
15      }
16   print(fab)
17   func calc(next: Fibonacci)->Int
18   {
19      switch next
20      {
21      case.number(let v):
22          return v
23      case let.next(f1,f2):
24          return calc(next:f1) + calc(next:f2)
25      }
26   }
```

在程序段 5-6 中,第 3～7 行定义了递归枚举类型 Fibonacci,具有两个枚举量,其中,number 关联了一个整型值;next 关联了两个 Fibonacci 类型值。

第 8 行"var fab:[Int]=[1,1]"定义整型数组 fab,赋初始数组为"[1，1]"。第 9～15 行为一个 for-in 结构,循环变量 i 从 2 递增到 10,对于每个 i,循环执行第 11～14 行,第 11 行"var k1=Fibonacci. number(fab[i-2])"定义枚举变量 k1,赋值为枚举量 number,关联值为 fab[i-2];第 12 行"var k2=Fibonacci. number(fab[i-1])"定义枚举变量 k2,赋值为枚举量 number,关联值为 fab[i-1];第 13 行"var k3=Fibonacci. next(k1，k2)"定义枚举变量 k3,赋值为枚举量 next,关联值为 k1 和 k2。第 14 行"fab. append(calc(next:k3))"先调用 calc 函数,根据其参数 next 计算下一个 Fibonacci 数,然后,调用 append 方法将该 Fibonacci 数添加到数组 fab 中。

第 16 行"print(fab)"输出数组 fab,得到"[1，1，2，3，5，8，13，21，34，55，89]"。

第 17～26 行为 calc 函数,具有一个 Fibonacci 枚举类型的参数,返回整型值。第 19～25 行为一个 switch 结构,第 19 行 switch next 根据 next 的值选择执行后续程序,当 next 匹配了枚举量 number 时,执行第 22 行 return v 返回 number 关联的整数值;当 next 匹配了枚举量 next 时,执行第 24 行"return calc(next:f1)+calc(next:f2)"递归执行 calc 函数返回 f1 和 f2 的和。

在第 21 行和第 23 行使用枚举量 number 和 next 时,均无须指出其所在的枚举类型 Fibonacci,因为从上下文环境中(即从第 19 行的 next 上)可推断其枚举类型。

程序段 5-6 中的 calc 函数可以移到枚举类型 Fibonacci 中,作为它的一个方法,这样程序更加简洁易读。在程序段 5-7 中作了这种调整。

程序段 5-7 带有内部方法的递归枚举类型用法实例

视频讲解

```
1    import Foundation
2
3    enum Fibonacci
4    {
5        case number(Int)
6        indirect case next(Fibonacci, Fibonacci)
7        func calc(next: Fibonacci)->Int
8        {
9            switch next
10           {
11           case.number(let v):
```

```
12                    return v
13              case let.next(f1,f2):
14                    return calc(next:f1) + calc(next:f2)
15          }
16      }
17  }
18  var fab : [Int] =[1,1]
19  for i in 2...10
20  {
21      var k1=Fibonacci.number(fab[i-2])
22      var k2=Fibonacci.number(fab[i-1])
23      var k3=Fibonacci.next(k1, k2)
24      fab.append(k3.calc(next: k3))
25  }
26  print(fab)
```

对比程序 5-6 和程序段 5-7 可知,在程序段 5-7 中,函数 calc 移至枚举类型 Fibonacci 内部,作为它的一个方法,注意,该方法没有修改 Fibonacci 类型的内部枚举量,所以不使用 mutating 关键字修改该方法。

注意,在第 24 行"fab. append(k3. calc(next:k3))"调用 calc 函数时需要使用 Fibonacci 类型定义的实例,这里使用了实例 k3。

5.1.5 枚举初始化器

枚举类型属于值类型,在定义一个枚举类型的变量(称为实例)时,枚举类型具有一个默认的初始化器。典型情况为带有原始值的枚举类型,其默认的初始化器为"枚举类型名(rawValue:枚举值)"。除此之外,还有两种情况:①枚举类型可自定义初始化器,初始化器方法名为 init,可以带有参数,但没有返回值;②枚举类型可自定义带容错能力的初始化器,这类初始化器的方法名为"init?",如果初始化器执行不成功,将把空值 nil 赋给实例。

注意:①一旦自定义了初始化器,枚举类型默认的初始化器将不能再使用,因为自定义的初始化器"覆盖"了默认的初始化器;②初始化器方法 init 或"init?"不能被直接调用。

下面借助程序段 5-8 介绍枚举类型的初始化器。

视频讲解

程序段 5-8 枚举初始化器实例

```
1   import Foundation
2
3   enum Score : Int
4   {
5       case perfect = 100, good = 80, bad = 60
6   }
7   enum Weather
8   {
9       case sunny, cloudy, rainy, snowy, windy
10      init(state v : Character)
11      {
12          switch v
13          {
14          case "A":
15              self = .sunny
16          case "B":
17              self = .cloudy
```

```
18          case "C":
19              self = .rainy
20          case "D":
21              self = .snowy
22          case "E":
23              self = .windy
24          case _:
25              self = .sunny
26          }
27      }
28      init?(condition w : Character)
29      {
30          switch w
31          {
32          case "A":
33              self = .sunny
34          case "B":
35              self = .cloudy
36          case "C":
37              self = .rainy
38          case "D":
39              self = .snowy
40          case "E":
41              self = .windy
42          case _:
43              return nil
44          }
45      }
46  }
47  if let s = Score(rawValue: 60)
48  {
49      print(s)
50  }
51  let w1 = Weather(state: "B")
52  print(w1)
53  if let w2 = Weather(condition: "C")
54  {
55      print(w2)
56  }
```

在程序段 5-8 中，第 3～6 行定义了一个带原始值的枚举类型 Score，其原始值类型为整型。在第 5 行"case perfect＝100，good＝80，bad＝60"中为各个枚举量指定了原始值。

第 7～46 行定义了枚举类型 Weather，第 9 行定义了其枚举量"case sunny，cloudy，rainy，snowy，windy"。第 10～27 行定义了其初始化器"init(state v：Character)"，具有一个字符型的参数。第 12～26 行为一个 switch 结构，其中，self 表示枚举类型创建的实例本身，如果第 12 行"switch v"的 v 为字符 A，则第 14 行"case "A"："匹配成功，第 15 行"self＝.sunny"表示将枚举量 sunny 赋给新创建的实例。

第 28～45 行为带有容错能力的初始化器"init?（condition w：Character)"，带有一字符型的参数。与第 10～27 行的初始化器不同的是，这里带容错能力的初始化当输入字符不合法时，可以返回空值 nil，如第 42～43 行所示。

第 47～50 行为一个 if 结构，第 47 行"if let s＝Score(rawValue：60)"调用 Score 类型的默认初始化器，将原始值 60 对应的枚举量赋给常量 s，由于默认初始化器返回可选类型，故这里使用了可选绑定技术,如果 s 不为空值 nil,则执行第 49 行"print(s)",输出 s,得到"bad"。

第 51 行"let w1=Weather(state:"B")"将自动调用 Weather 枚举类型的初始化器 init,将参数"B"对应的枚举量 cloudy 赋给 w1。第 52 行"print(w1)"将输出"cloudy"。

第 53~56 行为一个 if 结构,使用可选绑定技术判断第 53 行"if let w2 = Weather (condition:"C")"中 w2 是否为空值 nil,这里自动调用 Weather 枚举类型的带容错能力的初始化器"init?",如果 w2 不为空值 nil,则执行第 55 行"print(w2)",输出 w2 的值。此处,第 53 行调用初始化器"init?"将字符 C 对应的枚举量赋给 w2,因此,第 55 行执行得到"rainy"。

5.2 结构体

Swift 语言开发者建议程序设计者多用结构体开发应用程序。在 Swift 语言中,结构体具有了很多类的特性(除类的与继承相关的特性外),具有属性和方法,且为值类型。所谓的属性是指结构体中的变量或常量,所谓的方法是指结构体中的函数。在结构体中使用属性和方法是因为:①匹别于结构体外部定义的变量和常量;②从面向对象程序设计的角度,结构体对应着现实世界的一个客观物体,描述这个物体的性质需要用到它的属性和方法;③结构体定义的常量或变量称为实例,实例内部的变量或常量成员称为属性,实例内部的函数成员称为方法,这种称谓比常规含义的变量、常量和函数更具有意义。

定义结构体需使用关键字 struct,结构体名建议使用"大骆驼命名法",即首字母大写且其中的完整英文单词的首字母也大写。结构体定义的实例名建议使用"小骆驼命名法",即首字母小写且其中的完整英文单词的首字母大写。结构体是一种类型,其中定义的属性和方法的位置可任意放置,可以先定义属性,再定义方法;也可以先定义方法,再定义属性。典型的结构体定义形式如下:

```
1    struct Circle
2    {
3      var radius = 1.0
4      func area() -> Double
5      {
6          return 3.14* radius * radius
7      }
8    }
```

上述代码定义了一个结构体类型,名称为 Circle,具有一个属性 radius 和一个方法 area。一般地,在结构体中定义属性时需要为属性赋初始值,或者使用初始化器为结构体的各个属性赋初始值。属性分为两种,一种为存储类型的属性,如上述的 radius 属性;另一种为计算类型的属性,这种属性的行为类似于方法,但是形式是属性,将在 5.2.2 节讨论。结构体为值类型,如果结构体中定义的方法修改了其中的属性,需要使用关键字 mutating 修饰该方法,这种方法将为属性创建临时存储空间,待方法执行完后,将临时存储空间的值赋回给需要修改的属性。

结构体定义的变量或常量称为实例,实例调用属性和方法时使用"实例.属性"或"实例.方法(实际参数列表)"的形式。除了属于实例的属性和方法外,还可以定义属于结构体的属性和方法,借助 static 关键字定义,使用形式"结构体名.属性"或"结构体名.方法(实际参数列表)"访问这类属性和方法。

5.2.1　结构体用法

结构体的基本用法包括以下几点：

（1）借助关键字 struct 定义结构体，结构体名建议首字母大写。

（2）使用与定义变量和常量相同的方法在结构体内部定义属性，这类属性称为存储属性，也称实例属性，即通过结构体定义的实例才能访问的属性。

（3）使用与定义函数相同的方法在结构体中定义方法，这种方法称为实例方法，表示通过结构体定义的实例访问的方法。如果方法中需要修改结构体的属性，则在定义方法时要使用关键字 mutating。

（4）使用关键字 static 定义的属性，称为结构体属性，或称静态属性，表示通过结构体名才能访问的属性。

（5）使用关键字 static 定义的方法，称为结构体方法，或称静态方法，只能通过结构体名才能访问结构体方法。结构体方法只能访问其他的结构体方法和结构体属性，而不能访问实例方法，因为实例方法只有创建了实例后才存在。

（6）结构体具有默认的初始化器，称为面向属性的初始化器，借助该初始化器，可初始化结构体中的全部存储属性。

程序段 5-9 展示了结构体的基本用法。

程序段 5-9　结构体基本用法实例

视频讲解

```
1    import Foundation
2
3    struct Point
4    {
5        var x, y : Double
6    }
7    struct Circle
8    {
9        static var name = ""
10       static func getName()->String
11       {
12           return name
13       }
14       var radius = 1.0
15       var center = Point(x:0, y:0)
16       func area()->Double
17       {
18           return 3.14 * radius * radius
19       }
20       mutating func moveTo(point: Point)
21       {
22           center.x = point.x
23           center.y = point.y
24       }
25   }
26   Circle.name = "A Circle."
27   var str = Circle.getName()
28   print(str)
29   var cir = Circle(radius: 3.0, center: Point(x: 4.0, y: 5.0))
30   print("Circle at \(cir.center.x),\(cir.center.y)) with ",terminator: "")
```

```
31    print("area = " + String(format: "%5.2f", cir.area()))
32    cir.radius = 5.0
33    cir.center = Point(x: 12.0, y: 8.0)
34    print("Circle at (\(cir.center.x),\(cir.center.y)) with ",terminator: "")
35    print("area = " + String(format: "%5.2f", cir.area()))
36    let p = Point(x: 2.0, y: 2.0)
37    cir.moveTo(point: p)
38    print("Circle at (\(cir.center.x),\(cir.center.y)) with ",terminator: "")
39    print("area = " + String(format: "%5.2f", cir.area()))
```

程序段 5-9 的执行结果如图 5-1 所示。

```
A Circle.
Circle at (4.0,5.0) with area = 28.26
Circle at (12.0,8.0) with area = 78.50
Circle at (2.0,2.0) with area = 78.50
Program ended with exit code: 0

All Output ◇                                    ⓒ ▯ ▯
```

图 5-1   程序段 5-9 的执行结果

结合图 5-1 分析程序段 5-9 的代码执行过程。在程序段 5-9 中,第 3～6 行定义了结构体 Point,其代码再次罗列如下:

```
3    struct Point
4    {
5        var x, y : Double
6    }
```

可见,结构体 Point 只具有两个存储属性 x 和 y,因此 Point 具有默认的面向属性的初始化器,其调用格式为"Point(x: 传递给 x 的值, y: 传递给 y 的值)"。例如,在第 15 行 "var center＝Point(x:0,y:0)"中定义变量 center,使用 Point 的初始化器将 center 设为 Point 结构体类型的实例。同样地,在第 36 行"let p＝Point(x:2.0, y:2.0)"定义常量 p,使用 Point 的初始化器将 p 设为 Point 结构体类型的实例。在面向属性的默认初始化器中,属性名自动被当作参数。

第 7～25 行定义了结构体 Circle。第 9 行"static var name＝""""定义了结构体属性或静态属性 name,该属性借助结构体名访问。第 10～13 行定义了结构体方法或静态方法 getName,该方法只能借助结构体名访问。注意,结构体的静态方法只能访问其静态属性。

第 14 行"var radius＝1.0"定义了实例属性 radius,该属性也可称为动态属性,这里的 radius 为存储属性。第 15 行"var center＝Point(x:0,y:0)"定义了实例属性 center,赋值为 "Point(x:0,y:0)",将调用 Point 结构体默认的面向属性的初始化器将 center 设为坐标点 (0,0)。

第 16～19 行定义了实例方法 area,返回圆的面积。第 20～24 行定义了实例方法 moveTo,由于在 moveTo 方法中修改了结构体 Circle 的存储属性 center,故使用了 mutating 关键字。moveTo 方法将圆心移动到参数 point 指示的坐标点处。

第 26 行"Circle. name＝"A Circle. ""将结构体 Circle 的静态属性 name 赋为"A Circle. "。第 27 行"var str＝Circle. getName()"定义变量 str,调用结构体 Circle 的静态方法 getName 将获取的结构体静态属性 name 的值赋给 str。第 28 行"print(str)"输出"ACircle. "。

第 29 行"var cir＝Circle(radius:3.0,center:Point(x:4.0, y:5.0))"定义实例 cir,使用了结构体 Circle 的面向属性的默认初始化器以及结构体 Point 的面向属性的默认初始化器,这里表示定义了一个圆心在(4.0，5.0)半径为3.0的圆。第30行"print("Circle at (\(cir. center.x),\(cir. center. y)) with ",terminator:"")"和第31行"print("area = " + String (format:"%5.2f", cir. area()))"输出"Circle at (4.0,5.0) with area = 28.26",这里使用 "cir. center. x"访问圆心的x坐标,使用 cir. center. y 访问圆心的y坐标,使用 cir. area()获取圆的面积。

第32行"cir. radius = 5.0"将圆的半径设为5.0,这里采用"实例.存储属性"的方式向存储属性赋值。第33行"cir. center = Point(x:12.0，y:8.0)"将圆心设为坐标点"(12.0，8.0)"。第34～35行输出"Circle at (12.0,8.0) with area = 78.50"。

第36行"let p = Point(x:2.0，y:2.0)"定义结构体 Point 的常量实例 p。第37行"cir. moveTo(point:p)"调用实例 cir 的 moveTo 方法将圆心移动到 p 处。第38～39行输出 "Circle at (2.0,2.0) with area = 78.50"。

5.2.2　存储属性与计算属性

在结构体中,属性有以下三种类型:

(1) 使用 static 定义的静态属性,称为结构体属性,这类属性采用"结构体名. 结构体属性名"的方式访问,如程序段5-9的第26行所示;

(2) 存储属性,又可称为动态属性,在结构体中定义的常量和变量均属于存储属性,存储属性为实例属性,采用"实例名.存储属性名"的方式访问;

(3) 计算属性,也属于实例属性,采用"实例名.计算属性名"的方式访问,但是计算属性本身不保存属性值,与存储属性不同之处在于在定义计算属性后添加一对"{ }",在其中添加 get 方法和 set 方法(至少要添加 get 方法),依次用于获取存储属性值或设置存储属性值。

对于存储属性:①当使用 private 修饰时将变成私有存储属性,这类私有存储属性只能借助计算属性间接访问,不能借助实例访问,从而实现了数据"封装"特性;②当使用 lazy 修饰时将变成惰性存储属性,这类惰性存储属性必须为变量类型,当它被首次使用时才初始化,即如果惰性存储属性只定义了但没有使用,则该属性不会占用存储空间。

程序段5-10详细介绍了存储属性、计算属性和私有存储属性的用法。

程序段 5-10　结构体的属性用法实例

视频讲解

```
1       import Foundation
2
3       struct Point
4       {
5           var x,y : Double
6       }
7       struct Circle
8       {
9           var radius = 1.0
10          var r : Double
11          {
12              get
13              {
14                  return radius
15              }
16              set
17              {
```

```
18              radius = newValue
19          }
20      }
21      private var center = Point(x: 0, y: 0)
22      var c : Point
23      {
24          return center
25      }
26      mutating func moveTo(point: Point)
27      {
28          center = point
29      }
30      func area()->Double
31      {
32          return 3.14*r*r
33      }
34  }
35
36  var circle = Circle()
37  circle.r = 5.0
38  print("radius = \(circle.r)")
39  circle.moveTo(point: Point(x: 3.0, y: 4.0))
40  print("Circle at (\(circle.c.x),\(circle.c.y))", terminator: " ")
41  print("with area: \(String(format:"%5.2f",circle.area()))")
```

程序段 5-10 的执行结果如图 5-2 所示。

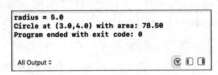

```
radius = 5.0
Circle at (3.0,4.0) with area: 78.50
Program ended with exit code: 0

All Output ◇                              ⓒ ⏹ ▯
```

图 5-2　程序段 5-10 的执行结果

下面结合图 5-2 介绍程序段 5-10。在程序段 5-10 中,第 3~6 行定义了结构体 Point,具有两个存储属性 x 和 y。

第 7~34 行定义结构体 Circle。其中第 9 行"var radius=1.0"定义存储属性 radius,并赋初值为 1.0。一般地,在结构体内定义存储属性时需给它们赋初值。第 10~20 行定义了计算属性 r,将其代码再次罗列如下:

```
10  var r : Double
11  {
12      get
13      {
14          return radius
15      }
16      set
17      {
18          radius = newValue
19      }
20  }
```

计算属性 r 更像是一个方法,具有"{ }"括起来的可执行代码。其中,第 12~15 行为 get 方法,这是一种程序员约定的名称,因为这种方法形如"get{ }",get 方法用于返回结构体中某个设定的存储属性的值,这里第 14 行返回存储属性 radius 的值,即读取 r 相当于读取 radius。

第 16～19 行为 set 方法,这也是一种程序员约定的名称,因为这种方法形式"set{ }",set 方法用于向某个选定的存储属性赋值,这里第 18 行向 radius 赋值,其中,newValue 为关键字,自动保存赋给 r 的值,因此,向 r 赋值(即写 r)就是向 radius 赋值(即写 radius)。注意:①如果计算属性只有 get 方法,则去掉 set 部分,同时,get 和"{ }"也可省略,如第 22～25 行的计算属性 c,此时的计算属性为只读属性;②计算属性可以只有 get 方法,称为只读属性;可以同时有 get 方法和 set 方法,称为可读可写属性;但是不能只有 set 方法,即没有只写属性;③在 set 方法中可以使用 newValue 关键字,用于表示赋给计算属性的值,也可以自定义该量,例如第 16～19 行的代码可以替换为下述代码:

```
16   set(val)
17   {
18       radius = val
19   }
```

这里使用了自定义的 val 变量,此处无须指定数据类型,而是根据计算属性 r 的类型自动推断数据类型。

第 21 行"private var center＝Point(x:0, y:0)"定义私有存储属性 center,这类属性只能借助计算属性访问,同时这类属性可被结构内的其余属性和方法使用,但不能被结构体外部的方法调用,结构体定义的实例也不能访问这类属性。

第 22～25 行定义一个计算属性 c,其代码再次罗列如下:

```
22   var c : Point
23   {
24       return center
25   }
```

这里计算属性 c 为一个只读属性,省略了 get 和"{ }",返回 center 的值,即读取 c 相当于读取 center。

第 26～29 行定义了函数 moveTo,使用了 mutating 关键字,因为该函数将修改私有存储属性 center 的值。第 28 行"center＝point"将参数 point 赋给私有存储属性 center。

第 30～33 行定义了函数 area,返回值为 Double 类型,函数返回圆的面积。第 32 行"return 3.14 * r * r"使用了计算属性 r,因为计算属性 r 为可读可写属性,这里读取 r 相当于读取 radius。

第 36 行"var circle＝Circle()"定义结构体实例 circle。第 37 行"circle. r＝5.0"将 5.0 赋给实例 circle 的计算属性 r,计算属性 r 并不保存值,其内部将 5.0 赋给存储属性 radius。第 38 行"print("radius＝\(circle. r)")"输出存储属性 radius 的值,得到"radius＝5.0"。第 39 行"circle. moveTo(point:Point(x:3.0, y:4.0))"调用 moveTo 方法将圆心移动到点(3.0, 4.0)处。第 40 行"print("Circle at (\(circle. c. x),\(circle. c. y))", terminator:" ")"和第 41 行"print("with area:\(String(format:"%5.2f", circle. area()))")"联合输出"Circle at (3.0,4.0) with area:78.50",其中,第 40 行通过只读的计算属性 c,获取圆心坐标。

5.2.3　结构体初始化器

结构体的初始化器包括两类。

(1)普通初始化器。

普通初始化器由 init()方法实现,在定义结构体实例时自动调用初始化器。初始化器可以重载,当定义了初始化器后,结构体默认的面向属性的初始化器将被"覆盖"而不能再使用。

（2）带容错能力的初始化器。

普通初始化器可以带参数,也可编写程序代码处理参数的有效性,但是普通初始化器无返回值。带容错能力的初始化器,当参数无效时,返回空值 nil,使用"init?（）"方法实现,借助带容错能力的初始化器生成的结构体实例为可选类型。

程序段 5-11 展示了上述两种结构体初始化器的用法。

程序 5-11 结构体初始化器用法实例

```
1    import Foundation
2
3    struct Point
4    {
5        var x, y : Double
6        init()
7        {
8            x=0
9            y=0
10       }
```

第 6～10 行定义了一个无参数初始化器,将属性 x 和 y 均赋为 0。

```
11       init(x:Double,y:Double)
12       {
13         self.x = x
14         self.y = y
15       }
```

第 11～15 行定义了一个带参数的初始化器,第 13 行"self.x"中的 self 表示结构体定义实例本身,这里"self.x＝x"表示将参数 x 赋给结构体的属性 x,第 14 行表示将参数 y 赋给结构体的属性 y。

```
16   }
17   struct Circle
18   {
19       var radius = 1.0
20       var center = Point()
21       init()
22       {
23           radius = 1.0
24           center = Point()
25       }
```

第 21～25 行定义了一个无参数的初始化器,将属性 radius 赋为 1.0,将属性 center 赋为 Point(),即调用结构体 Point 的无参数初始化器,将 center 赋为点(0,0)。

```
26   init(r:Double)
27   {
28       radius = r
29       center = Point(x:1.0,y:1.0)
30   }
```

第 26～30 行定义了带有一个参数的初始化器,将参数 r 赋给属性 radius,调用 Point 的带参数的初始化器将(1.0,1.0)赋给 center。

```
31   init(r:Double, p:Point)
```

```
32   {
33       radius = r
34       center = p
35   }
```

第31～35行为带有两个参数的初始化器,将参数 r 赋给属性 radius,将参数 p 赋给属性 center。

```
36   init?(radius r:Double,point p:Point)
37   {
38       if r<0
39       {
40           return nil
41       }
42       radius = r
43       center = p
44   }
```

第36～44行为带有容错能力的初始化器,如果参数 r 小于 0,则执行第 40 行返回空值 nil;否则,将参数 r 赋给属性 radius,将参数 p 赋给属性 center。

```
45       mutating func moveTo(point: Point)
46       {
47           center = point
48       }
49       func area()->Double
50       {
51           return 3.14* radius * radius
52       }
53   }
54
55   var circle = Circle(r:3.0,p:Point(x:2.0,y:2.0))
56   print("radius = \(circle.radius)")
57   circle.moveTo(point: Point(x: 5.0, y: 4.0))
58   print("Circle at (\(circle.center.x),\(circle.center.y))",terminator: " ")
59   print("with area: \(String(format:"%5.2f",circle.area()))")
60
61   if let c = Circle(radius: 2.5, point: Point(x: 8.0, y: 6.5))
62   {
63       print("Circle at (\(c.center.x),\(c.center.y))",terminator: " ")
64       print("with area: \(String(format:"%5.2f",c.area()))")
65   }
```

在程序段 5-11 中,第 3～16 行定义了结构体 Point,在结构体 Point 中定义了两个普通初始化器。第 17～53 行定义了结构体 Circle,在结构体 Circle 中定义了三个普通初始化器和一个带容错能力的初始化器。

第 55 行调用 Circle 的普通初始化器(第 31～35 行的初始化器)创建实例 circle。第 56 行输出 radius 的值,得到"radius＝3.0"。第 57 行将圆心移至点(5.0,4.0)。第 58～59 行输出"Circle at (5.0,4.0) with area:28.26"。

第 61～65 行为一个 if 结构,第 61 行使用可选绑定技术,调用 Circle 结构体的带容错能力的初始化器,如果 c 不为空值 nil(此处,c 不为空值),则执行第 63～64 行,输出"Circle at(8.0, 6.5) with area:19.62"。

5.2.4　实例方法与静态方法

结构体中的方法分为以下两种。

(1) 实例方法。

结构体中的方法与普通的函数类似(以 func 关键字开头),主要的区别在于结构体中的方法一般不具有参数,而是直接使用结构体中的属性,而普通的函数往往带有很多参数。结构体中的方法一般不具有参数或带有少量必要参数,是因为结构体中的方法主要为结构体中的属性服务。那些具有通用功能的方法不应作为某个结构体中的方法,而应作为全局意义上的函数。结构体中的方法通过结构体定义的实例访问,故称为实例方法。

(2) 静态方法,也称结构体方法。

定义在结构体中的以 static 开头的方法,称为静态方法或结构体方法。这类方法通过结构体名调用。静态方法只能访问结构体中的静态属性。某些情况下,使用静态方法比实例方法更方便,例如,对于一些通用算法实现的功能,如数学函数运算等,可以作为静态方法集中在一个结构体中,使用结构体名调用。静态方法一般具有参数。

注意:结构体中的实例方法可以调用静态方法,在调用静态方法时必须使用"结构体名.静态方法名"的形式,即使调用同一个结构体内部的静态方法,在调用时也要为静态方法指定结构体名。然而,静态方法不能调用动态方法,因为动态方法只有在创建了结构体实例后才能使用,而静态方法在定义结构体后就可以使用了。类似地,实例方法可以使用静态属性(或结构体属性),但需要为静态属性指定结构体名;然而,静态方法不能使用动态的存储属性和计算属性。

下面的工程 MyCh0512 中的程序文件展示了上述两种方法的用法。工程 MyCh0512 包括两个程序文件,即 mystruct. swift 和 main. swift,分别如程序段 5-12 和程序段 5-13 所示。

程序段 5-12　程序文件 mystruct. swift

```
1    import Foundation
2
3    struct Math
4    {
5        static let pi = 3.14159
6        static func gcd(first op1:Int,second op2:Int) ->Int
7        {
8            var a,b :Int
9            a=max(op1,op2)
10           b=min(op1,op2)
11           while b>0
12           {
13               (a,b) = (b,a % b)
14           }
15           return a
16       }
17       static func lcm(first op1:Int, second op2:Int) ->Int
18       {
19           return op1*op2/gcd(first:op1,second:op2)
20       }
21   }
22
23   struct Circle
```

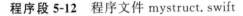

```
24    {
25        static var count : Int = 0
26        var r = 1.0
27        init(radius r:Double)
28        {
29            Circle.count += 1
30            self.r = r
31        }
32        func area()->Double
33        {
34            return Math.pi * r * r
35        }
36    }
```

程序段 5-13　程序文件 main. swift

视频讲解

```
1    import Foundation
2
3    print("GCD(120,90) = ",Math.gcd(first: 120, second: 90))
4    print("LCM(120,90) = ",Math.lcm(first: 120, second: 90))
5
6    var c1 = Circle(radius: 3.5)
7    print("We have created \(Circle.count) instance(s).")
8    print("Circle's area = "+String(format:"%5.2f",c1.area()))
9    var c2 = Circle(radius: 3.5)
10   print("We have created \(Circle.count) instance(s).")
11   print("Circle's area = "+String(format:"%5.2f",c2.area()))
```

工程 MyCh0512 的执行结果如图 5-3 所示。

下面结合图 5-3 介绍程序段 5-12 和程序段 5-13。

在程序段 5-12 中,第 3～21 行定义了结构体
Math,其中,第 5 行"static let pi＝3.14159"定义了静
态属性 pi,表示圆周率。第 6～16 定义了静态方法
gcd,用于计算两个整数的最大公约数,使用欧几里得
算法;第 17～20 行定义了静态方法 lcm,用于计算两

```
GCD(120,90) =   30
LCM(120,90) =   360
We have created 1 instance(s).
Circle's area = 38.48
We have created 2 instance(s).
Circle's area = 38.48
Program ended with exit code: 0

All Output ◇
```

图 5-3　工程 MyCh0512 的执行结果

个整数的最小公倍数,其中调用了静态方法 gcd。注意,在同一个结构体内部,一个静态方法
可以直接调用另一个静态方法,无须指定结构体名。

第 23～36 行定义了结构体 Circle,其中,第 25 行"static var count:Int＝0"定义了静态属
性 count,用于统计结构体 Circle 创建实例的次数。第 26 行"var r＝1.0"定义了存储属性 r,
赋初值为 1.0。第 27～31 行为初始化器 init,其中,第 29 行"Circle. count ＋＝ 1"表示每调用
一次初始化器,count 的值累加 1,由于 count 为静态属性,故其值在工程的生命期内一直有
效;第 30 行"self. r＝r"将参数 r 的值赋给存储属性 r。第 32～35 行定义函数 area,返回圆的
面积,其中使用静态属性"Math. pi"。

在程序段 5-13 中,第 3 行"print("GCD(120,90)＝",Math. gcd(first:120, second:90))"
调用静态方法"Math. gcd"计算 120 和 90 的最大公约数,输出"GCD(120,90)＝30"。第 4 行
"print("LCM(120,90)＝",Math. lcm(first:120, second:90))"调用静态方法"Math. lcm"计算
120 和 90 的最小公倍数,输出"LCM(120,90)＝360"。第 6 行"var c1＝Circle(radius:3. 5)"定义
实例 c1。第 7 行"print("We have created \(Circle. count) instance(s). ")"输出"We have
created 1 instance(s)."表示已创建了一个结构体 Circle 类型的实例。第 8 行"print("Circle's

area="+String(format:"%5.2f",c1.area())"调用实例方法 area 输出圆的面积,得到 "Circle's area=38.48"。第 9 行"var c2=Circle(radius:3.5)"创建了结构体 Circle 的另一个 实例 c2。第 10 行"print("We have created \(Circle.count) instance(s).")"输出"We have created 2 instance(s).",表示已创建了 2 个实例。第 11 行"print("Circle's area="+String (format:"%5.2f",c2.area())"调用实例方法 area 输出新实例 c2 的面积,得到"Circle's area= 38.48"。

5.2.5　结构体索引器

结构体支持自定义索引器方法,索引器也称下标,例如,在访问数组元素时,使用的"数组 名[元素下标]"为一种索引器的形式；在访问字典的元素值时,使用的"字典名[键名]"也是一 种索引器的形式。在结构体中,自定义索引器使用关键字 subscript,其语法为

```
subscript(参数列表) ->返回值类型
{
    get
    {
        语句组
        return 语句
    }
    set(参数列表)
    {
        语句组
    }
}
```

在上述索引器语法中,可只有 get 方法,称为只读索引器；或同时具有 get 方法和 set 方 法,称为可读可写索引器；但不能只有 set 方法,即没有只写索引器。如果一个索引器为只读 索引器,get 和其相关的"{ }"可以省略。对于 set 方法,如果其参数省略,则使用默认参数 newValue,也可以在 set 的"参数列表"中指定参数,无须指定类型。索引器的"参数列表"可以 为空,但是必须有返回值。

程序段 5-14 演示了索引器的用法。

程序段 5-14　索引器用法实例

视频讲解

```
1    import Foundation
2
3    struct Matrix
4    {
5        var row : Int
6        var col : Int
7        private var val :[Int]
8        init(row:Int, col:Int)
9        {
10           self.row = row
11           self.col = col
12           val = Array(repeating: 0, count: row*col)
13       }
14       subscript(row:Int,col:Int)->Int
15       {
16           get
17           {
```

```
18                    return val[row * self.col+col]
19                }
20                set(v)
21                {
22                    val[row * self.col+col] = v
23                }
24            }
25        }
26    var m = Matrix(row: 3, col: 4)
27    for i in 0...3-1
28    {
29        for j in 0...4-1
30        {
31            m[i,j] = i * 4+j+1
32        }
33    }
34    for i in 0...3-1
35    {
36        for j in 0...4-1
37        {
38            print(String(format: "%6d", m[i,j]), terminator: "  ")
39        }
40        print()
41    }
```

在程序段 5-14 中,第 3~25 行定义了一个结构体 Matrix。第 5 行"var row:Int"定义存储属性 row,用于保存矩阵的行数;第 6 行"var col:Int"定义存储属性 col,用于保存矩阵的列数;第 7 行"private var val:[Int]"定义私有属性 val,为一个整型数组。第 8~13 行为初始化器 init,具有两个参数 row 和 col,表示矩阵的行数和列数;在初始化器中,将参数 row 赋给属性 row,将参数 col 赋给属性 col,生成一个长度为"row * col"的全 0 数组赋给私有属性 val。

第 14~24 行为索引器,具有两个参数 row 和 col,指定矩阵的行和列,返回整型值。在第 16~19 行的 get 方法中,第 18 行"return val[row * self. col+col]"返回数组的第"row * self.col+col"号元素,相当于返回矩阵的第 row 行第 col 列的元素。在第 20~23 行的 set 方法中,将赋给索引器的值 v 赋给"val[row * self. col+col]",相当于赋给矩阵的第 row 行第 col 列的元素。

第 26 行"var m=Matrix(row:3, col:4)"定义了一个 Matrix 实例 m,初始值为一个长度为 12 的全 0 数组。尽管实例 m 本身只包含了一个长度为 12 的数组,但是通过它的索引器,可使它的元素操作表现为读写一个 3 行 4 列的矩阵。

第 27~33 行为嵌套的 for-in 结构,执行第 31 行"m[i,j]=i * 4+j+1",向矩阵 m 的第 i 行第 j 列写入值"i * 4+j+1"。

第 34~41 行为嵌套的 for-in 结构,执行第 38 行"print(String(format:"%6d", m[i,j]), terminator:" ")"输出 m[i,j]的值,对于每个 i 还将执行第 40 行"print()"输出一个回车换行符,最终的输出结果如图 5-4 所示。

除了程序段 5-14 所示的使用整数值的索引器外,索引器的参数可以为任意基本类型和集类型(例如数组和字典等),甚至可为空参数。程序段 5-15 中使用了双精度浮点型和空类型作为索引器的参

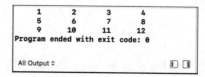

图 5-4　程序段 5-14 的输出结果

视频讲解

数,进一步说明索引器的用法。

程序段 5-15 参数为双精度浮点型和空类型的索引器用法实例

```
1    import Foundation
2
3    struct Circle
4    {
5        var r : Double = 1.0
6        subscript(radius : Double) -> Double
7        {
8            get
9            {
10               return 3.14 * radius * radius
11           }
12       }
13       subscript()->Double
14       {
15           get
16           {
17               return 2*3.14*r
18           }
19           set
20           {
21               r = newValue
22           }
23       }
24   }
25   var c = Circle(r: 3.0)
26   print("Area =",String(format: "%6.2f", c[10.0]))
27   c[]=20
28   print("Perimeter =",String(format: "%6.2f", c[]))
```

在程序段 5-15 中,第 3~24 行定义了结构体 Circle。第 5 行"var r:Double＝1.0"定义存储属性 r,赋初始值为 1.0,表示圆的半径。

第 6~12 行定义了一个只读索引器,具有一个双精度浮点型参数 radius,其中,第 8、9、11 行的内容可以省略,第 10 行"return 3.14 * radius * radius"返回以索引器的参数为半径的圆面积。

第 13~23 行定义了一个空参数的索引器,在第 15~18 行的 get 方法中返回以存储属性 r 为半径的圆周长;在第 19~22 行的 set 方法中,将赋给索引器的值(这里用 newValue 关键字表示)赋给属性 r。

第 25 行"var c＝Circle(r:3.0)"定义结构体 Circle 的实例 c,将其属性 r 设为 3.0。第 26 行"print("Area =",String(format:"%6.2f", c[10.0]))"调用索引器 c[10.0]输出半径为 10.0 的圆面积,得到"Area＝314.00"。第 27 行"c[]＝20"向参数为空的索引器赋值,即将实例 c 的属性 r 赋为 20。第 28 行"print("Perimeter =",String(format:"%6.2f", c[]))"调用参数为空的索引器 c[]得到圆的周长,输出"Perimeter＝125.60"。

5.3 本章小结

在 Swift 语言中,枚举类型和结构体类型都是值类型,并且结构体类型是程序设计常用的自定义类型。在类和结构体之间选择时,Swift 语言设计者鼓励使用结构体类型。本章详细介绍了枚举类型和结构体类型的定义与用法,讨论了这两种类型的初始化器,详细阐述了结构体的属性和方法,介绍了结构体的索引器用法。在 Swift 语言中,面向结构体的程序设计,已经可以体现面向对象编程的特性。结构体类型除了为值类型外,它的其他特性,如属性、方法、初始化器、索引器等,也体现在类类型上,但是类为引用类型。第 6 章将深入介绍类与其实例。

习题

1. 简述 Swift 语言枚举类型中枚举量的表示方法。

2. 简述 Swift 语言中结构体的定义方法。

3. 给定一个日期,例如 2023 年 12 月 28 日,计算该日期对应的星期,并输出该星期。

4. 给定两个日期,例如 2011 年 5 月 12 日和 2023 年 10 月 10 日,计算这两个日期间的天数。

5. (实践题型)创建一个表示学生信息的结构体,具有属性: 姓名、学号、出生日期、性别等,具有输出学生信息的方法 display。编写一个应用,定义上述结构体数组,统计班上同学的出生日期的分布率(按月份统计,即每月出生人数除以总人数的比例),输出生日相同的同学。

6. 在第 5 题基础上,定义一个班级结构体,将全部学生作为班级结构体的属性,将学号作为索引器,通过学号可访问班级中对应的学生,并输出该学生的信息。

第6章

类 与 实 例

面向对象程序设计具有四大特性，即抽象、封装、继承和多态。抽象指将一个客观事物的描述转换为用数据类型描述，例如用类或结构体描述；封装指将同一事物的属性和方法组装在同一个类中，类的外部要访问此事物的属性和方法只能借助类定义的实例；继承是扩展数据类型的有效方式，表示在现有的类的基础上，添加新的属性和方法等，派生出一个新的类型，称为子类或派生类，对于使用子类的程序员来说，无须关心其父类；多态是指多个子类继承自同一个父类，并且覆盖了父类的同一个方法，这个被覆盖的方法在各个子类中具有不同的功能，从而形成多态。第 5 章介绍的结构体具备了抽象和封装特性，但不具备继承和多态特性。本章将介绍类和其定义的实例，并介绍面向对象编程的特性。在面向对象编程中，一般地，将类定义的变量或常量称为对象（Object），但是 Swift 语言建议将类定义的常量和变量称为实例（Instance）。

6.1　类的概念

计算机程序设计方法主要有两种，即面向过程的模块化编程方法和面向对象程序设计方法。面向过程的模块化编程方法中，函数是实现程序功能的基本单位，称为模块，程序由大量的函数组成；面向对象程序设计方法中，类是基本数据类型，封装了数据成员和方法成员，类定义的变量称为对象，对象是程序功能的基本单位。

程序设计从面向过程过渡到面向对象是一次质的进步，解决的主要矛盾在于：在面向过程中，一些相关的操作均由独立的函数实现，这些函数具有大量的参数，函数组织和参数管理均需要巨大的工作量；而在面向对象中，一些相关的操作作为方法被封装在类中，这些操作使用的数据也被封装到类中，方法成员可以直接使用类中的数据成员而无须参数，所以使这些方法和数据的管理简洁且不易出错。

例如，对于一个圆相关的操作，在面向过程中，需要编写计算圆的面积的函数和计算圆的周长的函数，这两个函数均带有一个参数，即圆的半径；当计算圆的面积时，调用计算圆的面积的函数，并给它赋半径参数，从而得到圆的面积。在面向对象中，将圆作为一个类，圆的半径作为其数据成员，计算圆的面积和周长的函数作为它的方法成员，这两个方法均不带参数，而是直接访问数据成员；当计算圆的面积时，使用类定义一个对象，并初始化对象的数据成员，然后，使用对象的计算圆面积的方法得到圆的面积。

上述这个简单的例子说明，类将一些相关的操作整合到一起，类对应于现实世界中的物体的描述，类定义的对象对应于现实世界的物体，通过类实现对一个物体的全部属性和方法的封装，管理一个类比管理众多的函数容易且不易出错。这是面向对象编程的优势。

Swift 语言是一种具有面向对象特性的语言,与其他面向对象语言不同的是,在 Swift 语言中没有一个总的基类(或称父类)。自定义的每个类(不指定其继承自某个类时)均可作为顶层父类,派生与它相关的子类。在 Swift 语言中,一个类可以派生多个子类,但是不能由多个类共同派生一个子类,即 Swift 语言不支持多重继承。

在 Swift 语言中,类的数据成员称为属性,类定义的对象称为实例。类的定义借助关键字 class,一个典型的类结构如下:

```
class  类名
{
    属性
    方法
}
```

一般地,类名需首字母大写,尽可能采用"大骆驼命名法",因为类是一种数据类型,在 Swift 语言中,全部数据类型名均为首字母大写,故建议类名也应首字母大写。属性分为静态属性(又称类属性)、存储属性和计算属性三种;方法包括普通方法和具有特殊含义的初始化器、析构器、索引器等,其中,普通方法与函数的定义类似,只是方法一般不带有参数。由于类是一种数据类型,不是可执行单位,其中的"属性"和"方法"的定义位置不分先后,可以先定义属性,再定义方法;也可以先定义方法,之后再定义属性。但习惯上,属性部分放在方法部分的前面。

需要着重指出的是,类是一种引用类型,而不是值类型。将类的一个实例赋给另一个实例时,两个实例将共享同一个存储空间,即本质上这两个实例是同一个实例。可以使用运算符"==="(三个等号)或"!=="判定两个实例是否相同。若两个实例相同,"==="将返回真,"!=="将返回假;若两个实例不同,"==="将返回假,"!=="将返回真。

现在,新建工程 MyCh0601,包括两个程序文件,即 myclass. swift 和 main. swift,分别如程序段 6-1 和程序段 6-2 所示。通过工程 MyCh0601 介绍类的基本用法,类的定义保存在文件 myclass. swift 中,类的使用位于文件 main. swift 中。

程序段 6-1 程序文件 myclass. swift

视频讲解

```
1    import Foundation
2
3    class Circle
4    {
5        var radius : Double = 0
6        func area() -> Double
7        {
8            return 3.14*radius*radius
9        }
10       func peri() -> Double
11       {
12           return 2*3.14*radius
13       }
14   }
```

程序段 6-2 程序文件 main. swift

```
1    import Foundation
2
3    var c1 = Circle()
4    c1.radius = 3.0
```

```
5    var a1 = c1.area()
6    var p1 = c1.peri()
7    print("Area of c1 is:",String(format: "%5.2f", a1))
8    print("Perimeter of c1 is:",String(format: "%5.2f", p1))
9    var c2 = c1
10   c2.radius = 5.0
11   a1 = c1.area()
12   var a2 = c2.area()
13   print("Area of c1 is:",String(format: "%5.2f", a1))
14   print("Area of c2 is:",String(format: "%5.2f", a2))
```

工程 MyCh0601 的执行结果如图 6-1 所示。

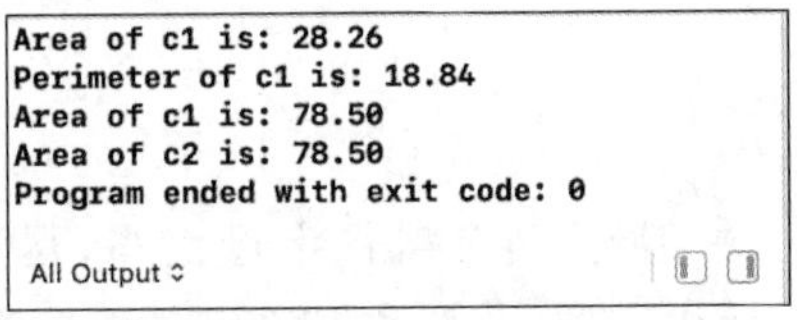

下面结合图 6-1 介绍工程 MyCh0601。在程序段 6-1 中,第 3~14 行定义了类 Circle。其中,第 5 行"var radius:Double=0"定义了属性 radius,并赋初值为 0。第 6~9 行定义了方法 area,该方法直接使用属性 radius,返回圆的面积。第 10~13 行定义了方法 peri,返回圆的周长。注意,上述的两个方法均无参数,直接使用类中的属性 radius。

```
Area of c1 is: 28.26
Perimeter of c1 is: 18.84
Area of c1 is: 78.50
Area of c2 is: 78.50
Program ended with exit code: 0

All Output ○
```

图 6-1　工程 MyCh0601 的执行结果

在程序段 6-2 中,第 3 行"var c1=Circle()"定义实例 c1;第 4 行"c1. radius=3.0"将实例 c1 的属性 radius 赋为 3.0。访问实例中的属性和方法使用"实例名. 属性名"和"实例名. 方法名(实际参数列表)"的形式。第 5 行"var a1=c1. area()"调用实例 c1 的 area 方法计算圆的面积,赋给变量 a1。第 6 行"var p1=c1. peri()"调用实例 c1 的 peri 方法计算圆的周长,赋给变量 p1。第 7 行"print("Area of c1 is:",String(format:"%5. 2f", a1))"输出圆面积,得到"Area of c1 is:28.26"。第 8 行"print("Perimeter of c1 is:",String(format:"%5.2f", p1))"输出圆周长,得到"Perimeter of c1 is:18.84"。

第 9 行"var c2=c1"将实例 c1 赋给变量 c2,由于类是一种引用类型,实例 c1 赋给 c2 的操作将导致 c1 和 c2 共享同一个实例,此时,执行"print(c1 === c2)"将得到"true",执行"print(c1 !== c2)"将得到"false"。第 10 行"c2. radius=5.0"将实例 c2 的属性 radius 赋为 5.0。第 11 行"a1=c1. area()"调用实例 c1 的 area 计算圆面积,赋给 a1。第 12 行"var a2=c2.area()"调用实例 c2 的 area 计算圆面积,赋给 a2。第 13 行"print("Area of c1 is:",String(format:"%5.2f", a1))"输出实例 c1 对应的圆面积,得到"Area of c1 is:78.50"。第 14 行"print("Area of c2 is:",String(format:"%5. 2f", a2))"输出实例 c2 对应的圆面积,得到"Area of c2 is:78.50"。可见,修改实例 c2 的属性,实例 c1 的属性也被修改了,说明实例的赋值"c2=c1"使得两个实例相同。

6.2　属性

属性是指类中的数据成员。严格意义上讲,属性有两种,即类属性和实例属性,其中,类属性属于类,由"类名. 属性名"访问;而实例属性属于实例,由"实例名. 属性名"访问。实例属性又分为存储属性和计算属性,存储属性用于存储实例的属性值,而计算属性本身不存储值,但提供了一种访问存储属性的方法。

6.2.1　类属性

类中使用 static 定义的属性称为类属性或静态属性,由"类名. 属性名"访问。类中的静态方法(或称类方法)可以直接访问该类中的类属性,即使用"类属性名"访问,无须添加"类名.";类中的实例方法也可以访问类属性,但必须使用"类名.属性名"访问。

现在,新建工程 MyCh0602,包括两个程序文件 myclass.swift 和 main.swift,分别如程序段 6-3 和程序段 6-4 所示。下面借助工程 MyCh0602 介绍类属性的用法。

程序段 6-3　程序文件 myclass.swift

```
1    import Foundation
2
3    class Circle
4    {
5        static var name : String = ""
6        static var number : Int = 0
7        init()
8        {
9            Circle.number += 1
10       }
11       static func inc()
12       {
13           number += 1
14       }
15   }
```

程序段 6-4　程序文件 main.swift

```
1    import Foundation
2
3    Circle.name = "Circle"
4    var c = Circle()
5    Circle.inc()
6    Circle.number += 1
7    print("Class name: \(Circle.name), Instance number: \(Circle.number)")
```

工程 MyCh0602 的执行结果如图 6-2 所示。

下面结合图 6-2 介绍工程 MyCh0602。在程序段 6-3 中,第 3~15 行定义了类 Circle。第 5 行"static var name:String="""定义类属性 name,赋为空字符串;第 6 行"static var number:Int=0"定义类属性 number,赋为 0。第 7~10 行

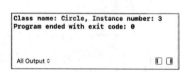

图 6-2　工程 MyCh0602 的执行结果

为初始化器 init,其中第 9 行"Circle.number += 1"将类属性 number 自增 1。第 11~14 行为静态方法 inc,第 13 行"number+=1"将类属性 number 自增 1。注意,在初始化器 init 中调用类属性 number 时使用了"Circle.number";而在静态方法 inc 中调用类属性时直接使用了 number,不用增加类名"Circle."。

在程序段 6-4 中,第 3 行"Circle.name="Circle""为类属性 name 赋值"Circle"。第 4 行"var c=Circle()"定义实例 c,将调用初始化器 init,使类属性 number 自增 1;第 5 行"Circle.inc()"调用静态方法 inc,使类属性 number 自增 1;第 6 行"Circle.number += 1"将类属性 number 自增 1。经过上述语句,类属性 number 的值为 3。第 7 行"print("Class name:\(Circle.name),Instance number:\(Circle.number)")"输出类属性 name 和 number 的值,得到"Class name:Circle,Instance number:3"。

6.2.2 存储属性

存储属性的定义方法与定义变量与常量的方法相同,存储属性是属于实例的属性,用于保存实例的数据。存储属性中有一种属性,当定义实例时不开辟存储空间,而是在使用时才开辟存储空间,这种属性称为惰性存储属性,用 lazy 修饰。

下面借助工程 MyCh0603 介绍存储属性和惰性存储属性。新建工程 MyCh0603,包括两个程序文件,即 myclass. swift 和 main. swift,分别如程序段 6-5 和程序段 6-6 所示。

视频讲解

程序段 6-5 程序文件 myclass. swift

```
1    import Foundation
2
3    class Point
4    {
5        var x , y : Double
6        init(x:Double,y:Double)
7        {
8            self.x = x
9            self.y = y
10       }
11   }
12   class Circle
13   {
14       var radius : Double = 0
15       lazy var center : Point = Point(x:3.0,y:5.0)
16   }
```

程序段 6-6 程序文件 main. swift

```
1    import Foundation
2
3    var c = Circle()
4    c.radius = 12.0
5    print("Radius = \(c.radius), Center: (\(c.center.x),\(c.center.y)).")
```

在程序段 6-5 中,第 3~11 行定义了类 Point,第 5 行"var x , y:Double"定义了两个存储属性 x 和 y,均为双精度浮点型。第 6~10 行为初始化器,为存储属性 x 和 y 赋值,这里的"self. x"表示类的存储属性 x,self 表示类创建的实例本身。第 12~16 行定义了类 Circle,第 14 行"var radius:Double＝0"定义了存储属性 radius,赋值为 0;第 15 行"lazy var center:Point＝Point(x:3.0,y:5.0)"定义了惰性存储属性 center,定义惰性存储属性时必须对它初始化。

在程序段 6-6 中,第 3 行"var c＝Circle()"定义类 Circle 的实例 c。第 4 行"c. radius＝12.0"设置实例 c 的存储属性 radius 为 12.0。第 5 行"print(" Radius＝\(c. radius),Center:(\(c. center. x),\(c. center. y)). ")"输出实例 c 对应的圆半径和圆心坐标,得到"Radius＝12.0,Center:(3.0,5.0). "。注意,在第 3 行创建类 Circle 的实例 c 时,实例 c 中只有属性 radius 创建完成,而惰性存储属性 center 没有"创建";在第 5 行调用实例 c 的 center 属性时才为惰性存储属性 center 开辟了存储空间。

6.2.3 计算属性

计算属性本身不能保存值,而是提供了访问存储属性的方法,计算属性的典型语法如下:

```
var 计算属性名
{
    get
    {
        语句组
        return 某个存储属性形式的值
    }
    set(参数列表)
    {
        语句组
        将参数列表中的参数赋值给某个存储属性
    }
}
```

由上述语法可知,计算属性中包含了 get 方法和 set 方法,get 方法用于读计算属性时返回计算属性的值;set 方法用于写计算属性时向某个存储属性赋值。计算属性可以只包括 get 方法,称为只读计算属性,此时可以省略 get 和与它相关的"{ }";在只读计算属性中,如果 get 方法中只有一条语句,可以省略 return,此时仍然可省略 get 和与它相关的"{ }";计算属性不能只包含 set 方法,即没有只写计算属性;在计算属性的 set 方法中,如果省略 set 方法的参数列表,默认传递的参数名为 newValue。

下面借助工程 MyCh0604 介绍计算属性的用法。新建工程 MyCh0604,包括两个程序文件 myclass.swift 和 main.swift,分别如程序段 6-7 和程序段 6-8 所示。

程序段 6-7 程序文件 myclass.swift

```
1    import Foundation
2
3    class Point
4    {
5        var x : Double = 0
6        var y : Double = 0
7    }
8    class Circle
9    {
10       var radius : Double = 0
11       private var center : Point = Point()
12       var r : Double
13       {
14           get
15           {
16               return radius
17           }
18           set(v)
19           {
20               radius = v
21           }
22       }
23       var p : Point
24       {
25           get
26           {
27               center
28           }
29           set
```

```
30              {
31                  center = newValue
32              }
33          }
34      }
```

程序段 6-8 程序文件 main. swift

```
1   import Foundation
2
3   var c = Circle()
4   c.r = 15.0
5   print("Radius = \(c.r)")
6   var pt = Point()
7   pt.x = 6.0
8   pt.y = 7.0
9   c.p = pt
10  print("Center: (\(c.p.x),\(c.p.y))")
```

工程 MyCh0604 的执行结果如图 6-3 所示。

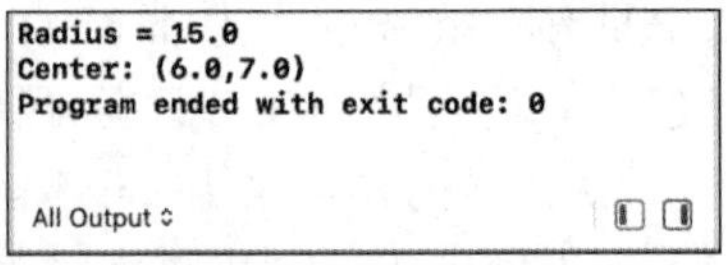

在程序段 6-7 中,第 3~7 行定义了类 Point,具有两
个存储属性 x 和 y。第 8~34 行定义了类 Circle,具有一
个存储属性 radius,表示圆的半径,如第 10 行所示;具
有一个私有的存储属性 center,表示圆的圆心坐标,如

```
Radius = 15.0
Center: (6.0,7.0)
Program ended with exit code: 0

All Output ≎                    □ □
```

图 6-3 工程 MyCh0604 的执行结果

第 11 行所示。第 12~22 行定义了计算属性 r,在其 get 方法(第 14~17 行)中返回 radius,即
读计算属性 r,将得到 radius 的值;在 set 方法(第 18~21 行)中,将参数 v 赋给 radius,表示写
计算属性 r,将向 radius 赋值 v。注意,这里 set 方法的参数不需要指定类型,自动与计算属性
r 的类型相同。

第 23~33 行定义了计算属性 p,其 get 方法(第 2~28 行)只有一条语句,即第 27 行
"center",故省略了 return,表示读计算属性 p 将得到 center 的值,由于 center 为私有存储属
性,故在类外部不能访问,只能通过这里的计算属性 p 访问;在 set 方法(第 29~32 行)中,
第 31 行"center=newValue"使用默认的 newValue 参数将赋给 p 的值赋给 center,即写计算
属性 p 将向 center 写入值。

在程序段 6-8 中,第 3 行"var c=Circle()"定义 Circle 类的实例 c。第 4 行"c.r=15.0"向
实例 c 的计算属性 r 写入 15.0。第 5 行"print("Radius=\(c.r)")"读实例 c 的计算属性 r,得
到"Radius=15.0"。第 6 行"var pt=Point()"定义类 Point 的实例 pt;第 7 行"pt.x=6.0"将
6.0 赋给 pt 的存储属性 x;第 8 行"pt.y=7.0"将 7.0 赋给 pt 的存储属性 y;第 9 行"c.p=pt"
将 pt 赋给实例 c 的计算属性 p。第 10 行"print("Center:(\(c.p.x),\(c.p.y))")"借助实例 c
的计算属性 p 输出圆心坐标,得到"Center:(6.0,7.0)"。

6.2.4 属性检查器

属性检查器,也称为写属性检查器。当为一个存储属性添加写属性检查器时,将为它添加
两个方法,即 willSet 方法和 didSet 方法,其中在向存储属性赋值前瞬间调用 willSet 方法,该
方法可以有参数列表,如果省略参数列表,则使用默认的 newValue 作为写存储属性的值;在
向存储属性赋值完后将立即调用 didSet 方法,此时原来的属性值保存在 oldValue 中。借助
willSet 方法和 didSet 方法可以对写入属性的值或属性赋值后的情况进行"检查",故称为属性

检查器。请勿在属性检查器中向存储属性赋值!

下面的工程 MyCh0605 将介绍属性检查器的用法。现在,新建工程 MyCh0605,包含两个程序文件,即 myclass. swift 和 main. swift,分别如程序段 6-9 和程序段 6-10 所示。

视频讲解

程序段 6-9　程序文件 myclass. swift

```
1    import Foundation
2
3    class Circle
4    {
5        var radius : Double = 0
6        {
7            willSet(v)
8            {
9                if v < 0
10                {
11                    print("Input value is negative.")
12                }
13                else
14                {
15                    print("Input value is normal.")
16                }
17            }
18            didSet
19            {
20                if radius > oldValue
21                {
22                    print("The circle gets larger.")
23                }
24                else if abs(radius - oldValue)<1e-8
25                {
26                    print("The circle keeps same.")
27                }
28                else
29                {
30                    print("The circle gets smaller.")
31                }
32            }
33        }
34    }
```

程序文件 6-10　程序文件 main. swift

```
1    import Foundation
2
3    var c = Circle()
4    c.radius = -5
5    c.radius = 10
```

工程 MyCh0605 的执行结果如图 6-4 所示。

现在,结合图 6-4 介绍工程 MyCh0605。在程序段 6-9 中,第 3～34 行定义了类 Circle,第 5 行 "var radius: Double = 0" 定义了一个存储属性 radius,赋初值为 0;第 6～33 行为属性 radius 定义了属性检查器,其中包括 willSet 方法(第 7～17

```
Input value is negative.
The circle gets smaller.
Input value is normal.
The circle gets larger.
Program ended with exit code: 0

All Output ⌄
```

图 6-4　工程 MyCh0605 的执行结果

行）和 didSet 方法（第 19～32 行）。在 willSet 方法中，设定了参数 v，第 9～17 行为一个 if-else 结构，如果 v 为负数，则第 11 行"print("Input value is negative. ")"输出提示信息"Input value is negative. "；否则，第 15 行"print("Input value is normal. ")"输出提示信息"Input value is normal. "。在 didSet 方法中，第 20～31 行为一个 if-elseif-else 结构，根据当前的属性值 radius 和原来的值 oldValue 的大小做出判断，如果 radius＞oldValue，则第 22 行"print("The circle gets larger. ")"输出提示信息"The circle gets larger. "；如果 radius 和 oldValue 近似相等，则第 26 行"print("The circle keeps same. ")"输出提示信息"The circle keeps same. "；否则，第 30 行"print("The circle gets smaller. ")"输出提示信息"The circle gets smaller. "。

在程序段 6-10 中，第 3 行"var c＝Circle()"定义类 Circle 的实例 c。第 4 行"c. radius＝－5"将 －5 赋给属性 radius，在赋值前瞬间将调用属性检查器 willSet 方法，赋值完成后立即调用 didSet 方法，原 radius 的值为 0，因此属性检查器将依次输出"Input value is negative. "和"The circle gets smaller. "。第 5 行"c. radius＝10"将 10 赋给属性 radius，将触发属性检查器，输出信息"Input value is normal. "和"The circle gets larger. "。

6.2.5　属性包裹器

属性包裹器和属性检查器的作用相同，用于保护属性数据的安全，属性包裹器使用修饰符的方法实现，这种语法称为"语法糖"，可以理解为给语法添加一层"糖"，使其具有特定的功能。属性包裹器的典型语法如下：

```
@propertyWrapper
class  类名
{
    private 属性
    var  wrappedValue : 类型名
    {
        get
        {
            语句组
            return 私有属性或其类型的值
        }
        set
        {
            语句组
            向私有属性赋值的语句
        }
    }
}
```

属性包裹器定义的类是一种类型修饰符，包含了访问其中私有属性的规则，将该类型作为修饰符定义其他的变量（或属性）时，将使得那些变量（或属性）具有属性包裹器的赋值规则。属性包裹器可以用于函数中的变量，也可应用于类或结构体的存储属性，而且结构体也可以定义属性包裹器，即上述的"class 类名"可以替换为"struct 结构体名"。

在属性包裹器的 get 方法中，如果只有一条语句，可以省略 return；在 set 方法中，可以使用默认参数 newValue，也可以为 set 方法设置参数。

下面分三种情况讨论属性包裹器的用法。

（1）属性包裹器常规用法。

新建工程 MyCh0606，包括两个程序文件 myclass.swift 和 main.swift，分别如程序段 6-11 和程序段 6-12 所示。

程序段 6-11　程序文件 myclass.swift

```
1    import Foundation
2
3    @propertyWrapper
4    class Range
5    {
6        private var v : Double = 0
7        var wrappedValue : Double
8        {
9            get
10           {
11               return v
12           }
13           set
14           {
15               v = max(0,newValue)
16           }
17       }
18   }
19   class Circle
20   {
21       @Range var radius : Double
22   }
23   func test()
24   {
25       @Range var t : Double
26       t = -3.0
27       print("t = \(t)")
28       t = 30.0
29       print("t = \(t)")
30   }
```

程序段 6-12　程序文件 main.swift

```
1    import Foundation
2
3    var c = Circle()
4    c.radius = -5.0
5    print("Radius: \(c.radius)")
6    c.radius = 26.0
7    print("Radius: \(c.radius)")
8    test()
```

工程 MyCh0606 的执行结果如图 6-5 所示。

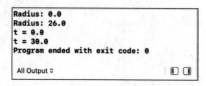

图 6-5　工程 MyCh0606 的执行结果

下面结合图 6-5 介绍工程 MyCh0606。

在程序段 6-11 中,第 3 行"@propertyWrapper"声明其下的类 Range 用作属性包裹器,在类 Range(第 4～18 行)中,第 6 行"private var v:Double＝0"定义私有属性 v,赋初值为 0。第 7～17 行定义"包裹"属性 v 的属性 wrappedValue,其 get 方法(第 9～12 行)返回 v 的值;其 set 方法(第 13～16 行)将赋给 wrappedValue 的值和 0 中的较大值赋给 v。

第 19～22 行定义了类 Circle。第 21 行"@Range var radius:Double"定义属性 radius,此时属性 radius 将被初始化为包裹器中属性的值,即 radius 为 0。

第 23～30 行定义了函数 test。第 25 行"@Range var t:Double"定义局部变量 t,此时 t 初始化为包裹器中属性的值,即 t 初始化为 0。第 26 行"t＝－3.0"将－3.0 赋给 t,但由于包裹器会将输入值和 0 的最大值赋给 t,故此时 t 为 0。第 27 行"print("t＝\(t)")"将输出"t＝0.0"。第 28 行"t＝30.0"将 30.0 赋给 t;第 29 行"print("t＝\(t)")"将输出"t＝30.0"。

在程序段 6-12 中,第 3 行"var c＝Circle()"定义类 Circle 的实例 c。第 4 行"c. radius＝－5.0"将－5.0 赋给 c 的属性 radius,由于 radius 受包裹器管理只能接收 0 和输入值的较大者,故这里 radius 将被赋为 0。第 5 行"print("Radius:\(c. radius)")"输出"Radius:0.0"。第 6 行"c. radius＝26.0"将 26.0 赋给 radius。第 7 行"print("Radius:\(c. radius)")"输出"Radius:26.0"。第 8 行"test()"调用 test 函数。

(2) 带初始化器的属性包裹器用法。

新建工程 MyCh0607,包括两个程序文件 myclass. swift 和 main. swift,分别如程序段 6-13 和程序段 6-14 所示。

程序段 6-13　程序文件 myclass. swift

```
1     import Foundation
2
3     @propertyWrapper
4     class Range
5     {
6         private var v : Double
7         private var minimum : Double
8         private var maximum : Double
9         var wrappedValue : Double
10        {
11            get
12            {
13                return v
14            }
15            set
16            {
17                v = min(max(minimum,newValue),maximum)
18            }
19        }
20        init()
21        {
22            v = 1.0
23            minimum = 0
24            maximum = 10
25        }
26        init(wrappedValue : Double)
27        {
```

```
28              minimum = 0
29              maximum = 15
30              v = min(max(minimum,wrappedValue),maximum)
31          }
32      init(wrappedValue : Double, minimum : Double, maximum : Double)
33      {
34              self.minimum = minimum
35              self.maximum = maximum
36              v = min(max(minimum,wrappedValue),maximum)
37      }
38  }
39  class Circle
40  {
41      @Range var r1 : Double
42      @Range var r2 : Double = 3.0
43      @Range(wrappedValue: 5.5, minimum: 1, maximum: 9) var r3 : Double
44  }
```

程序段 6-14 程序文件 main. swift

```
1   import Foundation
2
3   var c = Circle()
4   print("Initial values: (r1,r2,r3) = (\(c.r1),\(c.r2),\(c.r3))")
5   c.r1 = -5.0
6   c.r2 = 13
7   c.r3 = 10
8   print("Radius values: (r1,r2,r3) = (\(c.r1),\(c.r2),\(c.r3))")
```

工程 MyCh0607 的执行结果如图 6-6 所示。

下面结合图 6-6 介绍工程 MyCh0607。

在程序段 6-13 中,第 3 行"@propertyWrapper"声明
其下的类 Range 用作属性包裹器。第 4～38 行定义了类
Range。第 6 行"private var v:Double"定义了私有属性 v;

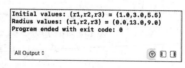

图 6-6　工程 MyCh0607 的执行结果

第 7 行"private var minimum:Double"定义了私有属性 minimum;第 8 行"private var maximum：Double"定义了私有属性 maximum。

第 9～19 行定义了包裹属性 wrappedValue,其 get 方法为返回属性 v;其 set 方法为将输入值与 minimum 中的较大值、再与 maximum 比较后的较小者赋给属性 v。

类 Range 具有三个重载的初始化器:①第 20～25 行的无参数初始化器 init,将 v 赋为 1.0;将 minimum 赋为 0;将 maximum 赋为 10。②第 26～31 行的只有一个参数的初始化器,注意第 26 行"init(wrappedValue：Double)"中 wrappedValue 为关键字参数,该初始化器中将 minimum 赋为 0;将 maximum 赋为 15;将参数 wrappedValue 与 minimum 中的较大值、再与 maximum 比较后的较小者赋给属性 v。③第 32～37 行的带有三个参数的初始化器,这里将参数 minimum 赋给属性 minimum;将参数 maximum 赋给属性 maximum;将参数 wrappedValue 与 minimum 中的较大值、再与 maximum 比较后的较小者赋给属性 v。

第 39～44 行定义了类 Circle。第 41 行"@Range var r1:Double"定义属性 r1,将调用 Range 类的无参数初始化器,即第 20～25 行的初始化器,将 r1 初始化为 1.0,并约束 r1 的取值为 0～10。第 42 行"@Range var r2:Double=3.0"定义属性 r2,将调用 Range 类的带有一个参数的初始化器,即第 26～31 行的初始化器,将 r2 赋为 3.0,并约束 r2 的取值为 0～15。

第 43 行"@Range(wrappedValue:5.5, minimum:1, maximum:9) var r3:Double"定义属性 r3,将调用 Range 类的带有三个参数的初始化器,即第 32~37 行的初始化器,将 r3 赋为 5.5, 并约束 r3 的取值为 1~9。

在程序段 6-14 中,第 3 行"var c＝Circle()"定义类 Circle 的实例 c。第 4 行"print("Initial values:(r1,r2,r3)=(\(c. r1),\(c. r2),\(c. r3))")"输出实例 c 的属性 r1、r2 和 r3 的初始值, 得到"Initial values:(r1,r2,r3)=(1.0,3.0,5.5)"。第 5 行"c. r1 ＝－5.0"将－5.0 赋给 r1, 由于 r1 取值为 0~10,这里将 0 赋给 r1;第 6 行"c. r2＝13"将 13 赋给 r2,由于 r2 取值为 0~ 15,该赋值成功;第 7 行"c. r3＝10"将 10 赋给 r3,由于 r3 取值为 1~9,这里将 9 赋给 r3。第 8 行"print("Radius values:(r1,r2,r3)=(\(c. r1),\(c. r2),\(c. r3))")"输出当前的属性 r1、r2 和 r3 的值,得到"Radius values:(r1,r2,r3)=(0.0,13.0,9.0)"。

(3) 带映射值的属性包裹器用法。

属性包裹器可以定义一个映射值,用关键字 projectedValue 表示。在被包裹的属性前添 加"＄"号即为属性的映射值。

新建工程 MyCh0608,包括两个程序文件 myclass. swift 和 main. swift,分别如程序段 6-15 和 程序段 6-16 所示。

视频讲解

程序段 6-15 程序文件 myclass. swift

```
1    import Foundation
2
3    @propertyWrapper
4    class Range
5    {
6        private var v : Double = 0
7        private(set) var projectedValue : Bool = false
8        var wrappedValue : Double
9        {
10           get
11           {
12               return v
13           }
14           set
15           {
16               if newValue>0
17               {
18                   v = newValue
19                   projectedValue = true
20               }
21               else
22               {
23                   v = 0
24                   projectedValue = false
25               }
26           }
27       }
28   }
29   class Circle
30   {
31       @Range var radius : Double
32   }
```

程序段 6-16 程序文件 main. swift

```
1    import Foundation
2
3    var c = Circle()
4    c.radius = -5.0
5    print("Radius: \(c.radius), State: \(c.$radius).")
6    c.radius = 9.5
7    print("Radius: \(c.radius), State: \(c.$radius).")
```

工程 MyCh0608 的执行结果如图 6-7 所示。

在程序段 6-15 中,第 3 行"@propertyWrapper"声明其下
的类 Range 用作属性包裹器。第 4～28 行定义了类 Range。
第 7 行"private(set) var projectedValue:Bool=false"定义了映
射属性 projectedValue,这里"private(set)"表示只有写属性
是私有的,即在类外部可以读出属性 projectedValue 的值,

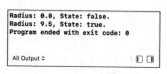

图 6-7 工程 MyCh0608 的
执行结果

但不能写该属性的值,也可以这样理解,即 private 仅作用于属性的 set 方法中。第 8～27 行
为包裹属性 wrappedValue 的定义,在其 set 方法(第 14～26 行)中,当输入值 newValue 大于
0,将输入值赋给 v,同时将 projectedValue 设为真; 否则,将 0 赋给 v,同时将 projectedValue
设为假。

第 29～32 行定义了类 Circle,其中第 31 行"@Range var radius:Double"定义被包裹的属
性 radius,其取值被限制为非负数。

在程序段 6-16 中,第 3 行"var c=Circle()"定义类 Circle 的实例 c。第 4 行"c. radius=
−5.0"将−5.0 赋给 radius,由于 radius 属性限定为不小于 0,故将 0 赋给属性 radius,同时将
映射属性赋为假。第 5 行"print("Radius:\(c. radius), State:\(c. $radius).")"输出属性
radius 的值和映射 $radius 的值,得到"Radius:0.0,State:false."。第 6 行"c.radius=9.5"将
9.5 赋给 radius,同时将映射值设为真。第 7 行"print("Radius:\(c. radius), State:\(c.
$radius).")"输出属性 radius 的值和映射 $radius 的值,得到"Radius:9.5,State:true."。

注意:包裹属性的映射值可以为任意类型,不受包裹属性类型的限制。在上述的工程
MyCh0608 中,包裹属性为双精度浮点型,其映射值为布尔型。

6.3 方法

类中的方法分为两种,即类方法(或称静态方法)和实例方法。类方法是用 static 或 class
修饰的函数,这种方法通过"类名.静态方法名(参数)"调用;实例方法与普通的函数相似,但
是往往不带参数,而直接使用类中的属性进行运算,这种方法通过"实例名.实例方法(参数)"
调用。

注意:同一个类中,类方法可以直接使用类属性(或称静态属性),类方法也可以直接使用
其他的类方法,但是类方法不能调用实例方法,因为实例方法是在创建了类的实例后才存在于
内存中的方法,所以实例方法也称动态方法。然而,实例方法可以调用类方法,但无论类方法
是否处于同一个类中,都必须使用"类名.类方法名(参数)"的形式调用类方法。

6.3.1 类方法

一些通用功能的函数,不属于具体的客观对象,可以作为类方法(或称静态方法)保存在一

个类中,此时的类只是这些方法容器。例如,通用的数学函数,可以用类来组织它们,将这些数学函数作为类的类方法,供其他类或实例调用。

程序段 6-17 创建了一个数学类 Math,其中定义了两个静态方法 mysqr 和 mydist。

程序段 6-17 程序文件 main. swift

视频讲解

```
1   import Foundation
2
3   class Point
4   {
5       var x : Double = 0
6       var y : Double = 0
7   }
8   class Math
9   {
10      class func mysqr(x : Double) -> Double
11      {
12          return x * x
13      }
14      class func mydist(x1:Double,y1:Double,x2:Double,y2:Double) ->Double
15      {
16          return sqrt(mysqr(x: x2-x1)+mysqr(x:y2-y1))
17      }
18      class func mydist(p1:Point,p2:Point) -> Double
19      {
20          return mydist(x1:p1.x, y1:p1.y, x2:p2.x, y2:p2.y)
21      }
22  }
23
24  var p1 = Point()
25  var p2 = Point()
26  p1.x = 1.0
27  p1.y = 2.0
28  p2.x = 4.0
29  p2.y = 6.0
30  var d = Math.mydist(p1: p1, p2: p2)
31  print("Distance: \(d)")
```

在程序段 6-17 中,第 3～7 行定义了类 Point 具有两个属性 x 和 y。

第 8～22 行定义了类 Math,其中,第 10～13 行为类方法 mysqr,具有一个双精度浮点型参数 x,返回 x 的平方。第 14～17 行定义了类方法 mydist,具有四个双精度浮点型的参数 x1、y1、x2、y2,返回两个点(x1, y1)和(x2, y2)间的距离。第 18～21 行定义了类方法 mydist,是前面 mydist 方法的重载方法,具有两个 Point 类型的参数 p1、p2,返回 p1 和 p2 间的距离。

第 24 行"var p1＝Point()"定义 Point 类的实例 p1;第 25 行"var p2＝Point()"定义 Point 类的实例 p2。第 26～27 行为实例 p1 的属性赋值;第 28～29 行为实例 p2 的属性赋值。第 30 行"var d＝Math. mydist(p1:p1, p2:p2)"调用类 Math 的类方法 mydist,计算 p1 和 p2 间的距离,赋给变量 d。第 31 行"print("Distance:\(d)")"输出距离 d,得到"Distance:5.0"。

6.3.2 实例方法

实例方法与普通的函数相似,只是实例方法一般不使用参数,而是直接使用类的属性。程序段 6-18 介绍了实例方法的定义和用法。

视频讲解

程序段 6-18　实例方法定义与用法实例

```
1    import Foundation
2
3    class Point
4    {
5        var x : Double = 0
6        var y : Double = 0
7    }
8    class Circle
9    {
10       var radius : Double = 0
11       var center : Point = Point()
12       func area() -> Double
13       {
14           return 3.14 * radius * radius
15       }
16       func dist(c : Circle) -> Double
17       {
18           var d : Double = 0
19           d = sqrt((self.center.x-c.center.x) * (self.center.x-c.center.x) +
20                   (self.center.y-c.center.y) * (self.center.y-c.center.y))
21           return d
22       }
23   }
24
25   var c1 = Circle()
26   var c2 = Circle()
27   c1.radius = 12.0
28   c1.center.x = 1.0
29   c1.center.y = 2.0
30   c2.radius = 6.5
31   c2.center.x = 4.0
32   c2.center.y = 6.0
33   var a = c1.area()
34   var d = c1.dist(c: c2)
35   print("Circle c1 has a radius: \(c1.radius), area: \(String(format:"%6.2f",
     a))")
36   print("Circles c1 and c2 have a distance: \(d)")
```

在程序段 6-18 中,第 3～7 行定义了类 Point,具有两个属性 x 和 y。

第 8～23 行定义了类 Circle。第 10 行"var radius:Double=0"定义了属性 radius,表示圆的半径;第 11 行"var center:Point=Point()"定义了属性 center,表示圆心位置。第 12～15 行定义了实例方法 area,计算圆的面积。第 16～22 行定义了实例方法 dist,计算当前类的实例与参数 c 表示的圆的圆心距。

第 25 行"var c1=Circle()"定义类 Circle 的实例 c1;第 26 行"var c2=Circle()"定义类 Circle 的实例 c2。第 27～29 行为实例 c1 的半径属性和圆心位置属性赋值;第 30～32 行为实例 c2 的半径属性和圆心位置属性赋值。第 33 行"var a=c1.area()"调用实例方法 area 计算用实例 c1 表示的圆的面积,赋给变量 a;第 34 行"var d=c1.dist(c:c2)"调用实例方法 dist 计算 c1 与 c2 间的圆心距。第 35 行"print("Circle c1 has a radius:\(c1.radius),area:\(String (format:"%6.2f",a))")"输出 c1 的半径和面积,得到"Circle c1 has a radius:12.0,area:452.16";第 36 行"print("Circles c1 and c2 have a distance:\(d)")"输出 c1 与 c2 的圆心距,

得到"Circles c1 and c2 have a distance:5.0"。

6.4　初始化器

　　类是一种复杂的数据类型,它包含了属性和方法。在类定义实例(即对象)时,类中的属性将被分配存储空间,每个属性必须具有初始值;类中的方法也被分配存储空间,这些方法可以被实例调用。初始化器的主要工作在于在类定义实例时,为实例中的属性赋初值。

　　初始化器的特点如下:

　　(1) 使用类创建实例时,自动调用初始化器;初始化器不能被显式调用;初始化器仅在类创建实例时自动调用一次,之后初始化器不再执行。初始化器的方法名为 init,根据其参数不同实现重载方法。

　　(2) 当没有为类编写初始化器时,类默认的初始化器为将定义各个属性时使用的默认值赋给相应的属性。也就是说,在类中定义属性时赋的默认值,是在该类创建实例且调用了默认的初始化器后才实现赋值的。

　　(3) 初始化器可分为两种类型,其一为指定型初始化器,这种初始化器为类的属性设定初始值;其二为借用型初始化器,这种初始化器只能调用指定型初始化器实现间接的属性初始化。默认的初始化器属于指定型初始化器,一个类至少要有一个指定型初始化器,但可以有零个或多个借用型初始化器。除了借用型初始化器,一个初始化器不能调用另一个初始化器。

　　(4) 类中可定义具有容错能力的初始化器,其方法名为"init?",这种初始化器当初始化失败时返回空值 nil。同样地,可以定义名称为"init!"形式的初始化器,这种初始化是强制解包型,需保证初始化必须成功。

　　(5) 当一个类派生了子类时,在子类的初始化器中必须对父类中的属性进行初始化。在 Swift 语言中,父类和子类间的初始化器的执行过程为:执行子类的初始化器,在其中先初始化子类的属性,再调用父类的初始化器初始化父类的属性,然后再回到子类完成初始化过程。

　　(6) 初始化器用于向存储属性赋值,即初始化存储属性,但是初始化器中可以使用计算属性。

6.4.1　普通初始化器

　　一般地,类需要显式定义初始化器,初始化器的语法为

```
init(参数列表)
{
    实现对存储属性赋值的语句
}
```

其中,"参数列表"可以使用带默认值的参数,要求带默认值的参数位于无默认值参数的右侧;参数列表中的参数可使用"参数标签参数名称：参数类型"这种完整的写法,也可使用"参数名称：参数类型"这种写法,或使用"_参数名称：参数类型"的写法。初始化器按参数名称的不同可实现重载。

　　类中的可选类型的属性,默认初始化值为空值 nil,普通初始化器也可以初始化可选类型的属性。

　　程序段 6-19 介绍了普通初始化器的用法。

程序段 6-19 程序文件 main.swift

```swift
1    import Foundation
2
3    class Point
4    {
5        var x,y : Double
6        init()
7        {
8            x = 0; y = 0
9        }
10       init(x:Double,y:Double)
11       {
12           self.x = x; self.y = y
13       }
14   }
15   class Circle
16   {
17       var r : Double
18       var pc : Point
19       init()
20       {
21           r = 1.0; pc = Point()
22       }
23       init(r:Double,pc:Point)
24       {
25           self.r = r; self.pc = pc
26       }
27       init(r:Double,x:Double,y:Double)
28       {
29           self.r = r
30           pc = Point(x:x,y:y)
31       }
32       init(_ r:Double, _ x:Double, _ y:Double)
33       {
34           self.r = r
35           pc = Point(x:x,y:y)
36       }
37       func area()->Double
38       {
39           return 3.14*r*r
40       }
41       func disp()
42       {
43           print("Radius: \(r), Center: (\(pc.x),\(pc.y)), Area: \(String(format:
             "%6.2f", area())))")
44       }
45   }
46   var c1 = Circle()
47   var c2 = Circle(r: 3.0,pc: Point(x: 1.5, y: 3.5))
48   var c3 = Circle(r: 5.0, x: 3.5, y: 4.0)
49   var c4 = Circle(4.0,2.0,6.0)
50   c1.disp()
51   c2.disp()
52   c3.disp()
53   c4.disp()
```

程序段 6-19 的执行结果如图 6-8 所示。

下面结合图 6-8 介绍程序段 6-19。在程序段 6-19

```
Radius: 1.0, Center: (0.0,0.0), Area:    3.14
Radius: 3.0, Center: (1.5,3.5), Area:   28.26
Radius: 5.0, Center: (3.5,4.0), Area:   78.50
Radius: 4.0, Center: (2.0,6.0), Area:   50.24
Program ended with exit code: 0
All Output ◇                              ⊙Filte ▯ ▯ ▯
```

图 6-8 程序段 6-19 的执行结果

中,第 3～14 行定义了类 Point,其中,第 5 行"var x,y:
Double"定义了两个属性 x 和 y,表示点的横纵坐标。
第 6～9 行为无参数初始化器 init(),第 8 行"x=0; y=0"
将 x 和 y 均初始化为 0,当有多条语句放在同一行时,用";"分隔。第 10～13 行为带有参数的
初始化器,第 12 行"self.x=x; self.y=y"将参数 x 赋给属性 x,将参数 y 赋给属性 y。

第 15～45 行定义了类 Circle。第 17 行"var r:Double"定义属性 r,保存圆的半径;第 18
行"var pc:Point"定义属性 pc,保存圆心坐标。第 19～22 行为无参数的初始化器,将 1.0 赋给
属性 r,调用 Point 类的无参数初始化器将(0,0)点赋给属性 pc。第 23～26 行为带参数的初始
化器 init(r:Double,pc:Point),其中第 25 行"self.r=r; self.pc=pc"将参数 r 赋给属性 r,将
参数 pc 赋给属性 pc。第 27～31 行为带参数的初始化器 init(r:Double,x:Double,y:
Double),其中,第 29 行"self.r=r"将参数 r 赋给属性 r,第 30 行"pc=Point(x:x,y:y)"调用
Point 类的带参数的初始化器将点(x,y)赋给 pc。第 32～36 行为使用参数标签"_"的带参数
初始化器。第 37～40 行为返回圆面积的方法 area;第 41～44 行为输出圆的半径、圆心位置
和圆面积的方法 disp。

第 46 行"var c1=Circle()"自动调用第 19～22 行的无参数初始化器,将实例 c1 对应的圆
半径设为 1.0,圆心设在(0,0)。

第 47 行"var c2=Circle(r:3.0,pc:Point(x:1.5, y:3.5))"自动调用第 23～26 行的初始
化器,将实例 c2 对应的圆半径设为 3.0,圆心设在(1.5,3.5)。

第 48 行"var c3=Circle(r:5.0, x:3.5, y:4.0)"自动调用第 27～31 行的初始化器,将实
例 c3 的圆半径设为 5.0,圆心设在(3.5,4.0)。

第 49 行"var c4=Circle(4.0,2.0,6.0)"自动调用第 32～36 行的初始化器,将实例 c4 的
圆半径设为 4.0,圆心设在(2.0,6.0)。

第 50 行"c1.disp()"调用实例 c1 的 disp 方法输出圆的信息,得到"Radius:1.0, Center:
(0.0,0.0), Area:3.14"。

第 51 行"c2.disp()"调用实例 c2 的 disp 方法输出圆的信息,得到"Radius:3.0, Center:
(1.5,3.5), Area:28.26"。

第 52 行"c3.disp()"调用实例 c3 的 disp 方法输出圆的信息,得到"Radius:5.0, Center:
(3.5,4.0), Area:78.50"。

第 53 行"c4.disp()"调用实例 c4 的 disp 方法输出圆的信息,得到"Radius:4.0, Center:
(2.0,6.0), Area:50.24"。

由于类为引用类型,类定义的实例名和实例的存储空间之间是引用的关系,所以,可以将
实例定义为常量,实例中的属性仍然可以赋值,例如,第 49 行可写为"let c4=Circle(4.0,2.0,
6.0)",此时,像"c4.r=10.0"这样的赋值语句仍然有效,同时,第 54 行"c4.disp()"也正常
执行。

6.4.2 指定型初始化器和借用型初始化器

指定型初始化器就是普通的初始化器。初始化器是一种特殊的方法,在类创建实例时被
自动调用,任一个初始化器都不能调用其他的初始化器。但是有一种特殊形式的初始化器,称

为借用型初始化器,以 convenience 关键字修饰,这类初始化器可以调用指定型初始化器或其他的借用型初始化器。在程序编译时,会将调用了其他初始化器的借用型初始化器解析为一个普通初始化器。

程序段 6-20 介绍借用型初始化器的用法。

程序段 6-20 借用型初始化器用法实例

视频讲解

```
1    import Foundation
2
3    class Point
4    {
         //此处省略的部分与程序段 6-19 的第 5~13 行相同
14   }
15   class Circle
16   {
17       var r : Double
18       var pc : Point
19       init()
20       {
21           r = 1.0; pc = Point()
22       }
23       init(r:Double,pc:Point)
24       {
25           self.r = r; self.pc = pc
26       }
27       convenience init(r:Double,x:Double,y:Double)
28       {
29           self.init(r:r,pc:Point(x:x,y:y))
30       }
31       convenience init(_ r:Double, _ x:Double, _ y:Double)
32       {
33           self.init(r:r,x:x,y:y)
34       }
35       func area()->Double
36       {
37           return 3.14*r*r
38       }
39       func disp()
40       {
41           print("Radius: \(r), Center: (\(pc.x),\(pc.y)), Area: \(String(format: "%6.2f",
             area())))")
42       }
43   }
44   var c1 = Circle()
45   var c2 = Circle(r: 3.0,pc: Point(x: 1.5, y: 3.5))
46   var c3 = Circle(r: 5.0, x: 3.5, y: 4.0)
47   var c4 = Circle(4.0,2.0,6.0)
48   c1.disp()
49   c2.disp()
50   c3.disp()
51   c4.disp()
```

程序段 6-20 的执行结果与程序段 6-19 的执行结果相同。对比程序段 6-19 和程序段 6-20

可知,在程序段 6-20 中第 27～30 行的初始化器和第 31～34 行的初始化器均使用了借助型初始化器。

在第 27～30 行的借用型初始化器中,第 29 行"self.init(r:r,pc:Point(x:x,y:y))"调用类中的指定型初始化器完成属性的初始化,这里调用的指定型初始化器为第 23～26 行的初始化器。这种情况属于借用型初始化器调用指定型初始化器的情况。

第 31～34 行的借用型初始化器中,第 33 行"self.init(r:r,x:x,y:y)"调用类中的借用型初始化器完成属性的初始化,这里调用的借用型初始化器为第 27～30 行的初始化器。这种情况属于借用型初始化器调用另一个借用型初始化器的情况。

在 Swift 语言中,类中的借用型初始化器只能调用指定型初始化器或另一个借用型初始化器。类中可以没有借用型初始化器,但至少要有一个指定型初始化器,默认初始化器属于指定型初始化器。

6.4.3　容错型初始化器

容错型初始化器使用方法名"init?",这类初始化器可以返回空值 nil。当使用类的容错型初始化器创建实例时,将得到可选类型的实例。程序段 6-21 介绍了容错型初始化器的用法。

程序段 6-21　容错型初始化器用法实例

```
1    import Foundation
2
3    class Circle
4    {
5        var radius : Double
6        init? (r:Double)
7        {
8            if r<0
9            {
10               return nil
11           }
12           radius = r
13       }
14       func area() -> Double
15       {
16           return 3.14* radius * radius
17       }
18   }
19   if let c = Circle(r: 10)
20   {
21       print("Area: \(String(format: "%6.2f", c.area()))")
22   }
```

在程序段 6-21 中,第 3～18 行定义了类 Circle。第 5 行定义属性 radius。第 6～13 行为容错型初始化器,第 8 行判断参数 r 的值,如果 r 小于 0,则返回空值 nil;否则,将参数 r 赋给属性 radius。第 14～17 行为计算圆面积的 area 方法。

第 19～22 行为一个 if 结构,使用了可选绑定技术,如果 Circle 类创建的实例 c 不为空值 nil,则执行第 21 行,输出圆面积,这里得到"Area:314.00"。

6.4.4　闭包型初始化器

闭包型初始化器是指可以使用一个全局函数初始化类的属性,典型语法如下:

```
var 或 let 属性名：类据类型 = {
                         闭包体
                         return 与属性相同类型的变量
                       }()
```

上述"闭包体"中包含各种处理形式的语句,其中不能使用类中的其他属性,因为这时其他属性都没有创建;上述的"()"必须存在,表示类创建实例时,将自动执行该闭包。程序段 6-22 介绍了闭包型初始化器的用法。

程序段 6-22　闭包型初始化器用法实例

视频讲解

```
1    import Foundation
2
3    class Circle
4    {
5        var radius: Double = 0
6        var orbit: [Double] =
7        {
8            var t : [Double] = []
9            var v : Double = 0
10           for i in 1...10
11           {
12               v = Double(i)
13               t.append(v * v+1.0)
14           }
15           return t
16       }()
17       init(r:Double)
18       {
19           radius = r
20       }
21   }
22   var c = Circle(r:5)
23   print(c.orbit)
```

在程序段 6-22 中,第 3～21 行定义了类 Circle。第 5 行定义了属性 radius,并赋初值为 0。第 6～16 行定义了闭包型初始化器,其中,第 6 行定义了属性 orbit,为双精度浮点型的数组,在闭包内(第 8～15 行)定义变量 t 为双精度浮点型的数组;第 9 行定义变量 v;第 10～14 行为一个 for-in 结构,每次循环将循环变量 i 的值转换为双精度浮点数赋给 v,然后计算 v * v+1.0,将该结果添加到数组 t 中;第 15 行返回 t,即将 t 赋给属性 orbit。

第 17～20 行为初始化器 init,将参数 r 赋给属性 radius。

第 22 行定义类 Circle 的实例 c;第 23 行"print(c.orbit)"输出实例 c 的 orbit 属性,得到 "[2.0, 5.0, 10.0, 17.0, 26.0, 37.0, 50.0, 65.0, 82.0, 101.0]"。

6.4.5　子类初始化器

本节内容应在学习了 6.7 节后再学习。

当一个子类继承一个父类时,子类初始化器必须实现对父类属性的初始化,若类和子类中的属性在定义时均设定了默认值,下述两种情况下,子类将自动继承父类的初始化器:

(1) 子类没有定义指定型初始化器,此时子类将自动继承父类的指定型初始化器。

(2) 子类提供了父类的指定型初始化器的实现,子类将自动继承父类的借用型初始化器。

　　尽管有上述情况,但是一般认为子类继承了父类,子类将包含父类的所有属性和方法。当子类的初始化器与父类同名时,需要使用 override 关键字修饰子类的初始化器,此时称子类的初始化器覆盖了父类的同名初始化器。在子类的初始化器中通过调用"super. init(参数列表)"实现父类属性的初始化器(异步情况下使用"await super. init(参数列表)")。

　　一般情况下,在自定义初始化器时需注意以下几点:

　　(1) 子类不会继承父类中的借用型初始化器,子类只能继承父类的指定型初始化器;

　　(2) 子类可以将父类的指定型初始化器继承为借用型初始化器;

　　(3) 子类不能直接访问父类的属性,只能借助父类的指定型初始化器初始化父类属性;子类不能访问父类的借用型初始化器。

　　(4) 若在父类的指定型初始化器前添加了 required 关键字修饰,则该初始化器必须在子类中被覆盖,此时,在子类同名初始化器定义中不需要指定 override 关键字,而是使用 required 关键字。

视频讲解

　　下面通过程序段 6-23 介绍几种常用形式的子类初始化器。

程序段 6-23 子类初始化器应用实例

```
1    import Foundation
2
3    class Circle
4    {
5        var radius: Double = 0
6        init()
7        {
8            radius = 1.0
9        }
10       init(radius r:Double)
11       {
12           radius = r
13       }
14       convenience init(diameter d:Double)
15       {
16           self.init(radius:d/2.0)
17       }
18       required init(r: Double)
19       {
20           radius = r
21       }
22   }
23   class Sector : Circle
24   {
25       var angle:Double = 0
26       override init()
27       {
28           super.init()
29           angle = 30.0
30       }
31       override convenience init(radius r:Double)
32       {
33           self.init(r:r,a:30.0)
34       }
35       init(r:Double,a:Double)
36       {
```

```
37          super.init(radius: r)
38          angle = a
39      }
40      convenience init(diameter d:Double, angle a:Double)
41      {
42          self.init(r:d/2.0,a:a)
43      }
44      required init(r:Double)
45      {
46          super.init(radius:r) //OR super.init(r:r)
47          angle = 60.0
48      }
49  }
50  var s1 = Sector()
51  var s2 = Sector(radius:15.5)
52  var s3 = Sector(r: 12.0, a: 45.0)
53  var s4 = Sector(diameter: 100.0, angle: 90.0)
54  var s5 = Sector(r:16.5)
55  print("For s1, radius:  \(s1.radius), angle: \(s1.angle) ")
56  print("For s2, radius: \(s2.radius), angle: \(s2.angle) ")
57  print("For s3, radius: \(s3.radius), angle: \(s3.angle) ")
58  print("For s4, radius: \(s4.radius), angle: \(s4.angle) ")
59  print("For s5, radius: \(s5.radius), angle: \(s5.angle) ")
```

程序段 6-23 的执行结果如图 6-9 所示。

现在结合图 6-9 介绍程序段 6-23 的执行过程。在程序段 6-23 中,第 3~22 行定义了类 Circle。其中,第 5 行定义属性 radius,表示圆的半径。第 6~9 行定义指定型初始化器 init,第 8 行"radius＝1.0"将 1.0 赋给属性 radius。

```
For s1, radius:  1.0, angle: 30.0
For s2, radius: 15.5, angle: 30.0
For s3, radius: 12.0, angle: 45.0
For s4, radius: 50.0, angle: 90.0
For s5, radius: 16.5, angle: 60.0
Program ended with exit code: 0

All Output ○
```

图 6-9　程序段 6-23 的执行结果

第 10~13 行定义指定型初始化器 init,具有一个参数 r,第 12 行"radius＝r"将参数 r 赋给属性 radius。第 14~17 行定义借用型初始化器 init,具有一个参数 d,表示圆的直径,该初始化器只能被类 Circle 的实例调用,而不能被类 Circle 的子类使用。第 18~21 行定义指定型初始化器 init,由于使用了 required 关键字,该初始化器在类 Circle 的子类必须被"覆盖",如第 44~48 行所示。

第 23~49 行定义类 Circle 的子类 Sector,其中,第 25 行"var angle:Double＝0"定义属性 angle,表示扇区的圆心角。第 26~30 行覆盖了父类的初始化器 init,第 28 行"super. init()"调用父类的初始化 init;第 29 行"angle＝30.0"将 30.0 赋给 angle。第 31~34 行覆盖了父类 Circle 的指定型初始化器"init(radius r:Double)",并将其转换为借用型初始化器,该初始化器只能被类 Sector 的实例调用。第 35~39 行定义了类 Sector 的初始化器 init,第 37 行"super. init(radius:r)"调用父类的初始化器初始化父类 Circle 的属性;第 38 行"angle＝a"将参数 a 赋给属性 angle。第 40~43 行定义了类 Sector 的借用型初始化器 init,第 42 行"self.init(r:d/ 2.0,a:a)"调用类 Sector 的指定型初始化器实现属性的初始化。第 44~48 行为覆盖父类 Circle 中带 required 关键字修饰的初始化器,第 46 行可以为"super.init(radius:r)",也可以为 "super.init(r:r)",即这里可以调用父类中任一指定型初始化器初始化父类属性。

第 50 行"var s1＝Sector()"创建类 Sector 的实例 s1,这里使用了第 26~30 行的初始化器。

第 51 行"var s2＝Sector(radius:15.5)"创建类 Sector 的实例 s2,这里使用了第 31~34 行

的初始化器。

第 52 行"var s3＝Sector(r:12.0，a:45.0)"创建类 Sector 的实例 s3，这里使用了第 35～39 行的初始化器。

第 53 行"var s4＝Sector(diameter:100.0，angle:90.0)"创建类 Sector 的实例 s4，这里使用了第 40～43 行的初始化器。

第 54 行"var s5＝Sector(r:16.5)"创建类 Sector 的实例 s5，这里使用了第 44～48 行的初始化器。

第 55 行"print("For s1，radius:\(s1.radius)，angle:\(s1.angle) ")"输出实例 s1 的属性，得到"For s1，radius:1.0，angle:30.0"。

第 56 行"print("For s2，radius:\(s2.radius)，angle:\(s2.angle) ")"输出实例 s2 的属性，得到"For s2，radius:15.5，angle:30.0"。

第 57 行"print("For s3，radius:\(s3.radius)，angle:\(s3.angle) ")"输出实例 s3 的属性，得到"For s3，radius:12.0，angle:45.0"。

第 58 行"print("For s4，radius:\(s4.radius)，angle:\(s4.angle) ")"输出实例 s4 的属性，得到"For s4，radius:50.0，angle:90.0"。

第 59 行"print("For s5，radius:\(s5.radius)，angle:\(s5.angle) ")"输出实例 s5 的属性，得到"For s5，radius:16.5，angle:60.0"。

6.5　析构器

当一个类创建它的实例时将根据参数情况自动调用相应的初始化器，初始化器又称为构造方法，仅在类创建实例时被调用一次；当类的实例不再使用时，Swift 语言将自动回收实例占据的资源，将实例从内存中清除，实例被清除前将自动调用析构器，又称析构方法，析构器的方法名为 deinit，无参数、无返回值且无须添加"()"，在析构器中可以添加一些人工清理工作。

需要说明的是，Swift 语言为每个类提供了默认的析构器，在"清理"不再使用的实例方面已经考虑得非常全面，一般情况下，不需要显式编写析构器。在其他面向对象语言中，需要编写析构器的情况有两种：①在类的初始化器中使用指针为属性开辟了存储空间，在清除实例前应在析构器中编写释放该存储空间的代码；②包含文件读写操作的类，在其析构器中应编写关闭文件的代码。但上述两种情况在 Swift 语言也得到了解决，Swift 语言不建议使用指针，同时，Swift 语言使用类 FileManager 管理文件操作，文件操作结束后自动关闭文件。因此，在 Swift 语言中程序员不用编写析构器。程序段 6-24 介绍了析构器的用法，也仅是作为析构器的用法参考。

视频讲解

程序段 6-24　析构器用法实例

```
1    import Foundation
2
3    class Circle
4    {
5        init()
6        {
7            print("The init method finished.")
8        }
9        deinit
10        {
```

```
11              print("The deinit method finished.")
12          }
13      }
14      var c:Circle? = Circle()
15      c = nil
```

程序段 6-24 的执行结果如图 6-10 所示。

下面结合图 6-10 介绍程序段 6-24 的执行情况。

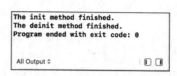

在程序段 6-24 中,第 3～13 行定义了类 Circle。其中,
第 5～8 行定义了初始化器 init,第 7 行"print("The init
method finished. ")"表示当初始化器被调用时输出信息

图 6-10 程序段 6-24 的执行结果

"The init method finished. "。第 9～12 行定义了析构器 deinit,注意这里没有"()",第 11 行
"print("The deinit method finished. ")"表示析构器被调用时输出信息"The deinit method
finished. "。

第 14 行"var c:Circle?=Circle()"定义可选 Circle 类型的实例 c,此时将调用类 Circle 的
初始化器,输出"The init method finished. "。第 15 行"c=nil"将空值 nil 赋给实例 c,将清除
实例 c,在清除实例 c 前瞬间将调用析构器,输出"The deinit method finished. "。

6.6 索引器

类、结构体和枚举类型都支持索引器,一个类型中可以定义多个索引器,索引器的典型语
法如下:

```
subscript(参数列表) ->返回值类型
{
    get
    {
        语句组
        return 返回值
    }
    set(参数)
    {
        使用 set 的参数(或当 set 无参数时使用默认参数 newValue)的语句组
    }
}
```

由上述索引器语法可知,索引器包括 get 方法和 set 方法,这类索引器称为可读可写索引
器;索引器可以只有 get 方法,这类索引器称为只读索引器;索引器不能只包括 set 方法,没有
只写的索引器。索引器的参数列表中的参数可以为任意类型,可以为空参数,甚至可以使用可
变参数形式,但不能使用 inout 型参数。

Swift 语言中数据和字典等集类型本身带有索引器,例如,var a:[Int]=[1,2,3,4,5],访
问数组 a 的第 2 号元素使用 a[2],这里的"[2]"即为索引器,即索引器的访问使用形式"[实际
参数列表]"。

6.6.1 基本用法

类的索引器的基本用法为在类中定义索引器,通过索引器对属性进行简单的处理,然后,借
助类定义的实例和"[实际参数列表]"形式访问索引器。程序段 6-25 展示了索引器的基本用法。

视频讲解

程序段 6-25   索引器基本用法实例

```
1    import Foundation
2
3    class Matrix
4    {
5        let rows: Int
6        let cols: Int
7        var data: [Int]
8        init(rows:Int,cols:Int)
9        {
10           self.rows = rows
11           self.cols = cols
12           data = Array(repeating: 0, count: rows * cols)
13       }
14       subscript(row:Int,col:Int)->Int
15       {
16           get
17           {
18               return data[row * cols+col]
19           }
20           set
21           {
22               data[row * cols+col] = newValue
23           }
24       }
25   }
26   var m = Matrix(rows: 3, cols: 4)
27   print("m[1,2] = \(m[1,2]),   m[2,3] = \(m[2,3]) ")
28   m[1,2] = 16
29   m[2,3] = 19
30   print("m[1,2] = \(m[1,2]), m[2,3] = \(m[2,3]) ")
```

在程序段 6-25 中,第 3~25 行定义了类 Matrix。第 5 行"let rows:Int"定义属性 rows,表示矩阵的行数;第 6 行"let cols:Int"定义属性 cols,表示矩阵的列数;第 7 行"var data:[Int]"定义整型一维数组 data,用于保存矩阵中的元素。

第 8~13 行为初始化器,将参数 rows 赋给属性 rows,将参数 cols 赋给属性 cols,并生成长度为"rows * cols"元素值为 0 的一维数组赋给属性 data。

第 14~24 行定义索引器,在其 get 方法(第 16~19 行)中,第 18 行"return data[row * cols+col]"返回 data 数组中的第"row * cols+col"号位置的元素;在其 set 方法(第 20~23 行)中,第 22 行"data[row * cols+col]=newValue"将赋给索引器的值赋给 data[row * cols+col]。

第 26 行"var m=Matrix(rows:3, cols:4)"定义类 Matrix 的实例 m。第 27 行"print("m[1,2]=\(m[1,2]),m[2,3]=\(m[2,3]")"调用实例 m 的索引器输出 m[1,2]和 m[2,3]的值,此时均为 0。第 28 行"m[1,2]=16"将 16 赋给 m[1,2];第 29 行"m[2,3]=19"将 19 赋给 m[2,3]。第 30 行"print("m[1,2]=\(m[1,2]), m[2,3]=\(m[2,3]")"输出 m[1,2]和 m[2,3]的值,此时得到"m[1,2]=16, m[2,3]=19"。

程序段 6-25 的执行结果如图 6-11 所示。

```
m[1,2] = 0,  m[2,3] = 0
m[1,2] = 16, m[2,3] = 19
Program ended with exit code: 0


All Output ⊜                        ▯ ▯
```

图 6-11　程序段 6-25 的执行结果

6.6.2　静态索引器

类中可以定义静态属性,称为类属性,使用关键字 static 修饰;也可以定义静态方法,称为类方法,使用关键字 static 或 class 修饰。此外,类也可以定义静态索引器,称为类索引器,使用关键字 static 或 class 修饰。注意,静态索引器属于类,而不属于类的实例,所以静态索引器不能访问类中的实例属性,只能访问类中的静态属性;但是类中的实例方法可以访问静态索引器。

程序段 6-26 介绍了静态索引器的用法。

程序段 6-26　静态索引器用法实例

视频讲解

```
1    import Foundation
2
3    class Matrix
4    {
5        static var rows:Int = 0
6        static var cols:Int = 0
7        static var data:[Int] = []
8        class subscript(row:Int, col:Int)->Int
9        {
10           get
11           {
12               return data[row * cols+col]
13           }
14           set
15           {
16               data[row * cols+col]=newValue
17           }
18       }
19   }
20   Matrix.rows=3
21   Matrix.cols=4
22   Matrix.data=[1,2,3,4,5,6,7,8,9,10,11,12]
23   print("Matrix[1,2]=\(Matrix[1,2]),  Matrix[2,3]=\(Matrix[2,3])")
24   Matrix[1,2] = 16
25   Matrix[2,3] = 19
26   print("Matrix[1,2]=\(Matrix[1,2]), Matrix[2,3]=\(Matrix[2,3])")
```

在程序段 6-26 中,第 3~19 行定义了类 Matrix,该类中有三个静态属性和一个静态索引器。第 5 行"static var rows:Int＝0"定义静态属性 rows,表示矩阵的总行数;第 6 行"static var cols:Int＝0"定义静态属性 cols,表示矩阵的总列数;第 7 行"static var data:[Int]＝[]"定义静态属性 data,data 为一维整型数组,用于保存矩阵中的元素。

第 8~18 行定义静态索引器,使用 class 关键字修饰,在其 get 方法(第 10~13 行)中,第 12 行"return data[row * cols＋col]"返回数组 data 的第"row * cols＋col"号元素;在其 set 方法(第 14~17 行)中,第 16 行"data[row * cols＋col]＝newValue"将赋给索引器的值赋给

"data[row * cols+col]"。

第 20 行"Matrix. rows=3"将 3 赋给静态属性 rows；第 21 行"Matrix. cols=4"将 4 赋给静态属性 cols；第 22 行"Matrix. data=[1,2,3,4,5,6,7,8,9,10,11,12]"将 1～12 的整数值数组赋给静态属性 data。第 23 行"print("Matrix[1,2]= \(Matrix[1,2]),Matrix[2,3]=\(Matrix[2,3])")"调用索引器输出 Matrix[1,2]和 Matrix[2,3]的值,得到"Matrix[1,2]=7,Matrix[2,3]=12"。

第 24 行"Matrix[1,2]=16"将 16 赋给 Matrix[1,2]；第 25 行"Matrix[2,3]=19"将 19 赋给 Matrix[2,3]。第 26 行"print("Matrix[1,2]=\(Matrix[1,2]), Matrix[2,3]=\(Matrix[2,3])")"输出 Matrix[1,2]和 Matrix[2,3]的值,得到"Matrix[1,2]=16,Matrix[2,3]=19"。

程序段 6-26 的执行结果如图 6-12 所示。

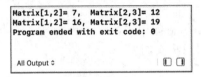

```
Matrix[1,2]= 7,  Matrix[2,3]= 12
Matrix[1,2]= 16, Matrix[2,3]= 19
Program ended with exit code: 0

All Output ⌄
```

图 6-12   程序段 6-26 的执行结果

6.6.3   继承索引器

本节在学习了 6.7 节"继承"后再学习。

当一个子类继承了父类时,它可以继承父类中的索引器,也可覆盖父类的同名同参的索引器。注意,①在子类的索引器中,可以直接使用父类的实例属性(要求: 非私有属性)；②在子类的索引器中,使用"super[实际参数列表]"调用父类的索引器。

程序段 6-27 介绍了子类继承父类的索引器的用法。

视频讲解

程序段 6-27   子类继承父类的索引器用法实例

```
1     import Foundation
2
3     class Circle
4     {
5         var radius:Double = 0
6         subscript(be b:Bool) ->Double
7         {
8             get
9             {
10                if b
11                {
12                    return 3.14*radius *radius
13                }
14                else
15                {
16                    return 2.0*3.14*radius
17                }
18            }
19        }
20    }
21    class Sector:Circle
22    {
```

```
23        var angle:Double = 0
24        override subscript(be b:Bool) -> Double
25        {
26            get
27            {
28                if b
29                {
30                    return super[be:b]*angle/360.0
31                }
32                else
33                {
34                    return super[be:b]*angle/360.0+2.0*radius
35                }
36            }
37        }
38    }
39    var c = Circle()
40    var s = Sector()
41    c.radius = 5.0
42    s.radius = 5.0
43    s.angle = 30.0
44    print("Circle area: \(String(format:"%6.2f",c[be:true])), perimeter: \(String
      (format:"%6.2f",c[be:false]))")
45    print("Sector area: \(String(format:"%6.2f",s[be:true])), perimeter: \(String
      (format:"%6.2f",s[be:false]))")
```

程序段 6-27 的执行结果如图 6-13 所示。

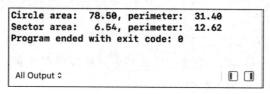

```
Circle area:  78.50, perimeter:  31.40
Sector area:   6.54, perimeter:  12.62
Program ended with exit code: 0


All Output ⌄                              ▮ ▯
```

图 6-13　程序段 6-27 的执行结果

下面结合图 6-13 介绍程序段 6-27 的执行情况。

在程序段 6-27 中,第 3~20 行定义了类 Circle。第 5 行"var radius:Double＝0"定义属性 radius,赋初值为 0。第 6~19 行定义了只读型索引器,带有一个布尔型参数 b,当参数 b 为真时,返回圆的面积;当参数 b 为假时,返回圆的周长。

第 21~38 行定义了类 Circle 派生的子类 Sector。第 23 行"var angle:Double＝0"定义属性 angle,赋初始值为 0。第 24~37 行覆盖了其父类的同名同参的索引器,只有一个 get 方法,当参数 b 为真时,第 30 行"return super[be:b] * angle/360.0"返回父类索引器"super[be:b]"乘以 angle 再除以 360.0 的值;当参数 b 为假时,第 34 行"return super[be:b] * angle/360.0＋2.0 * radius"返回扇形的周长。

第 39 行"var c＝Circle()"定义类 Circle 的实例 c;第 40 行"var s＝Sector()"定义类 Sector 的实例 s。第 41 行"c.radius＝5.0"将 5.0 赋给实例 c 的属性 radius;第 42 行"s.radius＝5.0"将 5.0 赋给实例 s 的属性 radius;第 43 行"s.angle＝30.0"将 30.0 赋给实例 s 的属性 angle。第 44 行输出圆的面积和周长,得到"Circle area:78.50,perimeter:31.40"。第 45 行输出扇形的面积和周长,得到"Sector area:6.54,perimeter:12.62"。

6.7　继承

设类 A 派生了类 B,称类 A 为类 B 的基类或父类,或称类 B 为类 A 的派生类或子类。定义派生类的语法为

```
class  B : A
{
    属性
    初始化器
    方法
}
```

上述表示类 B 继承了类 A。继承的作用在于扩展数据类型。类 A 是一种数据类型,经过一段时间的程序设计,发现类 A 这种数据类型出现了新的情况,即类 A 仍然可以用于定义一些有用的实例,但是在类 A 基础上添加几个新的属性和方法可以应对一些新出现的情况,现在为了与现有的程序代码兼容,必须保留类 A;但是又必须面对新的情况,从而衍生出一种所谓的"继承"方法,即由类 A 派生出一个新的类 B,使得类 B 包含类 A 的全部属性和方法,又添加了一些新的方法和属性,这样就可以由类 B 定义一些新的实例去适应那些新出现的情况。

面向对象编程的特色之一在于封装,一个类封装了属性和方法。对于类的设计者而言,需要全面了解类 A 和类 B;然而对类的使用者而言,只需要知道类 A 的"接口"和类 B 的"接口"即可,类的使用者无须关心类 A 和类 B 的关系。这里的"接口"是指类定义的实例的属性和方法。也就是说,如果一个使用者只想使用类 B,那么他只需要知道类 B 的"接口",无须关心类 B 怎么来的。

若类 B 继承了类 A,有以下几点需要说明:

(1) 类 B 继承了类 A 后,类 B 将继承类 A 的全部属性和方法,也就是说,类 B 定义的实例将可以访问所有类 A 和类 B 的属性和方法。

(2) 如果子类 B 中存在和父类 A 同名同参的方法,子类 B 将覆盖父类 A 中的方法,也就是说,子类 B 定义的实例只能访问子类 B 中的覆盖的方法,而父类 A 中的被覆盖的方法将被"隐藏"而不能再被访问。子类 B 中的覆盖的方法需要使用 override 关键字修饰。

(3) 父类 A 中使用 final 修饰的属性或方法,将不能被子类 B 覆盖,但子类 B 定义的实例可以访问这些属性和方法。如果一个类使用 final 修饰,那么它不能再派生新类。

(4) 在子类 B 的初始化器中不能访问父类 A 中的属性,只能借用于"super. init(参数列表)"的形式初始化父类 A 的属性。但是子类 B 的方法中可以直接使用父类中的属性和方法,对于父类中被覆盖的属性和方法可以借助"super. 属性"和"super. 方法(实际参数列表)"访问。

(5) 子类 B 可以覆盖父类 A 中同名同类型的计算属性和属性检查器。覆盖计算属性时,子类 B 可以将父类 A 中的只读计算属性覆盖为只读计算属性或可读可写计算属性,将可读可写计算属性覆盖为可读可写计算属性,但不能将可读可写计算属性覆盖为只读计算属性。子类 B 不能覆盖父类中的存储属性。

(6) 父类 A 中使用 private 定义的私有属性,只能被父类 A 中的方法访问,子类 B 不能访问。子类 B 只有通过父类 A 中的方法才能间接访问父类 A 的私有属性。在其他面向对象编程语言中,重视私有属性的应用,但是 Swift 语言不鼓励使用私有属性。

(7) 一个父类可以派生任意多个子类,但是一个子类不能同时继承自两个或多个父类。

6.7.1 继承实例

本节创建一个类 Circle,具有一个存储属性 radius,表示圆的半径;具有一个初始化器,用于初始化属性 radius;具一个函数 area,用于计算圆的面积;具有一个不可被子类覆盖的方法 peri,计算圆的周长。然后,创建类 Circle 的一个子类 Sector,子类 Sector 具有一个存储属性 angle,表示扇形的圆心角;具有一个初始化器,初始化属性 angle 和其父类的属性;具有一个覆盖方法 area,计算扇形的面积;具有一个方法 circ,计算扇形的周长。

上述两个类如程序段 6-28 所示。

程序段 6-28 继承实例

视频讲解

```
1    import Foundation
2
3    class Circle
4    {
5        var radius:Double
6        init(radius r:Double)
7        {
8            radius=r
9        }
10       func area()->Double
11       {
12           return 3.14*radius*radius
13       }
14       final func peri()->Double
15       {
16           return 2.0*3.14*radius
17       }
18   }
19   class Sector:Circle
20   {
21       var angle:Double
22       init(radius r:Double,angle a:Double)
23       {
24           angle=a
25           super.init(radius:r)
26       }
27       override func area()->Double
28       {
29           return super.area()*angle/360.0
30       }
31       func circ()->Double
32       {
33           return super.peri()*angle/360.0 + 2.0*radius //ORsuper.radius
34       }
35   }
36   var c = Circle(radius: 5.0)
37   var s = Sector(radius:5.0,angle:30.0)
38   print ( " Circle area:\ (String(format: "%6.2f", c.area())), peri:\ (String
     (format: "%6.2f",c.peri()))")
39   print("Sector area:\(String(format: "%6.2f", s.area())), Circle-peri:\(String
     (format: "%6.2f", s.peri())), Sector-peri: \(String(format: "%6.2f", s.circ()))")
```

程序段 6-28 的执行结果如图 6-14 所示。

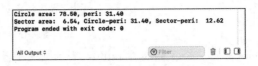

```
Circle area: 78.50, peri: 31.40
Sector area:  6.54, Circle-peri: 31.40, Sector-peri:  12.62
Program ended with exit code: 0
```
```
All Output ⌄                          ⊘ Filter              🗑 ▯ ▱
```

图 6-14 程序段 6-28 的执行结果

下面结合图 6-14 介绍程序段 6-28 的执行过程。

在程序段 6-28 中,第 3~18 行定义了类 Circle。第 5 行"var radius:Double"定义了属性 radius。第 6~9 行定义了初始化器 init,具有一个参数 r,第 8 行"radius=r"将参数 r 赋给属性 radius。第 10~13 行定义了函数 area,第 12 行"return 3.14 * radius * radius"返回圆的面积。第 14~17 行定义了函数 peri,该函数使用 final 修饰,其不能被 Circle 类的子类覆盖,用于计算圆的周长。

第 19~35 行定义了类 Circle 的子类 Sector,在 Sector 类中,第 21 行"var angle:Double"定义了属性 angle。第 22~26 行定义了初始化器 init,具有两个参数 r 和 a,将 a 赋给属性 angle,并调用父类初始化器"super.init(radius:r)"将参数 r 赋给父类属性 radius。

第 27~30 行覆盖了父类的方法 area,用于计算扇形的面积,其中第 29 行"return super.area() * angle/360.0"调用了父类的 area 方法得到扇形对应的圆的面积,再按扇形角 angle 的大小获取扇形的面积。第 31~34 行定义了方法 circ,用于计算扇形的周长,在第 33 行"return super.peri() * angle/360.0 + 2.0 * radius"中,super.peri()返回扇形对应的圆的周长,radius 或写作 super.radius 为自父类的属性,表示圆的半径。

第 36 行"var c=Circle(radius:5.0)"定义类 Circle 的实例 c。第 37 行"var s=Sector(radius:5.0,angle:30.0)"定义类 Sector 的实例 s。第 38 行计算并输出圆的面积和周长,得到"Circle area:78.50, peri:31.40"。第 39 行计算并输出扇形的面积、扇形对应的圆的周长和扇形的周长,得到"Sector area:6.54, Circle-peri:31.40, Sector-peri:12.62"。在第 39 行中,注意其中的"s.peri()",表示子类 Sector 的对象 s 调用了其父类中的方法 peri。

6.7.2 方法覆盖

在 Swift 语言中,类中函数名相同但参数不同和/或返回值类型不同的多个方法构成重载,一个类派生的子类中,出现了与其父类中同名同参且相同返回值类型的方法,该方法将"覆盖"父类中的方法,需使用 override 修饰。子类创建的实例在调用覆盖方法时,将不能调用父类中的方法,而是调用子类中覆盖的方法。可见,方法覆盖就是子类将父类中过时而不再有用的方法屏蔽掉,在子类中重新编写代码以实现新的功能。

注意:在子类中应用方法覆盖不宜将父类中的全部方法覆盖,这样就失去了继承的意义。因为继承本身是一种快速创建新类型的方法,它保留了父类的特性,又添加了新的功能。方法覆盖的原则体现为父类中可用的方法在子类不应覆盖;若一个父类中的全部方法都需要覆盖时,那么应创建一个新类,而不是创建一个子类。但是有一种特殊情况:一个类具有一些方法,但每个方法没有具体的可执行代码,创建该类只是为了让其作为父类,规范其子类中应具有哪些方法,这种情况下其子类应覆盖父类中的全部方法。程序段 6-29 介绍了这种情况。

程序段 6-29 方法覆盖实例

视频讲解

```
1    import Foundation
2
3    class Interface
```

```
4    {
5        func area()->Double
6        {
7            return 0.0
8        }
9        func peri()->Double
10       {
11           return 0.0
12       }
13   }
14   class Circle:Interface
15   {
16       var r:Double
17       init(radius r:Double)
18       {
19           self.r=r
20       }
21       override func area() -> Double
22       {
23           return 3.14*r*r
24       }
25       override func peri() -> Double
26       {
27           return 2.0*3.14*r
28       }
29   }
30   class Sector:Circle
31   {
32       var a:Double
33       init(angle a:Double, radius r:Double)
34       {
35           self.a=a
36           super.init(radius: r)
37       }
38       override func area() -> Double
39       {
40           return super.area()*a/360.0
41       }
42       override func peri() -> Double
43       {
44           return super.peri()*a/360.0+2.0*r
45       }
46   }
47   var s = Sector(angle: 30.0, radius: 10.0)
48   print("Sector area: \(String(format: "%6.2f", s.area())), peri: \(String
     (format: "%6.2f", s.peri()))")
```

在程序段 6-29 中,第 3～13 行定义了类 Interface,其中定义了两个方法 area 和 peri,这两个方法均无具有实际意义的代码。类 Interface 是作为父类创建的,其中的方法需要在其子类中被覆盖。

在第 14～29 行定义了类 Interface 的子类 Circle,第 16 行"var r:Double"定义了属性 r,表示圆的半径;第 17～20 行定义了初始化器;第 21～24 行覆盖了父类的方法 area,用于计算圆的面积;第 25～28 行覆盖了父类的方法 peri,用于计算圆的周长。

第 30～46 行定义了类 Circle 的子类 Sector。第 32 行"var a:Double"定义了属性 a,表示

扇形的圆心角。第38～41行覆盖了父类的方法 area,用于计算扇形的面积;第42～45行覆盖了父类的方法 peri,用于计算扇形的周长。

第47行"var s＝Sector(angle:30.0, radius:10.0)"定义了类 Sector 的实例 s,圆心角为30°,半径为 10.0。第48行"print("Sector area:\(String(format:"%6.2f", s.area())),peri:\(String(format:"%6.2f",s.peri())))")"调用实例 s 的 area 方法和 peri 方法输出扇形的面积和周长,得到"Sector area:26.17, peri:25.23"。

6.7.3 属性覆盖

子类除了可以覆盖父类的同名同参且相同返回值类型的方法外,还可以覆盖父类中的同名同类型的计算属性和属性检查器。在类中不允许出现同名不同类型的属性,故在子类中出现了与父名同名的计算属性时必须借助 override 实现覆盖。

属性覆盖是否有意义? 在面向对象程序设计中,类是客观事物的抽象,类的属性是类的特性体现,例如,创建一个类 Vehicle 时,需将所有交通工具的通用特性提炼出来,作为类 Vehicle 的属性,类 Vehicle 的所有子类都应具有类 Vehicle 的属性。因此,单纯的属性覆盖没有意义,而且,Swift 语言不支持存储属性覆盖。这里所谓的属性覆盖,是指在覆盖父类的存储属性时添加属性检查器,或者覆盖父类的计算属性。程序段 6-30 介绍了常用的属性覆盖方法。

视频讲解

程序段 6-30 常用的属性覆盖方法

```
1    import Foundation
2
3    class Point
4    {
5        var x: Double = 0
6        var y: Double = 0
7    }
8    class Circle
9    {
10       var r: Double = 0
11       var p: Point = Point()
12       var center: Point
13       {
14           get
15           {
16               return p
17           }
18           set
19           {
20               p = newValue
21           }
22       }
23   }
24   class Sector: Circle
25   {
26       override var r: Double
27       {
28           didSet
29           {
```

```
30              print("Setter finished.")
31          }
32      }
33      override var center: Point
34      {
35          get
36          {
37              return p
38          }
39          set
40          {
41              p = newValue
42          }
43      }
44  }
45  var s = Sector()
46  s.r = 3.0
47  var p = Point()
48  p.x=5.0; p.y=8.0
49  s.center = p
50  print("Sector radius: \(s.r), center: (\(s.p.x),\(s.p.y))")
```

在程序段 6-30 中,第 3~7 行定义了类 Point,具有 x 和 y 两个属性,表示点的坐标值。

第 8~23 行定义了类 Circle,具有一个存储属性 r,表示圆的半径;具有一个存储属性 p,表示圆心坐标;具有一个计算属性 center,其 get 方法返回 p 的值,其 set 方法设置 p 的值。

第 24~44 行定义了类 Circle 的子类 Sector。其中,第 26~32 行覆盖了父类的存储属性 r,为其添加了属性检查器,其中 didSet 方法在向属性 r 赋值后立即执行,输出提示信息"Setter finished."。第 33~43 行覆盖了父类的计算属性 center,其 get 方法返回父类的属性 p,其 set 方法将赋给 center 的值赋给父类的属性 p。

第 45 行"var s=Sector()"定义类 Sector 的实例 s。第 46 行"s.r=3.0"将 3.0 赋给实例 s 的属性 r,将调用 r 的属性检查器,赋值完成后将立即输出信息"Setter finished."。第 47 行 "var p=Point()"定义类 Point 的实例 p,第 48 行"p.x=5.0;p.y=8.0"将 5.0 赋给实例 p 的 x,将 8.0 赋给 p 的 y。第 49 行"s.center=p"将 p 赋给实例 s 的计算属性 center。第 50 行 "print("Sector radius:\(s.r),center:(\(s.p.x),\(s.p.y))")"输出实例 s 的属性 r 和 p 的 值,得到"Sector radius:3.0,center:(5.0,8.0)"。

6.8 多态

类是一种引用类型。子类定义的实例可以赋给父类的实例,例如,父类 A 定义了实例 a,父类 A 的子类 B 定义了实例 b,则语句"a=b"或者"a=b as A"可行,这里的运算符"as"表示将子类实例转换为父类类型。一般地,不能将父类实例赋给子类实例。有时需要判断一个实例属于哪个类,这时可用语句"a is A",表示判断实例 a 是否为类 A 定义的实例或者说判断实例 a 是否为 A 类类型,如果是,返回真;否则,返回假。

当一个父类派生了多个子类,并且每个子类都覆盖了父类的某一方法时,将各个子类实例赋给父类实例,借助此父类实例可以调用相应子类实例中的这个方法,称为多态。也就是说,将子类实例赋给父类实例后,该父类实例调用本身被子类覆盖的方法,将会执行子类的方法,而非父类的方法。下面通过程序段 6-31 说明多态的用法。

程序段 6-31 多态实例

```swift
1    import Foundation
2
3    class PlaneGraph
4    {
5        func area()->Double
6        {
7            return 0
8        }
9        func disp() -> String
10       {
11           "Plane graph: "
12       }
13   }
14   class Circle: PlaneGraph
15   {
16       var r: Double = 0
17       override func area() -> Double
18       {
19           return 3.14 * r * r
20       }
21       override func disp() -> String
22       {
23           "Circle: "
24       }
25   }
26   class Square: PlaneGraph
27   {
28       var s: Double = 0
29       override func area() -> Double
30       {
31           return s * s
32       }
33       override func disp() -> String
34       {
35           "Square: "
36       }
37   }
38   class Rectangle: PlaneGraph
39   {
40       var w: Double = 0
41       var h: Double = 0
42       override func area() -> Double
43       {
44           return w * h
45       }
46       override func disp() -> String
47       {
48           "Rectangle: "
49       }
50   }
51   var c = Circle()
52   var s = Square()
53   var r = Rectangle()
54   c.r = 10.0
```

```
55    s.s = 5.0
56    r.w = 12.0; r.h = 16.0
57    var p : [PlaneGraph] = []
58    p.append(c)
59    p.append(s)
60    p.append(r)
61    for e in p
62    {
63        print(e.disp(),e.area())
64    }
```

程序段 6-31 的执行结果如图 6-15 所示。

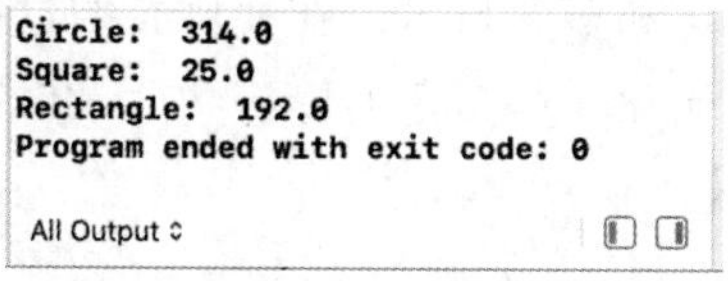

```
Circle:  314.0
Square:  25.0
Rectangle:  192.0
Program ended with exit code: 0

All Output ⌄                    ▯ ▯
```

图 6-15   程序段 6-31 的执行结果

在程序段 6-31 中,第 3~13 行定义了类 PlaneGraph,具有两个方法 area 和 disp。

第 14~25 行定义了类 PlaneGraph 的子类 Circle,具有一个存储属性 r,表示圆的半径;覆盖了父类的方法 area 和 disp,分别用于返回圆的面积和提示信息"Circle:"。

第 26~37 行定义了类 PlaneGraph 的另一个子类 Square,具有一个存储属性 s,表示正方形的边长;覆盖了父类的方法 area 和 disp,分别用于返回正方形的面积和提示信息"Square:"。

第 38~50 行定义了类 PlaneGraph 的又一个子类 Rectangle,具有两个存储属性 w 和 h,表示长方形的宽和高;覆盖了父类的方法 area 和 disp,分别用于返回长方形的面积和提示信息"Rectangle:"。

第 51 行"var c=Circle()"定义子类 Circle 的实例 c。第 52 行"var s=Square()"定义子类 Square 的实例 s。第 53 行"var r=Rectangle()"定义子类 Rectangle 的实例 r。第 54 行"c.r=10.0"将 10.0 赋给实例 c 的半径 r;第 55 行"s.s=5.0"将 5.0 赋给实例 s 的边长 s;第 56 行"r.w=12.0;r.h=16.0"将 12.0 和 16.0 分别赋给实例 r 的宽和高。

第 57 行"var p:[PlaneGraph]=[]"定义父类 PlaneGraph 类型的数组 p。第 58 行"p.append(c)"将子类 Circle 的实例 c 添加到其父类的实例数组 p 中。第 59 行"p.append(s)"将子类 Square 的实例 s 添加到其父类的实例数组 p 中。第 60 行"p.append(r)"将子类 Rectangle 的实例 r 添加到父类的实例数组 p 中。

第 61~64 行为一个 for-in 循环,其代码再次罗列如下:

```
61    for e in p
62    {
63        print(e.disp(),e.area())
64    }
```

第 61 行中,e 遍历数组 p 中的元素,所以,每个 e 均为父类数组中的实例;第 63 行中调用 e.disp() 和 e.area() 时,根据多态性,不是调用父类实例中的方法,而是调用 e 代表的子类实例中的方法。由于数组 p 内容为"[c,s,r]",所以执行第 61~64 的循环体相当于依次执行"print(c.disp(),c.area());print(s.disp(),s.area());print(r.disp(),r.area())",输出结果请参考图 6-15。

6.9 本章小结

本章是关于 Swift 语言面向对象编程的重要内容。在 Swift 语言中,面向对象特性体现在结构体和类两个类型上,结构体实现了对客观事物的抽象和对属性与方法的封装两大特性,而类实现了面向对象的抽象、封装、继承和多态四大特性。结构体属于值类型,Swift 语言鼓励使用结构体类型;类属于引用类型,比结构体在应用上稍微复杂一些。本章详细介绍了类的概念和用法,讨论了类的属性和方法,重点阐述了静态属性、存储属性和计算属性的概念和用法,分析了静态方法和实例方法的概念和用法。在此基础上,深入研究了类的初始化器、析构器和索引器等,并论述了类的继承和多态技术。在使用类的过程中,建议初学者多使用标准的指定型初始化器和实例方法,而避免一些复杂的语法功能,以快速掌握面向对象开发技术。

习题

1. 简述类与面向对象编程的思想和意义。

2. Swift 语言中类的成员有哪些种类? 讨论类属性、存储属性和 lazy 型存储属性的区别。

3. 将圆抽象为一个类,圆的半径和圆心坐标为其存储属性,计算圆的面积和两个圆间的圆心距为类中的方法,并编写 set 方法和 get 方法。

4. 由第 3 题表示圆的类派生一个表示扇形的子类,子类属性为扇形的圆心角,计算扇形的面积作为类的方法。编写程序求一个扇形的面积。

5. 将三角形抽象为一个类,三角形的三个顶点为类的属性,计算三角形的周长和面积的函数为类的两个方法,编写程序实现三角形的周长和面积的计算。

6. 编写一个复数类,具有两个属性,用于表示两个复数;具有四个方法,用于计算两个复数的加、减、乘和除法运算。要求,编写初始化器、set 方法和 get 方法,并编写程序实现两个复数的四则运算。

7. 编写一个饮料类作为基类,具有一个称为单价 price 和一个称为数量 number 的存储属性,并具有一个称为 cost 的方法。使用该基类派生两个子类,分别称为奶茶类和橙汁类,这两个类都具有一个属性 discount(表示折扣)和一个覆盖方法 cost。编写程序,要求输入奶茶和橙汁的数量和单价,计算所需的费用。

第 7 章

扩展与协议

在 Swift 语言中,程序代码分为两类:其一为类型定义,这类代码不能直接执行;其二为类型应用,或称类型实例化,这类代码为可执行代码。属于类型定义部分的代码包括定义类、结构体、枚举或协议等,还包括将这些类型进行扩展的定义部分,即这些类型可以扩展新的属性或方法。不但可以对自定义的类型进行功能扩展,而且可对已有的类型(包括无法知晓其代码的内部类型)进行功能扩展,简称"扩展"。扩展的好处在于在不需要修改原有类型定义的基础上,扩展了类型的功能;一个代码较多的类型,可以通过扩展分成几部分定义。但需要注意,一个类型扩展后,其定义的实例(包括那些在它扩展之前定义的实例)都将具有新扩展的功能。

在 Swift 语言中,类的继承只能是单继承,即每个子类只能有一个父类。事实上,存在一个子类同时具有两个或两个以上父类的方法的情况,这在 C++ 语言中可以实现,称为"多重继承",但在 Swift 语言中不支持这类继承。为了弥补这个缺陷,Swift 语言推出了协议,协议中定义一些属性或方法的声明,可以由多个协议共同"派生"一个子类,在 Swift 语言中,称这个子类"服从"这些协议。

本章将介绍扩展和协议的实现方法,同时介绍一下异常处理和嵌套类型等内容。

7.1 扩展

扩展用于向已存在的类型(例如,类、结构体、枚举和协议等)中添加新的功能,扩展甚至可以向系统类型(包括无法查阅代码的类型)中添加新的功能,但是扩展不能覆盖原类型中已有的方法,扩展也不能向类中添加新的存储属性。

扩展使用关键字 extension,其语法有如下两种。

(1)基本语法。

```
extension 已有类型
{
    //新添加的功能
}
```

(2)带协议的扩展。

```
extension 已有类型:协议 1,协议 2,…,协议 n
{
    //新添加的功能,这些功能包括所有协议中规定的功能
}
```

这种情况在介绍协议时阐述。

程序段 7-1 定义了一个类 Circle,其中只定义了一个存储属性 radius,表示圆的半径,然后,使用扩展方法为类 Circle 添加了一个计算属性 r 和一个方法 area。

程序段 7-1　扩展的基本用法实例

```
1    import Foundation
2    class Circle
3    {
4        var radius : Double = 0
5    }
6    let c = Circle()
7    extension Circle
8    {
9        var r : Double
10       {
11           get
12           {
13               return radius
14           }
15           set
16           {
17               radius = newValue
18           }
19       }
20   }
21   extension Circle
22   {
23       func area() -> Double
24       {
25           return 3.14 * r * r
26       }
27   }
28   c.r = 10
29   print("Circle's Area: \(c.area()).")
```

在程序段 7-1 中,第 2～5 行定义了类 Circle,其中,只有一行代码,即第 4 行"var radius: Double＝0",用于定义存储属性 radius,表示圆的半径。

第 6 行"let c＝Circle()"定义类 Circle 的实例 c。

第 7～20 行为类 Circle 扩展了一个计算属性 r,其 get 方法表示读 r 时将读取存储属性 radius 的值;其 set 方法表示写 r 时将赋给 r 的值赋给 radius。

第 21～27 行为类 Circle 扩展了一个方法 area,用于计算圆的面积。

由上述两个扩展可知:①可以将所有扩展的内容合并于类 Circle 的定义中,从而省略扩展;②类及其所有扩展的内容中的属性和方法均可以相互调用,即类的扩展中的部分和类内部的部分具有相同的作用域;③类的扩展属于类的定义部分,其扩大了类的定义内容,将影响到类定义的所有实例,包括类在扩展之前定义的实例。这里在第 6 行定义了类 Circle 的实例 c,然后,在第 7～27 行对类 Circle 进行了两次扩展,这些扩展将影响到 c,即实例 c 将具有计算属性 r 和方法 area。

第 28 行"c.r＝10"将 10 赋值给实例 c 的计算属性 r。

第 29 行"print("Circle's Area:\(c.area()).")"调用实例 c 的 area 方法输出圆的面积,得到"Circle's Area: 314.0."。

7.1.1　计算属性扩展

扩展只能向类中添加计算属性,而不能向类中添加存储属性和属性检查器,这符合类的设计原则,因为类的存储属性是在设计类时构造的体现该类的本质特征,如果这些特征可以被扩展,说明类在构造时是不成功的,所以,Swift 语言不允许扩展类的存储属性。Swift 语言支持向已有的自定义类型或者系统类型扩展计算属性,例如在程序段 7-1 中向类 Circle 中添加了一个计算属性 r,程序段 7-2 向系统类型 Int 中添加了一个只读的计算属性 length,表示整数包含的有效数字个数。

视频讲解

程序段 7-2　计算属性扩展实例

```
1    import Foundation
2
3    extension Int
4    {
5        var length : Int
6        {
7            get
8            {
9                var len = 0
10               var v = abs(self)
11               while v > 0
12               {
13                   len += 1
14                   v /= 10
15               }
16               return len
17           }
18       }
19   }
20   print("(-8764)'s length: \((-8764).length)")
21   let val = 191172
22   print("\(val)'s length: \(val.length)")
```

在程序段 7-2 中,第 3～19 行对系统类型 Int 进行了扩展,添加了一个计算属性 length,用于得到一个整数的有效数字个数。在第 7～17 行的 get 语句组中,第 9 行"var len＝0"定义变量 len,赋初始值为 0,用于保存整数中的有效数字个数;第 10 行"var v＝abs(self)"中 self 表示当前整数,这里将当前整数的绝对值赋给变量 v;第 11～15 行为一个 while 结构,循环执行:如果 v 大于 0,则 len 自增 1,然后,十进制数 v 右移一位。第 16 行"return len"返回 len的值。

第 20 行"print("(－8764)'s length:\((－8764).length)")"输出"(－8764)'s length:4";第 21 行"let val＝191172"定义常量 val,其值为 191172;第 22 行"print("\(val)'s length:\(val.length)")"打印 val 的有效数字个数,得到"191172's length:6"。

注意:扩展可以向类、结构体等添加静态属性。

7.1.2　初始化器扩展

扩展可以向类和结构体等类型中添加新的初始化器,但是只能添加借用型初始化器,不能添加指定型初始化器,也不能向类中添加析构器。如果类和结构体中没有显式的初始化器,扩展的初始化器可以调用它们默认的初始化器。

程序段 7-3 中定义了一个结构体 Circle,具有一个属性 radius,表示圆的半径,不具有显式的初始化器。然后,扩展结构体 Circle,添加一个初始化器,调用结构体 Circle 默认的面向元素的初始化器。

程序段 7-3　初始化器扩展实例

视频讲解

```
1    import Foundation
2
3    struct Circle
4    {
5        var radius : Double = 0
6    }
7    extension Circle
8    {
9        init(diameter d : Double)
10       {
11           self.init(radius: d/2.0)
12       }
13   }
14   var c = Circle(diameter: 12.5)
15   print("Circle's radius: \(c.radius)")
```

在程序段 7-3 中,第 3～6 行定义了结构体 Circle,具有一个属性 radius,表示圆的半径。第 7～13 行为结构体 Circle 的扩展,这里向结构体 Circle 中添加了一个显式的初始化器 init,具有一个参数 d,表示圆的直径;第 11 行"self. init(radius:d/2.0)"调用了结构体 Circle 的默认的初始化器。

第 14 行"var c＝Circle(diameter:12.5)"创建结构体 Circle 的实例 c,使用了结构体 Circle 的扩展部分中的初始化器,将圆的直径设为 12.5。第 15 行"print("Circle's radius:\(c. radius)")"输出实例 c 对应的圆的半径,得到"Circle's radius:6.25"。

7.1.3　方法扩展

扩展可以向类、结构体等类型中添加实例方法和静态方法。对于结构体这种值类型而言,当扩展的方法需要修改结构体的属性时,需要使用 mutating 关键字修饰新添加的方法。

程序段 7-4 中扩展了系统类型 Double,添加了两个方法,分别用于计算双精度浮点数 x 的 n 次方和计算 x 的整数部分与小数部分。

程序段 7-4　方法扩展实例

视频讲解

```
1    import Foundation
2
3    func power(_ x:Double, _ n:Int)->Double
4    {
5        if n<=1
6        {
7            return x
8        }
9        return x * power(x,n-1)
10   }
11   extension Double
12   {
```

```
13        mutating func pow(power:(Double,Int)->Double,n:Int)
14        {
15             self = power(self,n)
16        }
17        func parts()->(Int,Double)
18        {
19             var ip:Int
20             var dp:Double
21             ip = Int(self)
22             dp = self - Double(ip)
23             return (ip,dp)
24        }
25    }
26    var x = 3.5
27    let n = 4
28    x.pow(power: power, n: n)
29    print("x = \(x)")
30    let (ip,vp) = x.parts()
31    print("(Integer part,Digital part) = (\(ip),\(vp))")
```

程序段 7-4 的执行结果如图 7-1 所示。

图 7-1 程序段 7-4 的执行结果

下面结合图 7-1 介绍程序段 7-4 中的程序代码。

在程序段 7-4 中，第 3~10 行定义了一个函数 power，用于计算 x 的 n 次方（n 为正整数）。

第 11~25 行为扩展类型 Double 的部分，其中，第 13~16 行添加了函数 pow，具有一个函数类型的参数 power 和一个整型参数 n，第 15 行"self＝power(self,n)"将 self 和 n 作为函数参数 power 的参数，计算结果赋给 self。这里由于修改了 self 的值，所以函数 pow 使用了 mutating 关键字修饰。

第 17~24 行添加了函数 parts，返回一个具有两个元素的元组，其第一个元素为整型，第二个元素为双精度浮点型。第 19 行"var ip:Int"定义整型变量 ip；第 20 行"var dp:Double"定义双精度浮点型变量 dp；第 21 行"ip＝Int(self)"将 self 取整后赋给 ip；第 22 行"dp＝self - Double(ip)"将 self 减去其整数部分后的小数部分赋给 dp；第 23 行"return (ip,dp)"返回包含 self 的整数部分和小数部分的元组。

第 26 行"var x＝3.5"定义变量 x，赋值为 3.5，这里根据赋给 x 的值自动推断 x 的类型为双精度浮点型；第 27 行"let n＝4"定义整型常量 n，其值为 4。第 28 行"x. pow(power: power，n:n)"调用 x 的 pow 方法计算 x 的 n 次方；第 29 行"print("x＝\(x)")"输出 x 的值，得到"x＝150.0625"；第 30 行"let (ip,vp)＝x. parts()"定义元组常量(ip,vp)，并用 x 的 parts 方法的计算结果初始化该元组；第 31 行"print("(Integer part，Digital part)＝(\(ip)，\(vp))")"打印 x 的整数部分和小数部分，得到"(Integer part，Digital part)＝(150,0.0625)"。

注意：尽管扩展可向类和结构体等类型中添加新的方法，但是扩展的方法不能覆盖类型中的原有方法。

7.1.4 索引器扩展

视频讲解

扩展可为类、结构体等类型添加索引器。程序段 7-5 扩展了系统类型 Int,为其添加了一个索引器,返回整数的索引位置的数字。

程序段 7-5 索引器扩展实例

```
1    import Foundation
2
3    extension Int
4    {
5        subscript(_ index: Int)->Int
6        {
7            var v : Int = self
8            for _ in 0..<index
9            {
10               v = v / 10
11           }
12           return v % 10
13       }
14   }
15   let v = 7369204
16   for i in 0..<10
17   {
18       print(v[9-i], terminator: " ")
19   }
20   print()
```

在程序段 7-5 中,第 3～14 行扩展了系统类型 Int,为其添加了索引器。第 7 行"var v:Int＝self"定义变量 v,赋初值为 self;第 8～11 行为一个 for-in 结构,为得到 v 的第 index 位置的数字,这个循环结构将十进制数 v 向右移动 index-1 个位置;第 12 行"return v ％ 10"返回第 index 位置处的数字。

第 15 行"let v＝7369204"定义常量 v,赋初值为 7369204。第 16～19 行为一个 for-in 结构,使用索引器输出 v 各个索引位置处的数字,这里得到"0 0 0 7 3 6 9 2 0 4"。注意,整数个位上的数字对应的索引号为 0,索引号超过整数的数位长度时对应的值均为 0。第 20 行"print()"输出一个空行。

7.1.5 嵌套类型扩展

视频讲解

扩展可以在已有类型中添加新的类型定义,新添加的类型称为嵌套类型。

程序段 7-6 扩展了系统类型 Int,在其中添加了自定义枚举类型 Sign,并添加了一个计算属性 sign 和一个方法 printSign,用于输出整数的符号。

程序段 7-6 嵌套类型扩展实例

```
1    import Foundation
2
3    extension Int
4    {
5        enum Sign
6        {
7            case negative,zero,positive
```

```
 8            }
 9        var sign:Sign
10        {
11            switch self
12            {
13            case 0:
14                return .zero
15            case let x where x>0:
16                return .positive
17            default:
18                return .negative
19            }
20        }
21        func printSign()
22        {
23            switch self.sign
24            {
25            case .negative:
26                print("-",terminator: "")
27            case .zero:
28                print("0",terminator: "")
29            case .positive:
30                print("+",terminator: "")
31            }
32        }
33    }
34    for e in [3,9,0,-5,4,3,15,-2,-10,0,8]
35    {
36        e.printSign()
37    }
38    print()
```

在程序段 7-6 中,第 3～33 行扩展了系统类型 Int,其中,第 5～8 行添加了自定义的枚举类型 Sign,其元素为 negative、zero 和 positive,依次表示负、零和正。第 9～20 行添加了计算属性 sign,根据 self 的值返回其枚举类型的值,当 self 为 0 时,返回枚举值 zero;当 self 为正时,返回枚举值 positive;否则,返回枚举值 negative。第 21～32 行添加了方法 printSign,根据 self 的枚举值返回其符号,如果 self 的枚举值为 negative,则返回"－"号;如果 self 的枚举值为 zero,则返回 0;如果 self 的枚举值为 positive,则返回"＋"号。

第 34～37 行为一个 for-in 结构,元素 e 在数组"[3,9,0,−5,4,3,15,−2,−10,0,8]"中遍历,对每个元素 e,执行第 36 行"e.printSign()"输出 e 对应的符号,得到"＋＋0−＋＋＋＋−−0＋"。第 38 行"print()"输出一个空行。

7.2　协议

协议是只能包含一些方法和属性的声明的一种新类型,当一个类、结构体或枚举类型等"遵守"或"服从"该协议时,必须实现协议中的方法和属性。协议的重要性体现在以下几方面。

(1) 一个类、结构体或枚举类型等可以服从多个协议。当一个类服从多个协议时,可以认为多个协议共同"派生"出一个包含这些协议功能的类,弥补了 Swift 语言不能实现多个父类共同派生一个子类的多重继承问题。

(2) 协议可视为一种类型,服从同一个协议的类、结构体等类型创建的实例,可以视为该协议类型的实例,这样可以借助协议类型的数组遍历这些实例。协议类型可以作为常量类型、变量类型、属性类型、函数或方法的参数类型等。

(3) 协议提供了方法和属性的"接口",有时程序员更关心"接口",而不关心这些方法和属性的具体实现方法。

(4) 协议可以实现委派功能,即可以将一个类或结构体的部分功能"委托"其他类型的实例完成。

(5) 协议可以实现模糊类型,这部分在第 8 章中介绍。

定义协议使用关键字 protocol,其语法有以下几种。

(1) 定义一个协议的基本语法为

```
protocol 协议名
{
    //一些方法和属性的声明
}
```

(2) 定义一个结构体,服从一个或多个协议,其语法为

```
struct 结构体名：协议 1, 协议 2, …, 协议 n
{
    //结构体语句组,包含对其服从的全部协议中的方法和属性的实现语句
}
```

(3) 定义一个类,服从一个或多个协议,其语法为

```
class 类名：协议 1, 协议 2, …, 协议 n
{
    //类的语句组,包含对其服从的全部协议中的方法和属性的实现语句
}
```

(4) 定义一个类继承自一个父类的同时,服从一个或多个协议,其语法为

```
class 类名：父类名, 协议 1, 协议 2, …, 协议 n
{
    //类的语句组,包含对父类存储属性的初始化以及其服务的全部协议中的方法
    //和属性的实现语句
}
```

(5) 通过扩展类或结构体等类型的方式,使现有的类型服从一个或多个协议,这里以类为例,其语法为

```
extension 类名：协议名
{
    //服从的协议中的方法和属性的实现语句
}
```

(6) 定义只适用于类(不适用于结构体和枚举等类型)的协议,其语法为

```
protocol 协议名：AnyObject
{
    //一些方法和属性的声明
}
```

在 Swift 语言中,Any 用于表示任意类型,而 AnyObject 表示任意类的类型。程序段 7-7介绍了 Any 和 AnyObject 类型的区别。

程序段 7-7 Any 类型与 AnyObject 类型的区别

视频讲解

```
1    import Foundation
2
3    var i : Int = 3
4    var d : Double = 5.5
5    var s : String = "Hello"
6    var a : [Int] = [1, 3, 5]
7    var t = (1, 3)
8    var arr1 : [Any] = [i, d, s, a, t]
9    for e in arr1
10   {
11       print(e)
12   }
13
14   class C1
15   {
16       var p1 = 10
17   }
18   class C2
19   {
20       var p2 = 15
21   }
22   let c1 = C1(), c2=C2()
23   var arr2 : [AnyObject] = [c1, c2]
24   for e in arr2
25   {
26      if let x = e as? C1
27      {
28          print(x.p1)
29      }
30      if let x = e as? C2
31      {
32          print(x.p2)
33      }
34   }
```

在程序段 7-7 中,第 3~7 行依次定义了整型变量 i、双精度浮点型变量 d、字符串变量 s、整型数组 a 和元组 t,第 8 行定义了 Any 类型的数组 arr1,使用包含 i、d、s、a 和 t 的数组初始化 arr1。可见,Any 类型的变量可以保存任意类型的数据。

第 9~12 行为一个 for-in 结构,e 遍历 arr1,输出 e 的值,将得到数组 arr1 中的各个元素的值。

第 14~17 行定义了类 C1,具有一个存储属性 p1;第 18~21 行定义了类 C2,具有一个存储属性 p2。第 22 行"let c1＝C1(),c2＝C2()"定义了类 C1 的实例 c1 和类 C2 的实例 c2。第 23 行"var arr2：[AnyObject]＝[c1,c2]"定义了 AnyObject 类型的数组 arr2,并将包含了两个类的实例的数组"[c1,c2]"赋给 arr2。可见,AnyObject 类型的变量可以保存任意类定义的实例。注意,这里将 AnyObject 转换成 Any,程序仍然正常工作,说明 Any 类型定义的变量可以保存任意类型的实例。但是 AnyObject 类型定义的变量仅能保存类定义的实例。

第 24~34 行为一个 for-in 结构,e 遍历数组 arr2,如果第 26 行"if let x＝e as? C1"成立,即 e 为 C1 类型的实例,则执行第 28 行"print(x. p1)"输出其 p1 属性的值;如果第 30 行"if let x＝e as? C2"成立,即 e 为 C2 类型的实例,则执行第 32 行"print(x. p2)"输出属性 p2 的值。

程序段 7-7 的执行结果如图 7-2 所示。

程序段 7-8 介绍了协议的定义与应用方法。这里定义了两个协议 AreaPro 和 PerimeterPro,各声明了一个方法 area 和 perimeter,然后,定义了类 Circle 和 Rectangle,均服从这两个协议。

视频讲解

```
3
5.5
Hello
[1, 3, 5]
(1, 3)
10
15
Program ended with exit code: 0

All Output ◇
```

图 7-2　程序段 7-7 的执行结果

程序段 7-8　协议定义与应用实例

```
1    import Foundation
2
3    protocol AreaPro
4    {
5        func area()->Double
6    }
7    protocol PerimeterPro
8    {
9        func perimeter()->Double
10   }
11   class Circle : AreaPro, PerimeterPro
12   {
13       var radius:Double = 0.0
14       init(radius r:Double)
15       {
16           radius = r
17       }
18       func area() -> Double
19       {
20           return 3.14*radius *radius
21       }
22       func perimeter() -> Double
23       {
24           return 2.0*3.14*radius
25       }
26   }
27   class Rectangle : AreaPro, PerimeterPro
28   {
29       var width,height : Double
30       init(width w:Double, height h:Double)
31       {
32           width = w
33           height = h
34       }
35       func area() -> Double
36       {
37           return width *height
38       }
39       func perimeter() -> Double
40       {
41           return 2.0 *(width+height)
42       }
43   }
44   var c = Circle(radius: 4.0)
45   var r = Rectangle(width: 3.0, height: 4.0)
46   print("Circle's area: \(c.area()), perimeter: \(c.perimeter())")
47   print("Rectangle's area: \(r.area()), perimeter: \(r.perimeter())")
```

```
48    var p1 : [AreaPro] = [c,r]
49    print("Circle's area: \(p1[0].area()), Rectangle's area: \(p1[1].area())")
50    var p2 : [PerimeterPro] = [c,r]
51    print("Circle's perimeter: \(p2[0].perimeter()), Rectangle's perimeter:
      \(p2[1].perimeter())")
```

程序段 7-8 的执行结果如图 7-3 所示。

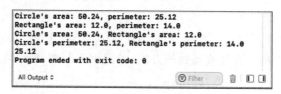

图 7-3 程序段 7-8 的执行结果

下面结合图 7-3 介绍程序段 7-8 的程序代码。

在程序段 7-8 中,第 3～6 行定义了协议 AreaPro,其中声明了一个方法 area,无参数,具有双精度浮点型返回值。

第 7～10 行定义了协议 PerimeterPro,其中声明了一个方法 perimeter,无参数,具有双精度浮点型返回值。

第 11～26 行定义了类 Circle,同时服从两个协议 AreaPro 和 PerimeterPro,故 Circle 类中要实现这两个协议中声明的全部方法。第 13 行"var radius:Double = 0.0"定义存储属性 radius,表示圆的半径,赋初值为 0。第 14～17 行为初始化器。第 18～21 行实现了协议 AreaPro 中的方法 area,用于计算圆的面积;第 22～25 行实现了协议 PerimeterPro 中的方法 perimeter,用于计算圆的周长。

第 27～43 行定义了类 Rectangle,同时服从两个协议 AreaPro 和 PerimeterPro,故 Rectangle 类中要实现这两个协议中声明的全部方法。第 29 行"var width,height:Double"定义了两个存储属性 width 和 height,分别表示矩形的宽和高。第 30～34 行为初始化器。第 35～38 行实现了协议 AreaPro 中的方法 area,用于计算矩形的面积;第 39～42 行实现了协议 perimeterPro 中的方法 perimeter,用于计算矩形的周长。

第 44 行"var c=Circle(radius:4.0)"定义类 Circle 的实例 c,其半径为 4.0。第 45 行"var r=Rectangle(width:3.0, height:4.0)"定义类 Rectangle 的实例 r,其宽为 3.0,高为 4.0。第 46 行"print("Circle's area:\(c.area()), perimeter:\(c.perimeter())")"输出实例 c 表示的圆的面积和周长,得到"Circle's area:50.24, perimeter:25.12"。可见,类定义的实例可以直接调用其服务的协议中的方法。第 47 行"print("Rectangle's area:\(r.area()), perimeter:\(r.perimeter())")"输出实例 r 表示的矩形的面积和周长,得到"Rectangle's area:12.0, perimeter:14.0"。

第 48 行"var p1:[AreaPro]=[c,r]"定义协议 AreaPro 类型的数组 p1,将 c 和 r 组成的数组赋给 p1。可见,协议也是一种类型,凡是服从该协议的类型定义的实例均可以赋给协议定义的实例。第 49 行"print("Circle's area:\(p1[0].area()), Rectangle's area:\(p1[1].area())")"输出圆和矩形的面积,得到"Circle's area:50.24, Rectangle's area:12.0"。注意,由于 p1 为协议 AreaPro 类型的数组变量,故其成员只能调用 AreaPro 协议中的方法,即只能调用 area 方法,而不能调用其他的方法。

第 50 行"var p2:[PerimeterPro]=[c,r]"定义协议 Perimeter 类型的数组 p2,将 c 和 r 组

成的数组赋给 p2。第 51 行"print("Circle's perimeter:\(p2[0]. perimeter()), Rectangle's perimeter:\(p2[1]. perimeter())")"输出圆和矩形的周长,得到"Circle's perimeter:25.12, Rectangle's perimeter:14.0"。注意,这里 p2 为协议 PerimeterPro 类型的数组,其元素只能访问该协议中的方法,即只能访问 perimeter 方法,而不能访问其他的方法。

由于 Swift 语言是强类型检查的语言,由协议类型定义的变量或常量实例仅能访问协议中声明的方法,如第 48 行和第 50 行的 p1 和 p2 所示。例如,这里的 p1[0]仅能访问 area 方法,而不能访问 perimeter 方法,因为 p1[0]是 AreaPro 类型。同时,由于 p1[0]中保存了 c,故若想让 p1[0]访问 perimeter 方法或其他的方法,可使用强制类型转换,例如:

```
print((p1[0] as! Circle).perimeter())
```

这样就可以输出圆的周长,得到"25.12"。

7.2.1 属性协议

协议中可以声明属性,其声明的属性必须为变量,如果为只读属性,则声明属性时指定 get 关键字;如果声明可读可写属性,则声明属性时指定 get set 关键字组合,其语法为

```
protocol 协议名
{
    var 变量名:变量类型{get}                //声明只读属性
    var 变量名:变量类型{get set}            //声明可读可写属性
    static var 变量名:变量类型{get set}     //声明可读可写的静态属性
}
```

在协议中声明实例属性时不能指定属性为存储属性还是计算属性,当定义服从该协议的类时,可根据需要将实例属性实现为存储属性或计算属性。此外,协议中可以声明静态属性。程序段 7-9 介绍了协议中声明属性的用法。

程序段 7-9   声明属性的协议用法

```
1     import Foundation
2
3     protocol NamePro
4     {
5         var name : String {get set}
6     }
7     struct Point : NamePro
8     {
9         var x,y:Double
10        var name:String
11    }
12    class Circle : NamePro
13    {
14        var radius : Double
15        var center : Point
16        var name : String
17        init(radius r:Double,center c:Point,name n:String)
18        {
19            radius = r
20            center = c
21            name = n
22        }
23    }
```

```
24    var p = Point(x:1.0,y:1.0,name: "A Point")
25    var c = Circle(radius: 4.0, center: p, name: "A Circle")
26    print(c.center.name,", ",c.name)
27    var name : NamePro = c
28    print(name.name)
29    name = p
30    print(name.name)
```

在程序段 7-9 中,第 3～6 行定义了协议 NamePro,其中第 5 行声明了一个可读可写属性 name。

第 7～11 行定义了一个结构体 Point,服从协议 NamePro,故必须在结构体 Point 中定义协议 NamePro 中的 name 属性。这里,在 Point 结构体中,第 9 行定义了双精度浮点型变量 x 和 y,表示点的坐标;第 10 行"var name:String"定义了 name 变量,为协议 NamePro 中声明的 name 变量的定义部分。

第 12～23 行定义了一个类 Circle,服从协议 NamePro,故在类 Circle 中必须定义协议 NamePro 中声明的属性 name。这里,在类 Circle 中,第 14 行"var radius:Double"定义属性 radius,存储圆的半径;第 15 行"var center:Point"定义属性 center,存储圆的圆心坐标;第 16 行"var name:String"定义协议 NamePro 中声明的变量 name。第 17～22 行为初始化器。

第 24 行"var p＝Point(x:1.0,y:1.0,name:"A Point")"定义结构体 Point 类型的变量 p (也可称实例 p,但需注意结构体为值类型),采用结构体默认的面向元素的初始化器,将其 name 属性赋为"A Point"。第 25 行"var c＝Circle(radius:4.0, center:p, name:"A Circle")"定义类 Circle 的实例 c,设置圆的属性 name 为"A Circle"。

第 26 行"print(c. center. name,", ",c. name)"输出圆心的名称和圆的名称,得到"A Point,A Circle"。第 27 行"var name:NamePro＝c"定义协议 NamePro 类型的实例 name,赋值为 c。第 28 行"print(name. name)"输出圆的名称,得到"A Circle"。注意,这里的 name 实例只能访问 name 属性,因为 name 实例是协议 NamePro 定义的实例;如果使用 name 实例访问实例 c 中的其余属性或方法,需使用强制类型转换(as!)。第 29 行"name＝p"将 p 赋给 name。第 30 行"print(name. name)"将输出实例 p 对应的点的名称,得到"A Point"。

现在考虑以下几条语句的执行结果:

```
31    name = c
32    name.name = "B Point"
33    print(c.name)
34    print(name.name)
35    name = p
36    name.name = "C Point"
37    print(p.name)
38    print(name.name)
```

第 31 行将实例 c 赋给 name,然后,第 32 行将字符串"B Point"赋给 name.name,第 33 行输出 c. name 的值,第 34 行输出 name. name 的值。由于实例 c 是类 Circle 的实例,属于引用类型,故此时的 name 和 c 在内存中指向同一个实例,即两者占用相同的存储空间,因此,第 33 行和第 34 行的输出均为"B Point"。

现在,第 35 行将 p 赋给 name,第 36 行将字符串"C Point"赋给 name. name,第 37 行输出 p. name,第 38 行输出 name. name。由于 p 为结构体定义的变量,属于值类型,故 name 和 p 将分别占用不同的内存空间,于是,第 36 行的赋值不会影响到变量 p,故第 37 行输出 p. name

时仍为"A Point"；而第 38 行输出 name.name 时将得到"C Point"。

7.2.2 方法协议

协议中可声明实例方法和静态方法，方法可以使用各种参数或可变参数，但不能为参数指定默认值。若协议的方法将修改服从它的结构体的属性时，需要为其指定关键字 mutating，但是若该方法也出现在服从该协议的类中，则在类中定义该方法的实现体时省略 mutating 关键字。协议中声明方法的语法有以下三种：

```
protocol 协议名
{
    func    方法名(参数列表) ->返回值类型          //这是实例方法,参数列表可为空
                                                //返回值类型可为空
    static func 方法名(参数列表) ->返回值类型       //这是静态方法,参数列表可为空
                                                //返回值类型可为空
    mutating func 方法名(参数列表) ->返回值类型  //这是实例方法,参数列表可为空
                                                //返回值类型可为空,mutating关
                                                //键字仅出现在服从该协议的结构体或枚举体中
}
```

注意：①如果在协议中声明的方法将试图改变服从它的值类型的属性时，应添加 mutating 关键字；②若协议中有带 mutating 关键字的方法，并且一个类服从了该协议，则在类中实现这种方法时不需要带 mutating 关键字；③协议中的方法的参数列表一般为空，因为协议中的方法将使用服从这个协议的类型中的属性，但参数列表可以为非空。

程序段 7-10 介绍协议中声明方法的实例。这里定义了协议 Distance，其中声明了两个方法，方法名均为 dist，分别用于计算一个点到原点的距离和两个点间的距离。

程序段 7-10 协议中声明方法的实例

```
1    import Foundation
2
3    struct Point
4    {
5        var x, y:Double
6    }
7    protocol Distance
8    {
9        func dist() -> Double
10       func dist(point p:Point2D) -> Double
11   }
12   class Point2D : Distance
13   {
14       var point:Point
15       init(point p:Point)
16       {
17           point = p
18       }
19       func dist() -> Double
20       {
21           return sqrt(point.x *point.x+point.y *point.y)
22       }
23       func dist(point p:Point2D) -> Double
24       {
25           return sqrt((p.point.x-point.x) * (p.point.x-point.x) +(p.point.y-
```

视频讲解

```
               point.y)*(p.point.y-point.y))
26        }
27    }
28    var p1 = Point2D(point: Point(x: 3.0, y: 4.0))
29    var p2 = Point2D(point: Point(x: 10.0, y: 12.0))
30    print("The distance to origin: \(p1.dist())")
31    print("The distance between p1 and p2: "+String(format: "%5.2f", p1.dist(point:
      p2)))
```

在程序段 7-10 中,第 3~6 行定义了结构体 Point,其中定义了两个属性 x 和 y。

第 7~11 行定义了协议 Distance,其中声明了两个方法,两个方法的方法名均为 dist,返回值均为 Double,其中无参数的 dist 用于计算一个点至坐标原点的距离;带有一个 Point2D 类型参数的 dist 用于计算两个点间的距离。

第 12~27 行定义了类 Point2D,服从协议 Distance,其中必须为协议 Distance 中声明的全部方法提供实现部分。这里,第 14 行"var point:Point"定义了存储属性 point,用于保存点的坐标。第 15~18 行为初始化器。第 19~22 行实现了协议 Distance 中声明的方法 dist,第 23 行返回当前属性 point 至坐标原点的距离;第 23~26 行实现了协议 Distance 中声明的带参数方法 dist,第 25 行返回当前属性 point 与参数 p 表示的点之间的距离。

第 28 行"var p1=Point2D(point:Point(x:3.0, y:4.0))"定义类 Point2D 的实例 p1,其坐标为(3.0, 4.0)。第 29 行"var p2=Point2D(point:Point(x:10.0, y:12.0))"定义类 Point2D 的实例 p2,其坐标为(10.0, 12.0)。第 30 行"print("The distance to origin:\(p1.dist())")"输出 p1 点至坐标原点的距离,得到"The distance to origin:5.0"。第 31 行"print("The distance between p1 and p2:"+String(format:"%5.2f", p1.dist(point:p2)))"输出 p1 和 p2 之间的距离,得到"The distance between p1 and p2:10.63"。

7.2.3 初始化器协议

协议中可以声明初始化器,声明的初始化器可以被类实现为指定型初始化器,也可以实现为借助型初始化器。在服从带有初始化器的协议的类中,实现协议声明的初始化器时需要添加 required 关键字。

注意:①如果类被定义为 final 类型,即类为不可再派生子类的类,此时,在该类中实现协议中声明的初始化器时,不需要指定 required 关键字;②如果一个子类在继承了某个父类的同时,还服从了声明了初始化器的协议,则在该子类中实现初始化器时,需要使用 required override 关键字组合进行修饰;③协议中声明的带容错能力的初始化器,在服从该协议的类中实现时,可以使用带容错能力的初始化器,也可以使用不带容错能力的初始化器实现;但是,协议中声明的不带容错能力的初始化器,在服从该协议的类中,必须使用不带容错能力的初始化器实现,或者使用具有可隐式解包容错能力的初始化器实现。

程序段 7-11 介绍协议中声明初始化器的实例,注意协议的作用在于规定一些通用的方法,如果一个协议中带有初始化器声明,往往是声明一种类似于默认功能的初始化器,可以约束服从该协议的类均实现这种初始化器,以免忘记定义显式的指定型初始化器。

程序段 7-11 协议中声明初始化器的实例

```
1    import Foundation
2
3    protocol InitPro
```

视频讲解

```
4    {
5        init()
6    }
7    class Circle : InitPro
8    {
9        var r:Double
10       required init()
11       {
12           r = 0.0
13       }
14   }
15   class Rectangle : InitPro
16   {
17       var w,h:Double
18       required init()
19       {
20           w=0.0; h=0.0
21       }
22   }
23   var cir = Circle()
24   var rect = Rectangle()
25   cir.r = 1.0
26   rect.w = 2.0
27   rect.h = 3.0
28   print("Circle's radius: \(cir.r), Rectangle's width: \(rect.w), and height:
     \(rect.h)")
```

在程序段 7-11 中,第 3~6 行定义了协议 InitPro,其中声明了一个初始化器 init,不带参数,要求凡是服从该协议的类必须实现该初始化器。

第 7~14 行定义了类 Circle,服从协议 InitPro。在类 Circle 中,第 9 行定义了存储属性 r;第 10~13 行实现了协议 InitPro 中声明的初始化器 init。

第 15~22 行定义了类 Rectangle,服从协议 InitPro。在类 Rectangle 中,第 17 行定义了存储属性 w 和 h;第 18~21 行实现了协议 InitPro 中声明的初始化器 init。

在上面的两个类中,服从协议 InitPro 的作用在于必须显式定义一个指定型初始化器 init。第 23 行"var cir=Circle()"定义类 Circle 的实例 cir;第 24 行"var rect=Rectangle()"定义类 Rectangle 的实例 rect。第 25 行"cir.r=1.0"将 1.0 赋给 cir 的属性 r;第 26 行"rect.w=2.0"将 2.0 赋给 rect 的属性 w;第 27 行"rect.h=3.0"将 3.0 赋给 rect 的属性 h。第 28 行"print("Circle's radius:\(cir.r), Rectangle's width:\(rect.w), and height:\(rect.h)")"输出圆的半径和矩形的宽与高,得到"Circle's radius:1.0, Rectangle's width:2.0, and height:3.0"。

7.2.4　委派机制

委派机制是指借助协议将一个类或结构体的部分功能由另一个类或结构体实现,这种机制的优点表现为,在不改变某个类或结构体类型代码的前提下,通过改变其"委派"的类或结构体的实现方法,实现不同的功能。

程序段 7-12 中展示了委派机制的特点,这里定义了一个协议 DlgPro,声明了一个方法 measure。然后,定义了两个类 Area 和 Peri,均服从协议 DlgPro。接着,定义了类 Circle,其中的 calc 方法委派其他类中的方法实现,这里根据委派的类不同,实现不同的功能。

视频讲解

程序段 7-12 委派机制应用实例

```
1    import Foundation
2
3    protocol DlgPro : AnyObject
4    {
5        func measure(radius r:Double) -> Double
6    }
7    class Area : DlgPro
8    {
9        func measure(radius r:Double) -> Double
10       {
11           return 3.14*r*r
12       }
13   }
14   class Peri : DlgPro
15   {
16       func measure(radius r: Double) -> Double
17       {
18           return 2.0*3.14*r
19       }
20   }
21   class Circle
22   {
23       var radius:Double
24       init(radius r:Double)
25       {
26           radius=r
27       }
28       weak var dlg : DlgPro?
29       func calc() -> Double
30       {
31           if let x = dlg?.measure(radius: radius)
32           {
33               return x
34           }
35           else
36           {
37               return 0.0
38           }
39       }
40   }
41   var cir = Circle(radius: 4.0)
42   let area = Area()
43   cir.dlg = area
44   print("Circle's area:",cir.calc())
45   let peri = Peri()
46   cir.dlg = peri
47   print("Circle's perimeter:",cir.calc())
```

在程序段 7-12 中,第 3~6 行定义了协议 DlgPro,继承自 AnyObject 类型表示协议 DlgPro 仅能施加于类,即只有类才能服从该协议。其中,声明了方法 measure,具有一双精度浮点型的参数 r,返回双精度浮点型的函数值。

第 7~13 行定义了类 Area,服从协议 DlgPro。第 9~12 行实现了协议 DlgPro 中声明的方法 measure,这里将 r 视为圆的半径,返回圆的面积。

第14～20行定义了类Peri,服务协议DlgPro。第16～19行实现了协议DlgPro中声明的方法measure,这里将r视为圆的半径,返回圆的周长。

第21～40定义了类Circle。第23行"var radius:Double"定义存储属性radius。第24～27行为初始化器。第28行"weak var dlg:DlgPro?"定义了协议DlgPro类型的实例dlg,这里使用weak关键字,表示类Circle的实例与实例dlg之间是弱连接。在Swift语言中,系统将自动回收那些不再使用的实例占据的存储空间。类属于引用类型,如果一个类的实例A中使用了另一个类的实例B,当实例A不再使用时,由于A使用了B,故A不能被自动回收,此时称A与B是强连接。强连接将导致产生内存碎片化。默认情况下,实例的定义均为强连接。为了避免内存碎片化,可在一个类C中使用weak关键字定义另一个类的实例B,这样类C定义的实例A和B之间称为弱连接,即如果A不再使用时,系统将自动回收A,不受B的影响。第8章还将进一步阐述强连接与弱连接的情况。

第29～39行定义了方法calc,第31～38行为一个if-else结构,第31行"if let x=dlg?.measure(radius:radius)"调用实例dlg的方法measure,如果调用成功,则将方法的返回值赋给x,第33行"return x"返回值x;否则第37行返回0.0。这里的第31行体现了委派机制,即调用了实例dlg的方法measure完成计算工作。这种机制的好处在于,不需要修改类Circle的代码,只需要在类Circle的外部,修改或添加服从协议DlgPro的类,通过实现协议DlgPro的方法measure,实现类Circle的方法calc。

第41行"var cir=Circle(radius:4.0)"定义类Circle的实例cir。第42行"let area=Area()"定义类Area的实例area。第43行"cir.dlg=area"将area赋给实例cir的dlg属性,这一步实现了委派机制的赋值。第44行"print("Circle's area:",cir.calc())"输出圆的面积,得到"Circle's area:50.24"。

第45行"let peri=Peri()"定义类Peri的实例peri。第46行"cir.dlg=peri"将peri赋给实例cir的dlg属性,这一步实现了委派机制的赋值。第47行"print("Circle's perimeter:",cir.calc())"输出圆的周长,得到"Circle's perimeter:25.12"。

由程序段7-12可知,计算圆的面积和圆的周长均使用了类Circle的同一方法calc,由于该方法使用了委派机制,calc方法具体完成的功能由其委派的实例中的方法(即这里的measure方法)实现。可见,通过委派机制,可以把一个类的一些实现方法作为接口提供给其他程序员实现,从而提升了程序设计的灵活性。

7.2.5　协议扩展

协议扩展有以下几种情况:

(1) 扩展一个已存在的类型(包括不能查看源代码的系统类型),同时使其服从某协议。在类型的扩展部分实现协议中声明的属性或方法。

(2) 扩展一个已存在的类型(包括系统类型),同时有条件地服从某协议,使用where语句设定条件,这里的"条件"主要是类型限定。在类型的扩展部分实现协议中声明的属性或方法。

(3) 如果一个类型已经包含了某个协议中声明的全部属性和方法的实现,仍然可以借助扩展方法使该类型服从某协议,此时在扩展类型时使用空的"{ }"表示扩展部分。

(4) 扩展一个协议,并在该扩展部分提供新的方法或计算属性的实现,即在协议的扩展部分中定义新的方法或计算属性的实现。

(5) 扩展一个协议,并在该扩展部分提供已有方法或计算属性的实现,称为协议的默认方法或计算属性的实现,如果某个类服从该协议,则该类定义的实例将优先使用类中实现的方法,而非协议的默认方法。

(6)扩展协议时可为协议添加约束条件,使用 where 语句设置条件,这里的"条件"主要是类型限定。

程序段 7-13 给出了上面协议扩展的具体实例,这里定义了两个协议。

程序段 7-13　协议扩展用法实例

视频讲解

```
1    import Foundation
2
3    protocol MeasurePro
4    {
5        func shape()->String
6        func area()->Double
7    }
8    class Circle
9    {
10       var radius:Double = 0.0
11       init(radius r:Double)
12       {
13           radius = r
14       }
15   }
16   extension Circle:MeasurePro
17   {
18       func shape() -> String
19       {
20           return "This is a circle."
21       }
22       func area() -> Double
23       {
24           return 3.14*radius*radius
25       }
26   }
27   class Rectangle
28   {
29       var w,h:Double
30       init(width w:Double,height h:Double)
31       {
32           self.w=w; self.h=h
33       }
34       func shape()->String
35       {
36           return "This is a rectangle"
37       }
38       func area()->Double
39       {
40           return w*h
41       }
42   }
43   extension Rectangle:MeasurePro {}
44   extension MeasurePro
45   {
46       func shape()->String
47       {
```

```
48              return "This is a shape."
49          }
50          func perimeter()->Double
51          {
52              return 0.0
53          }
54      }
55      extension Rectangle
56      {
57          func perimeter()->Double
58          {
59              return w * h
60          }
61      }
62      var cir1 = Circle(radius:4.0)
63      var rect = Rectangle(width: 3.0, height: 7.0)
64      print(cir1.shape())
65      print(rect.shape())
66      print(rect.perimeter())
67
68      extension Array:MeasurePro where Element:Circle
69      {
70          func area() -> Double
71          {
72              let x = self.map({$0.area()})
73              return x.max()!
74          }
75      }
76      var cir2 = Circle(radius: 5.0)
77      var cir3 = Circle(radius: 6.0)
78      let arr =[cir1,cir2,cir3]
79      print(String(format: "%8.2f", arr.area()))
```

在程序段 7-13 中,第 3~7 行定义了协议 MeasurePro,其中声明了两个方法 shape 和 area。第 8~15 行定义了类 Circle,其中定义了存储属性 radius 和初始化器 init。

第 16~26 行扩展类 Circle,使其服从协议 MeausrePro,这属于上述协议扩展的第(1)种情况,在这个扩展部分实现了协议 MeasurePro 中声明的两个方法 shape 和 area。

第 27~42 行定义了类 Rectangle,其中定义了存储属性 w 和 h、初始化器 init、方法 shape 和 area。第 43 行"extension Rectangle:MeasurePro { }"扩展类 Rectangle,使其服从协议 MeasurePro,这种情况属于上述协议扩展的第(3)种情况,由于 Rectangle 类本身具有协议 MeasurePro 中声明的全部方法的实现,所以这里只需要使用空的"{}"。

第 44~54 行扩展了协议 MeasurePro,其中第 46~49 行给出了已有声明 shape 的默认实现体,这种情况属于上述协议扩展的第(5)种情况;第 50~53 行为新添加到协议中的方法及其实现体,这种情况属于上述协议扩展的第(4)种情况。注意,如果扩展协议时提供了方法的实现体,在某个类服从该协议时,可以不用给出这种带默认实现体的方法的实现代码;如果在类服从该协议时,给出了这些方法的实现体,那么它们将覆盖协议中相应方法的默认的实现体。

第 55~61 行进一步扩展类 Rectangle,此时不用再指定其服从协议 MeasurePro,因为在第 43 行已经指定了其服从协议 MeasurePro。第 57~60 行实现了协议 MeasurePro 中声明的方法 perimeter。

第 62 行"var cir1＝Circle(radius：4.0)"定义 Circle 类型的实例 cir1。第 63 行"var rect＝Rectangle(width：3.0, height：7.0)"定义 Rectangle 类型的实例 rect。第 64 行"print(cir1. shape())"输出 cir1 的形状,得到"This is a circle."。第 65 行"print(rect. shape())"输出 rect 的形状,得到"This is a rectangle"。第 66 行"print(rect. perimeter())"输出 rect 的周长,得到 "21.0"。

第 68～75 行扩展了数组类型(一种泛型,见第 8 章)Array,并要求数组元素(用 Element 表示)为 Circle 类型,这种情况属于上述协议扩展的第(2)种情况。由于协议 MeasurePro 中已经为方法 shape 和 perimeter 定义了实现体(见第 44～54 行),故这里只需要实现 MeasurePro 中声明的方法 area(当然,也可以实现 shape 和 perimeter 方法,以覆盖协议扩展中的默认实现方法)。这里的第 70～74 行的 area 方法中,第 72 行"let x＝self. map({ $0. area()})"调用 map 方法将 area 方法映射到每个数组元素上,即计算每个数组元素(即每个圆实例)的面积。第 37 行"return x. max()!"返回数组中的最大值,这里的 max 返回可选类型,这里添加了"!"进行强制拆包。

第 76、77 行依次定义了 Circle 类型的实例 cir2 和 cir3。第 78 行"let arr＝[cir1,cir2, cir3]"定义数组 arr,每个元素均为 Circle 类型的实例。第 79 行"print(String(format："%8.2f", arr. area()))"输出数组 arr 中的最大面积值,得到"113.04"。

下面的代码展示了上述协议扩展的第(6)种情况:

```
80    extension Collection where Element:Equatable
81    {
82      func equal()->Bool
83      {
84        for e in self
85        {
86          if e != self.first
87          {
88            return false
89          }
90        }
91        return true
92      }
93    }
94    let ar =[10,10,10,10]
95    print(ar.equal())
```

第 80 行中,Collection 为系统中集合类型的协议;Equatable 为系统提供的协议,它和 Hashable、Comparable 协议一样,当实现这种协议时无须显式编写这些协议中声明的方法,称为"合成"实现。如果一个类服从了 Equatable 协议,其实例可使用符号"＝＝"判定两个实例是否相同;如果一个类服从了 Hashable 协议,其实例具有 hash 方法,可以为该实例生成一个独一无二的标识符;如果一个类服从了 Comparable 协议,其实例可以借助符号"＜、＜＝、＞、＞＝"等比较大小。注意,对于自定义类型而言,①仅有存储属性的结构体,或者没有关联值的枚举类型,或者只有关联值的枚举类型,才能服从 Equatable 协议和/或 Hashable 协议,一般来说,不等"!＝"使用相等"＝＝"运算的结果取非表示;②没有原始值的枚举类型可以服从 Comparable 协议。在第 80 行对系统协议 Collection 的元素施加协议 Equatable 约束。

第 82～92 行为方法 equal 的默认实现体,第 84～90 行为一个 for-in 结构,其中,self 表示 Collection 集合协议定义的实例,self. first 表示集合中的首元素。如果集合中的全部元素相同,则方法 equal 返回真;否则返回假。

第 94 行"let ar＝[10,10,10,10]"定义数组 ar,Swift 语言中数组服从协议 Collection。第 95 行"print(ar.equal())"输出"true",表示数组中的元素相同。

7.2.6　协议继承

一个协议可以继承另一个或多个协议,当某个类或结构体服从这个协议时,类中需要实现该协议及其继承的协议中声明的全部属性和方法。程序段 7-14 介绍了协议继承的用法,这里定义了一个协议 VehiclePro;然后,定义了协议 CarPro,继承协议 VehiclePro;接着,定义了协议 SmartCarPro,同时继承协议 VehiclePro 和 CarPro。

视频讲解

程序段 7-14　协议继承用法实例

```
1    import Foundation
2
3    protocol VehiclePro
4    {
5        var name:String {get}
6    }
7    protocol CarPro:VehiclePro
8    {
9        var wheels:Int{get set}
10   }
11   protocol SmartCarPro:CarPro,VehiclePro
12   {
13       var autodrive:Bool{get set}
14   }
15   class MyCar:SmartCarPro
16   {
17       var name:String
18       var wheels:Int
19       var auto:Bool=false
20       var autodrive: Bool
21       {
22           get
23           {
24               return true
25           }
26           set
27           {
28               auto=newValue
29           }
30       }
31       init(name n:String,wheels w:Int,auto a:Bool)
32       {
33           name=n; wheels=w; auto=a
34       }
35   }
36   var mycar = MyCar(name:"Cherry",wheels: 4,auto: false)
37   print(mycar.name)
```

在程序段 7-14 中,第 3～6 行定义了协议 VehiclePro,其中声明了属性 name。第 7～10 行定义了协议 CarPro,继承了协议 VehiclePro,其中,定义了属性 wheels。第 11～14 行定义了协议 SmartCarPro,继承了协议 CarPro 和 VehiclePro,其中声明了 autodrive 属性。

第 15～35 行定义了类 MyCar,服从协议 SmartCarPro。其中定义了存储属性 name、wheels 和 auto,定义了计算属性 autodrive。第 31～34 行定义了初始化器 init。

第 36 行"var mycar＝MyCar(name:"Cherry",wheels:4,auto:false)"定义了 MyCar 类型的实例 mycar。第 37 行"print(mycar. name)"输出 mycar 的属性 name 的值,得到"Cherry"。

7.2.7　协议组合

一个类或结构体等类型可以服从多个协议,称这种情况为"协议组合"。对于类而言,可以在继承某个父类的同时,服从多个协议,此时,在定义类时,需先指定父类名,再指定服从的协议名,父类名和协议名之间使用","分隔。

程序段 7-15 介绍了协议组合的用法。

程序段 7-15　协议组合实例

视频讲解

```
1    import Foundation
2
3    protocol WheelPro
4    {
5        var wheels:Int {get set}
6    }
7    protocol SpeedPro
8    {
9        var curspeed:Int{get set}
10   }
11   class Car
12   {
13       var fuel:String = "Gasoline"
14   }
15   class SmartCar:Car,WheelPro,SpeedPro
16   {
17       var wheels: Int = 4
18       var curspeed: Int = 60
19       func condition()->String
20       {
21         return "Fuel:"+fuel+", Speed:"+String(format:"%3d",curspeed)+ ",
22               Wheels:"+String(format: "%2d", wheels)
23       }
24   }
25   var sc=SmartCar()
26   print(sc.condition())
```

在程序段 7-15 中,第 3～6 行定义了协议 WheelPro,其中,声明了可读可写的属性 wheels。第 7～10 行定义了协议 SpeedPro,其中,声明了可读可写的属性 curspeed。第 11～14 行定义了类 Car,其中定义了存储属性 fuel。

第 15～24 行定义了类 SmartCar,继承了类 Car,同时服从协议 WheelPro 和 SpeedPro。第 17 行"var wheels:Int＝4"定义存储属性 wheels,作为协议 WheelPro 中声明的属性 wheels 的实现;第 18 行"var curspeed:Int＝60"定义存储属性 curspeed,作为协议 SpeedPro 中声明的属性 curspeed 的实现;第 19～23 行定义方法 condition,返回 SmartCar 实例的"燃料""当前时速"和"轮数"。

第 25 行"var sc＝SmartCar()"定义 SmartCar 类型的实例 sc。第 26 行"print(sc. condition())"输出实例 sc 的"状况",得到"Fuel:Gasoline, Speed:60, Wheels:4"。

当需要检查某个类是否服从了某协议时,需要使用 is 关键字,is 关键字还用于判断一个实例是否属于某个类型。如果某个类的实例 obj 服从了某协议 Pro,则表达式 obj is Pro 返回 true;否则返回假。关键字 as 常用于将赋给父类的某个子类的实例转换为该子类本身的类型,同时,as 也可以将赋给父协议定义的实例的子协议实例转换为子协议类型;关键字"as?"和"as!"与"as"含义相同,只是"as?"返回可选类型,当类型转换失败时,返回空值 nil;而"as!"为强制类型转换(即强制拆包),如果类型转换失败,将触发运行错误。is 和 as 运算符的具体应用方法在 7.4 节介绍。

7.2.8 可选协议

Swift 语言中只有类支持可选协议,即服从可选协议的类可以有选择地实现协议中声明的方法,既可以实现,也可以不实现。但是一旦实现了可选协议的方法,该方法就自动为可选方法。

程序段 7-16 介绍了可选协议的典型用法。定义可选类型时,需要使用"@objc"关键字,并且服从可选协议的类应继承父类 NSObject。

程序段 7-16　可选协议用法实例

```
1    import Foundation
2
3    @objc protocol MeaPro
4    {
5        @objc optional var name:String {get set}
6        @objc optional func measure()->Double
7    }
8    class Circle:NSObject,MeaPro
9    {
10       var name:String = "Circle"
11       var radius:Double = 0.0
12       init(_ r:Double,_ name:String)
13       {
14           radius=r
15           self.name=name
16       }
17       func measure() -> Double
18       {
19           return 3.14*radius*radius
20       }
21   }
22   var cir = Circle(4.0,"CircleA")
23   print(cir.measure())
24   var mea:MeaPro = cir
25   print((mea.measure?())!)
```

在程序段 7-16 中,第 3~7 行定了可选协议 MeaPro,其中声明了一个可选属性 name 和一个可选方法 measure。第 8~21 行定义了类 Circle,继承了父类 NSObject(该类是 Swift 语言的基础类),同时服从可选协议 MeaPro。在类 Circle 中,第 10 行定义了存储属性 name;第 11 行定义了存储属性 radius;第 12~16 行为初始化器。第 17~20 行实现了 measure 方法。

第 22 行"var cir = Circle(4.0,"CircleA")"定义 Circle 类型的实例 cir。第 23 行"print (cir.measure())"输出 cir 调用方法 measure 的结果,得到"50.24"。第 24 行"var mea:

MeaPro＝cir"定义协议 MeaPro 类型的实例 mea，并赋以 cir。第 25 行"print((mea. measure?
())!)"中，协议实例 mea 使用了"measure?（）"的方式调用可选方法 measure，返回结果为可
选类型，这里为可选双精度浮点型，然后，使用"!"强制拆包得到结果"50.24"。

7.3 类型嵌套

Swift 语言支持类型嵌套，即在一个类型中可以定义新的类型，而新的类型中还可以定义
新的类型，如有需要可以一直嵌套着定义新的类型。如果要访问类型嵌套中的类型，则需要指
定该类型所在类型。

程序段 7-17 介绍了类型嵌套的用法。这里定义了类 Poker，然后，在其中定义了枚举类型
Kind、Value 和结构体类型 Card。

视频讲解

程序段 7-17 类型嵌套用法实例

```
1   import Foundation
2
3   class Poker
4   {
5       enum Kind:Int
6       {
7           case spades=1, hearts, diamonds,clubs
8       }
9       enum Value:Int
10      {
11          case one=1,two,three,four,five,six,seven,eight,nine
12          case ten=10,eleven,twelve,thirteen
13      }
14      struct Card
15      {
16          var kind:Kind
17          var value:Value
18      }
19      var card:Card
20      init(kind k:Int,value v:Int)
21      {
22          if k>=1 && k<=4 && v>=1 && v<=13
23          {
24              card = Card(kind:(Kind(rawValue:k))!,value: (Value(rawValue: v))!)
25          }
26          else
27          {
28              card = Card(kind:.spades,value:.one)
29          }
30      }
31      func showCard()->String
32      {
33          let c=card.kind
34          let v=card.value
35          let s=["Spades","Hearts","Diamonds","Clubs"]
36          let str:String=s[c.rawValue-1]+"-"+String(format: "%2d", v.rawValue)
37          return str
38      }
39  }
```

```
40      var pok=Poker(kind: 2, value: 10)
41      print("We get a "+pok.showCard()+".")
42      var card=Poker.Card(kind: Poker.Kind.diamonds, value: Poker.Value.six)
43      print("The card's value: \(card.value.rawValue).")
```

在程序段 7-17 中,第 3～39 行定义了类 Poker。其中,第 5～8 行定义了枚举类型 Kind,属于嵌套在类中的类型;第 9～13 行定义了枚举类型 Value,是嵌套在类中的类型;第 14～18 行定义了结构体 Card,是嵌套在类中的类型。第 19 行"var card:Card"定义 Card 类型的存储属性 card。第 20～30 行为初始化器。第 31～38 行定义了方法 showCard,根据属性 card 的值,返回描述 card 的字符串。

第 40 行"var pok＝Poker(kind:2, value:10)"定义 Poker 类的实例 pok。第 41 行"print("We get a "＋pok.showCard()＋".")"输出 pok 的值,得到"We get a Hearts-10."。第 42 行"var card＝Poker.Card(kind:Poker.Kind.diamonds, value:Poker.Value.six)"使用嵌套在类 Poker 中的结构体类型 Card 定义其实例 card,此时,需要指定 Card 类所在的类型,使用"Poker.Card"表示嵌套的类 Card。第 43 行"print("The card's value:\(card.value.rawValue).")"输出 card 实例的 value 枚举量的原始值,得到"The card's value:6."。

7.4 类型判定

在 Swift 语言中,给定一个实例,判断该实例是否属于某个类型,使用运算符 is,其语法为"实例 is 类型",如果返回真,则说明实例属于这个类型;如果为假,则表示实例不属于这个类型。

子类的实例可以赋给其父类的实例变量(或常量),将父类的实例转换为子类的实例,称为"向下类型转换",需使用运算符 as。由于这种向下类型转换可能会失败,故可使用"as?"运算符,如果转换失败,返回空值 nil。如果能确保向下类型转换成功,可以使用"as!",但是如果转换失败,则触发程序运行错误。

由于协议也可视为一种类型,并且协议可以继承,所以,is 和 as 运算符可以用于协议实例的类型判定。

程序段 7-18 介绍了运算符 is 和 as 的用法。这里定义了一个类 Person,然后由类 Person 派生了三个子类 Teacher、Student 和 Worker。

视频讲解

程序段 7-18 类型判定应用实例

```
1    import Foundation
2
3    class Person
4    {
5        var name:String
6        init(name n:String)
7        {
8            name=n
9        }
10   }
11   class Teacher:Person
12   {
13       var t_age:Int
14       init(t_age t:Int,name n:String)
15       {
```

```
16          t_age = t
17          super.init(name: n)
18      }
19  }
20  class Student:Person
21  {
22      var grade:Int
23      init(grade g:Int,name n:String)
24      {
25          grade=g
26          super.init(name: n)
27      }
28  }
29  class Worker:Person
30  {
31      var kind:String
32      init(kind k:String,name n:String)
33      {
34          kind=k
35          super.init(name: n)
36      }
37  }
38  var person:[Person]=[Teacher(t_age: 8, name: "Zhang San"),
                         Student(grade: 3, name: "Li Si"),
                         Worker(kind: "Engineer", name: "Wang Wu")]
39  for e in person
40  {
41      print(e.name,terminator: ". ")
42      if let x = e as? Teacher
43      {
44          print("This teacher teaches : \(x.t_age) years.")
45      }
46      if let x = e as? Student
47      {
48          print("This student is in Grade:\(x.grade) .")
49      }
50      if let x = e as? Worker
51      {
52          print("This work serves as: \(x.kind).")
53      }
54  }
55  for e in person
56  {
57      if e is Teacher
58      {
59          print("\(e.name) is a teacher.")
60      }
61      if e is Student
62      {
63          print("\(e.name) is a student.")
64      }
65      if e is Worker
66      {
67          print("\(e.name) is a worker.")
68      }
```

```
69    }
70    print("\((person[0] as! Teacher).name) is a teacher for \((person[0] as!
      Teacher).t_age) years.")
71    print(person is Any)
72    print(person is AnyObject)
```

程序段 7-18 的执行结果如图 7-4 所示。

下面结合图 7-4 介绍程序段 7-18 的执行情况。

在程序段 7-18 中,第 3～10 行定义了类 Person,其
中定义了存储属性 name 和初始化器 init。第 11～19 行
定义了 Person 类的子类 Teacher,其中定义了存储属性
t_age 和初始化器 init,这里的 t_age 表示教师的教龄。
第 20～28 行定义 Person 类的子类 Student,其中定义

```
Zhang San. This teacher teaches : 8 years.
Li Si. This student is in Grade:3.
Wang Wu. This work serves as: Engineer.
Zhang San is a teacher.
Li Si is a student.
Wang Wu is a worker.
Zhang San is a teacher for 8 years.
true
true
Program ended with exit code: 0

All Output ○
```

图 7-4　程序段 7-18 的执行结果

了存储属性 grade 和初始化器,这里的 grade 用于保存学生的年级。第 29～37 行定义了
Person 类的子类 Worker,其中定义了属性 kind 和初始化器 init,kind 用于保存工作类型。

第 38 行"var person:[Person] = [Teacher(t_age:8, name:"Zhang San"),Student
(grade:3, name:"Li Si"),Worker(kind:"Engineer", name:"Wang Wu")]"定义了数组
person,包含三个成员,依次为 Teacher 类、Student 类和 Worker 类定义的实例。这里的
":[Person]"可以省略,由于 Teacher、Student 和 Worker 拥有相同的父类 Person,故省略类型
后,Swift 语言会自动推断数组类型为[Person]。注意,数组 Person 中的各个元素仍然是各个
子类的实例,例如,"Teacher(t_age:8, name:"Zhang San")"为一个 Teacher 类的实例,而非
Person 类的实例;但是当在 for-in 结构中遍历数组 person 时,得到的每个元素是 Person 类的
实例,此时,需要使用类型检查(is)或类型判定(as)使各个元素"恢复"其本来的类型。

第 39～54 行为一个 for-in 结构。对于每个循环变量 e:第 41 行"print(e.name,
terminator:". ")"输出 e 的属性 name;第 42～45 行为一个 if 结构,如果"if let x = e as?
Teacher"为真,表示 e 为 Teacher 类,并将 e 向下转换为 Teacher 类赋给 x,第 44 行"print
("This teacher teaches :\(x.t_age) years. ")"输出教师的教龄;第 46～49 行的 if 结构以及
第 50～53 行的 if 结构与第 42～45 行的 if 结构的用法相同,这里使用了"as?"运算符进行向下
类型转换。

第 55～69 行为一个 for-in 结构。对于每个循环变量 e:第 57 行"if e is Teacher"使用 is
运算符判断 e 是否为 Teacher 类,如果为真,则执行第 59 行"print("\(e.name) is a
teacher.")"输出 e 的属性 name 以及"is a teacher."的提示信息;第 61～64 行的 if 结构和
第 65～68 行的 if 结构与第 57～60 的 if 结构用法相同,这里使用了 is 运算符判定变量是否属
于某种类型。

第 70 行"print("\((person[0] as! Teacher).name) is a teacher for \((person[0] as!
Teacher).t_age) years. ")"中,由于已知 person[0]属于 Teacher 类,故这里使用"as!"运算符
将 person[0]由 Person 类强制向下转换为 Teacher 类,输出"Zhang San is a teacher for 8
years. "。

第 71 行"print(person is Any)"中,Any 表示任意类型(甚至包括函数类型),这里"person
is Any"返回真。第 72 行"print(person is AnyObject)"中,AnyObject 表示任意类类型,
person 属于类创建的实例组成的数组,故这里返回真。

7.5 可选类型链

如果一个类的实例被定义为可选类型,或者某个实例调用其中的可选属性或返回值为可选类型的实例方法,将构成可选类型链。下面以实例和属性为例,介绍常见的情况。

(1)"a?.w"表示可选实例 a 的属性 w。

(2)"a.w?"表示实例 a 的可选属性 w。

(3)"a?.w?"表示可选实例 a 的可选属性 w。

(4)"a?.w?.v?"表示可选实例 a 的可选属性 w 的可选属性 v。

(5)"a?[0].w?.v"表示可选实例 a 的索引号为 0 的元素的可选属性 w 的属性 v。

类似上述的组合还有很多种,只要其中一项为可选属性,整个表达式就称为可选属性链。无论其中有多少个可选类型,其结果均为可选类型,没有可选的可选类型,即没有"a??"、"a???"等这种类型。在第(1)、(3)、(4)、(5)种情况下,应首先判断实例 a 是否为空值,然后,再调用此类表达式。

程序段 7-19 为一个可选类型链的实例,这里定义了三个类:A、B 和 C,都只有一个可选类型属性,由于没有初始化器,这些类在创建实例时,默认实例均为空值 nil,此时,创建的默认实例不能直接调用其属性。

程序段 7-19 可选类型链实例

视频讲解

```
1    import Foundation
2
3    class A
4    {
5        var b: B?
6    }
7    class B
8    {
9        var c: C?
10   }
11   class C
12   {
13       var v:Int?
14   }
15   var a:A?=A()
16   var b:B?=B()
17   var c:C?=C()
18   c?.v=3
19   print("\((c?.v)!)")
20   b?.c=c
21   a?.b=b
22   print("\((a?.b?.c?.v)!)")
```

在程序段 7-19 中,第 3～6 行定义了类 A,其中,包含一个存储属性 b,为可选 B 类型。第 7～10 行定义了类 B,其中,包含一个存储属性 c,为可选 C 类型。第 11～14 行定义了类 C,其中,包含一个存储属性 v,为可选整型。

第 15 行"var a:A?=A()"定义实例 a,为可选类型;第 16 行"var b:B?=B()"定义实例 b,为可选类型;第 17 行"var c:C?=C()"定义实例 c,为可选类型。

第 18 行"c?.v=3"向可选类型实例 c 的属性 v 赋值 3。这里 v 是可选整数类型,可直接向其赋值整数,但是在读取 v 的值时,需要拆包操作,可使用可选绑定方法或直接拆包方法。第 19 行"print("\((c?.v)!)")"这里使用强制拆包输出 v 的值,得到"3"。

第 20 行"b?.c＝c"将 c 赋给实例 b 的属性 c;第 21 行"a?.b＝b"将 b 赋给实例 a 的属性 b。第 22 行"print("\((a?.b?.c?.v)!)")"使用强制拆包方法输出 v 的值,得到"3"。

在使用可选类型链时,需要注意:如果可选类型本身为空值 nil,那么不能直接访问可选类型中的属性或方法,否则,将产生运行错误。一般来说,需要确定可选类型不为空值时,才能使用强制拆包直接访问它的属性或方法;如果不能确定可选类型是否为空值,则需要使用可选绑定方法访问可选类型链。

7.6 并行处理机制

Swift 语言支持并行编程或异步程序设计,多个函数或 actor(演员)的实例可以分时共享 CPU,即 Swift 语言中,异步程序设计借助函数或 actor 实现。当一个函数被定义了异步函数时,需要在函数名后添加关键字 async,如果该函数还抛出异常,则该函数名后添加 async throw 关键字组合。actor 与类的语法类似,actor 也是引用类型,区别在于 actor 定义的实例是异步执行的。异步函数或 actor 的实例,在调用时需要添加 await 关键字,用于实现异步调度执行。

程序段 7-20 展示了异步函数和 actor 的用法。

程序段 7-20 并行处理机制实例

视频讲解

```
1    import Foundation
2
3    func check(name s:String) async throws->String
4    {
5        try await Task.sleep(for: .seconds(2))
6        return s
7    }
8    let ch = try await check(name: "OK")
9    print(ch)
10
11   actor TempCheck
12   {
13       var temp:[Int]
14       private(set) var max:Int
15       init(value v:Int)
16       {
17           self.temp=[v]
18           self.max=v
19       }
20   }
21   let tp=TempCheck(value: 20)
22   print(await tp.max)
23   extension TempCheck
24   {
25       func measure(with m:Int)
26       {
27           temp.append(m)
28           if m>max
29           {
30               max=m
```

```
31              }
32          }
33      }
34      await tp.measure(with: 30)
35      print(await tp.max)
36
37      struct TempMes:Sendable
38      {
39          var value:Int
40      }
41      extension TempCheck
42      {
43          func measByTM(from v:TempMes)
44          {
45              temp.append(v.value)
46              if v.value>max
47              {
48                  max=v.value
49              }
50          }
51      }
52      let ms=TempMes(value: 40)
53      await tp.measByTM(from: ms)
54      print(await tp.max)
```

在程序段 7-20 中,第 3～7 行"func check(name s：String) async throws-> String"定义了一个异步函数 check,该函数同时可以抛出异常。第 5 行"try await Task. sleep(for：. seconds (2))"调用系统任务的 sleep 方法延时 2s。第 6 行"return s"返回 s。

注意,只有以下三种情况才能调用异步函数：①其他的异步函数、异步方法或异步计算属性；②标记了@main 的结构体、类或枚举中的静态 main()方法；③非结构化的子任务(不属于任务组的子任务)。

第 8 行"let ch＝try await check(name:"OK")"定义任务 ch。第 9 行"print(ch)"输出 ch 的执行结果,这里得到"OK"。

第 11～20 行为一个 actor,名称为 TempCheck。actor 可以实现异步执行的任务间交换信息,支持互斥性访问共享资源,即 actor 的属性一次只能由一个任务访问。第 13 行"var temp：[Int]"定义属性 temp,为一个整型数组。第 14 行"private(set) var max：Int"定义属性 max,为一个整型量,外部不能写该属性。第 15～19 行定义了初始化器 init,将[v]赋给属性 temp,将 v 赋给属性 max。

第 21 行"let tp＝TempCheck(value：20)"定义实例 tp,由于 actor 为引用类型,故这里可以使用 let 定义常量类型的实例 tp(而不必定义成变量类型的实例),并对 tp 的属性进行访问。第 22 行"print(await tp. max)"输出 tp 的 max 属性,得到"20"。调用 actor 实例必须添加 await 关键字。

第 23～33 行为 TempCheck 的扩展,actor 与类相似,可以借助 extension 关键字扩展其功能,且扩展后的 actor 将影响扩展前的 actor 定义的实例。其中,第 25～32 行定义了函数 measure,具有一个整型变量 m,第 27 行"temp. append(m)"将 m 添加到数组 temp 中;第 28～31 行为一个 if 结构,根据 m 的值更新 max。

第 34 行"await tp. measure(with：30)"调用 tp 的 measure 方法。第 35 行"print(await tp. max)"输出 tp 的 max 值,此时 tp 的 temp 数组为"[20,30]",tp 的 max 值为 30。

第37～40行定义了结构体 TempMes,服从协议 Sendable,该协议表示异步运行的实体间可共享数据。这里的":Sendable"可省略,因为默认情况下,值类型的结构体隐式服从该协议。

第41～51行再次扩展 TempCheck,其中定义了函数 measByTM,具有一个结构体 TempMes 类型的参数 v。第45行"temp. append(v. value)"访问 v 的 value 属性,并将其添加到 temp 数组中。第46～49行为一个 if 结构,更新 max 的值。

第52行"let ms = TempMes(value:40)"定义结构体实例 ms。第53行"await tp. measByTM(from:ms)"调用实例 tp 的 measByTM 方法将 ms 的值添加到其属性 temp 中,此时 temp 数组为[20,30,40]。第54行"print(await tp. max)"输出 tp 的 max 属性,得到"40"。

当异步执行的各个实例单元间有数据交换时,编写一个好的并行程序非常困难,有时并行程序的执行效率可能比单线程程序更低,甚至会出现因资源竞争而导致的"死锁"。

7.7 异常处理方法

程序运行过程中出现的错误称为异常。异常处理程序用于管理异常,使程序恢复正常运行状态。异常管理的方法为:将可能发生运行错误的函数(或方法)设计为可抛出异常的函数(或方法),在调用该函数的语句中监视异常的情况,如果异常被触发,则监视语句将处理发生的异常,保护正在执行的程序正常执行。

异常处理的方式如下。

(1) 在可能发生运行错误的函数中抛出异常,典型语法如下:

```
func 函数名(参数列表)  throws  ->函数返回值
{
    语句组
    if 条件表达式
    {
        throw 异常名
    }
    语句组
}
```

(2) 在调用上述函数的语句中处理异常行为,典型语法如下:

```
do
{
    try 调用上述函数的语句
    其他语句组
}
catch 异常名 1(可以带 where 表达式)
{
    异常 1 发生时的处理语句
}
catch 异常名 2(可以带 where 表达式)
{
    异常 2 发生时的处理语句
}
//可以有任意多 catch 语句组
catch
```

```
{
    不属于上述所有异常的异常发生时的处理语句
}
```

由上述可知,Swift 语言的异常处理可简记为"throw-do-try-catch"形式。除此之外,还有两种形式的异常处理方式:①使用"try?"将异常转换为可选类型值,即当发生异常时返回空值 nil,无异常时返回可选类型值;②使用"try!"压制异常传播,当无异常时返回正常的计算结果。当有多级调用时,异常还可以向其上一级程序单元抛出,请求上一级程序单元处理异常。例如,函数 A 调用了函数 B,函数 B 调用了函数 C,B 在执行 C 时触发了异常,B 可以直接将异常抛出给 A,由 A 处理异常。

7.7.1 触发异常函数

除了系统定义的异常外,还有用户自定义异常,其为服从 Error 协议的值类型,一般使用枚举类型表示,例如:

```
1    enum MyDefinedError:Int,Error
2    {
3        case lessThanZero
4        case greaterThanHundred
5        case formerLessLater
6    }
```

上述代码中,第 1 行定义了枚举类型 MyDefinedError,服从协议 Error。第 3～5 行定义了枚举常量 lessThanZero、greaterThanHundred 和 formerLessLater,用于表示异常情况,这里依次表示"比零小""大于 100""前者小于后者"三种情况,定义这三种情况为异常情况。

下面编写一个可抛出异常的函数,如程序段 7-21 所示,该函数对 0～100 范围内的整数进行减法运算。

视频讲解

程序段 7-21 可抛出异常的函数实例

```
1    enum MyDefinedError:Int,Error
2    {
3        case lessThanZero
4        case greaterThanHundred
5        case formerLessLater
6    }
7    func calc(value1 v1:Int,value2 v2:Int) throws -> Int
8    {
9        var r:Int=0
10       if v1<0 || v2<0
11       {
12           throw MyDefinedError.lessThanZero
13       }
14       else if v1>100 || v2>100
15       {
16           throw MyDefinedError.greaterThanHundred
17       }
18       else if v1<v2
19       {
20           throw MyDefinedError.formerLessLater
21       }
22       else
```

```
23        {
24            r=v1 - v2
25        }
26        return r
27    }
```

在程序段 7-21 中,第 1～6 行为自定义的枚举类型 MyDefinedError,服从协议 Error,在其中定义了三种异常情况。

第 7～27 行定义了函数 calc,具有两个整型参数,返回整型值,在定义函数时,使用了关键字 throws,表示该函数可抛出异常。第 9 行"var r: Int＝0"定义整型变量 r,赋初值为 0。第 10～25 行为一个 if-elseif-else 结构,如果 v1 小于 0 或 v2 小于 0,则抛出异常"throw MyDefinedError. lessThanZero"(第 10～13 行);否则,如果 v1 大于 100 或 v2 大于 100,则抛出异常"throw MyDefinedError. greaterThanHundred"(第 14～17 行);否则,如果 v1 小于 v2,则抛出异常"throw MyDefinedError.formerLessLater"(第 18～21 行);否则,将 v1 减去 v2 的值赋给 r(第 22～25 行)。第 26 行"return r"返回 r 的值。

注意:程序在运行过程中触发的异常往往是不可预测的,这里仅是为了介绍异常的用法,所以自定义了这些异常及它们的可预测触发方式。

7.7.2　异常处理函数

当调用可触发异常的函数时,必须使用关键字 try,有三种方式:①"try?",在这种方式下,当发生异常时,返回空值 nil;当无异常时,返回可选类型的值。②"try!",在这种方式下,当无异常发生时,返回正常的值;当有异常发生时,压制异常的传播,在 Xcode 环境下,仍然会抛出异常。③try,这时如果无异常发生,则返回正常的值;如果有异常发生,则抛出异常,然后,需借助"do-catch"结构处理异常。

程序段 7-22 介绍了上述三种处理异常的方式,这里使用了程序段 7-21 中的触发异常函数 calc。

视频讲解

程序段 7-22　异常处理函数实例

```
1    import Foundation
2
    //此处省略的第 3~29 行与程序段 7-21 相同
30
31   var res1=try! calc(value1: 43, value2: 5)
32   print("\(res1)")
33   var res2=try?calc(value1: 43, value2: 5)
34   print("\(res2!)")
35
36   func subcall(function f:(Int,Int) throws -> Int,value1 v1:Int,value2 v2:Int)
37   {
38       do
39       {
40           let r=try f(v1,v2)
41           print("r = \(r)")
42       }
43       catch MyDefinedError.lessThanZero
44       {
45           print(MyDefinedError.lessThanZero)
46       }
```

```
47      catch MyDefinedError.greaterThanHundred
48      {
49          print(MyDefinedError.greaterThanHundred)
50      }
51      catch MyDefinedError.formerLessLater
52      {
53          print(MyDefinedError.formerLessLater)
54      }
55      catch
56      {
57          print("\(error)")
58      }
59  }
60
61  subcall(function: calc, value1: 49, value2: 17)
62  subcall(function: calc, value1: 9, value2: 17)
63  subcall(function: calc, value1: -5, value2: 17)
64  subcall(function: calc, value1: 149, value2: 117)
```

在程序段 7-22 中，第 31 行"var res1＝try! calc(value1:43，value2:5)"使用"try!"方式调用 calc 函数，此处 calc 函数运行正常。第 32 行"print("\(res1)")"输出 res1 的值，得到"38"。第 33 行"var res2＝try? calc(value1:43，value2:5)"使用"try?"方式调用 calc 函数，此处 calc 函数运行正常。第 34 行"print("\(res2!)")"输出 res2 的值，得到"38"。

第 36～59 行为函数 subcall，具有三个参数：一个函数参数和两个整型参数。函数内部为 do-catch 结构，其中，第 38～42 行为 do 部分，其中使用 try 方式调用函数 f(第 40 行)，如果函数 f 触发了异常，则第 41 行不会被执行，而是直接跳到 catch 部分，从第 43 行开始，依次匹配各个 catch 中的异常，当匹配成功后，执行该 catch 部分中的语句。第 55～58 行的 catch 部分表示当它之前的所有 catch 的异常均不匹配 calc 函数触发的异常时，该 catch 部分被执行，第 57 行的 error 是系统量，用于保存触发的异常。

第 61 行"subcall(function:calc，value1:49，value2:17)"函数 subcall 调用 calc 函数，并将 value1 和 value2 传递给 calc 函数，这种情况下，calc 函数正常执行，输出"r＝32"。第 62 行"subcall(function:calc，value1:9，value2:17)"函数 subcall 调用 calc 函数，将 value1 和 value2 传递给 calc 函数，由于 value1＜value2，故触发异常"MyDefinedError. formerLessLater"，输出"formerLessLater"。第 63 行"subcall(function:calc，value1:－5，value2:17)"在执行 calc 时，value1 小于零，故触发异常"MyDefinedError. lessThanZero"，输出"lessThanZero"。第 64 行"subcall(function:calc，value1:149，value2:117)"在调用 calc 函数时，由于 value1 大于 100，故触发异常"MyDefinedError. greaterThanHundred"，输出"greaterThanHundred"。

7.7.3　推迟执行语句

若一个函数触发了异常，则在触发点后的语句均得不到执行。有时，希望在触发点后的某些语句在异常被处理后继续执行，此时，可以使用推迟执行语句，其语法为

```
defer
{
    语句组
}
```

注意：一个函数中添加了 defer 语句块，无论该函数是触发异常的函数，还是普通的函数，

在触发的异常被处理完后或是函数执行完后，都将执行 defer 语句块。而且，可以添加多个 defer 语句块，排在后面的 defer 语句块将优先被执行。例如：

```
func 函数名(参数列表) ->函数返回值
{
    语句组 1
    defer 块 1
    语句组 2
    defer 块 2
    语句组 3
}
```

在上面的函数中，各个语句组的执行顺序：语句组 1、语句组 2、语句组 3、defer 块 2、defer 块 1。

在文件操作中，常用 defer 块关闭文件。若文件打开操作或读写操作触发了异常，在异常处理完后，将回到 defer 块中执行文件的关闭操作。

程序段 7-23 演示了 defer 块的执行顺序，这里使用了普通的函数，而非触发异常的函数。

程序段 7-23　defer 块用法实例

```
1    import Foundation
2
3    func disp()
4    {
5        print("First Output.")
6        defer
7        {
8            print("Last One.")
9        }
10       print("Second Output.")
11       defer
12       {
13           print("Next to the last.")
14       }
15       print("Third Output.")
16   }
17   disp()
```

程序段 7-23 的执行结果如图 7-5 所示。

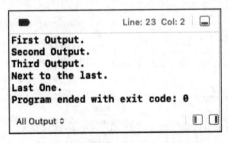

图 7-5　程序段 7-23 的执行结果

结合图 7-5 可知，程序段 7-23 中，函数 disp 的语句执行顺序为：先执行第 5 行、再执行第 10 行、接着执行第 15 行；然后，执行第 11～14 行的 defer 块；最后，执行第 6～9 行的 defer 块。也就是说，前面的 defer 块后执行，后面的 defer 块先执行。

7.8　本章小结

在类的基础上,本章进一步讨论了两种类型定义方式,即扩展和协议。扩展用于向已有的类型中添加新的功能,扩展后的类型是一个整体,将影响到所有该类型定义的实例。协议是一种新的类型,只能包含方法和属性的定义,在协议的扩展中可以添加方法的实现部分。协议类似于 C++ 语言的接口,协议可以实现"多重继承",即一个类可以服从多个协议。然后,本章还讨论了类型嵌套和类型判定的方法,介绍了可选类型链的用法,讨论了并行处理机制程序设计方法,最后,阐述了异常处理程序设计方法。第 8 章将讨论 Swift 语言的泛型和模糊类型。

习题

1. 讨论 Swift 语言中使用"扩展"定义结构体或类的方法与意义,分析使用"扩展"的注意事项。

2. 简述 Swift 语言中协议的定义与实现方法。

3. 讨论 Swift 语言中异常的处理方法。

4. 定义一个表示圆的类,将其计算面积的方法定义在"扩展"中。编写程序计算圆的面积。

5. 定义一个协议,其中包含计算面积的方法声明,然后定义三个类:圆、三角形和长方形,使这三个类服从前述定义的协议。编写程序,输入圆的半径、三角形的三个边的长度以及长方形的宽和高,计算这些图形的面积。

第8章

泛型与模糊类型

本章将介绍 Swift 语言中的泛型和模糊类型。泛型是一种可以指定数据类型的类型,曾经学习过的数组类型"Array<数据类型>"和字典类型"Dictionary<键类型,值类型>"属于泛型。例如,在数组类型"Array<数据类型>"中,通过指定"数据类型"可以创建指定类型的数组,如果将"数据类型"指定为整型,则创建整型数组;如果指定为字符串型,则创建字符串数组。模糊类型,也称为模糊协议类型,用作函数的返回值的类型,隐藏返回值的类型信息,由调用该函数的语句自动识别其类型。此外,本章还将讨论自动引用计数、内存安全、访问控制和高级运算符等。

8.1 泛型

泛型(Generics)是一种类型,可用于函数或类型定义,使得定义的函数或类型可使用任意类型。下面首先介绍函数中的泛型用法,再介绍自定义类型中的泛型用法。

8.1.1 函数泛型

函数泛型的典型语法如下:

```
func 函数名<U, V, ...>(形式参数) ->函数返回值类型
{
    语句组
    return 返回值
}
```

其中,"<U,V,...>"表示任意类型的符号,"形式参数"在定义参数类型时使用 U、V 等符号,函数返回值类型也可以使用 U 或 V 等符号。

程序段 8-1 介绍了函数泛型的用法,这里定义了一个函数 addTwo,可以对任意数值类型进行加法操作。

程序段 8-1 函数泛型实例

```
1    import Foundation
2
3    func addTwo<T:Numeric>(value1 v1:T,value2 v2:T) -> T
4    {
5        var sum:T
6        sum = v1 + v2
7        return sum
8    }
9    var a1=3.4,a2=4.5
```

```
10    var b:Double
11    b=addTwo(value1: a1, value2: a2)
12    print(b)
13    var a3=3,a4=6
14    var c:Int
15    c=addTwo(value1: a3, value2: a4)
16    print(c)
```

在程序段 8-1 中,第 3~8 行定义了函数 addTwo,其中第 3 行"func addTwo < T:Numeric >
(value1 v1:T,value2 v2:T) -> T"表示函数名为 addTwo,使用了泛型,类型符号用 T 表示,T
服从协议 Numeric,该协议约束 T 为可进行数值计算的任意类型,具有两个参数 v1 和 v2,均
为类型 T,返回值也属于类型 T。第 5 行"var sum:T"定义变量 sum,属于 T 类型。第 6 行
"sum＝v1＋v2"执行针对 v1 和 v2 的加法操作,其和赋给 sum。第 7 行"return sum"返回 sum
的值。

第 9 行"var a1＝3.4,a2＝4.5"定义两个双精度浮点型变量 a1 和 a2,分别赋值 3.4 和 4.5。
第 10 行"var b:Double"定义双精度浮点型变量 b。第 11 行"b＝addTwo(value1:a1, value2:
a2)"调用 addTwo 函数执行加法运算,函数返回值赋给 b。这里函数中的泛型 T 使用了双精
度浮点型。第 12 行"print(b)"输出 b 的值,得到"7.9"。

第 13 行"var a3＝3,a4＝6"定义两个整型变量 a3 和 a4,分别赋值为 3 和 6。第 14 行"var
c:Int"定义整型变量 c。第 15 行"c＝addTwo(value1:a3, value2:a4)"调用 addTwo 函数执行
a3 与 a4 的加法运算,函数返回值赋给 c。这里函数中的泛型 T 使用了整型。第 16 行"print(c)"
输出 c,得到"9"。

由程序段 8-1 可知,函数中使用了泛型后,可以根据需要将泛型设定为特定的类型,从而
完成相应类型数据的运算。在程序段 8-1 中,由于使用了泛型,故函数 addTwo 既可以对整数
进行加法运算,也可以对浮点数进行加法运算,而无须编写两个加法函数。除了节省程序代码
外,函数泛型的另一个优点在于:调用使用泛型的函数和调用普通函数相同,只需要指定函数
名和实际参数列表,无须指定泛型类型。

在程序段 8-1 的第 3 行中,"< >"括住的 T 是类型占位符,可以替换为任意类型,可以有多
个类型占位符,使用","分隔它们。这里"T:Numeric"表示类型 T 服从协议 Numeric,即对类
型 T 进行了约束,必须为数值类型。类型占位符一般使用大写字母 U、V、T 等表示,也可以使
用其他符号,例如数组"Array < Element >"中类型占位符为 Element。

8.1.2　自定义类型泛型

除了函数可以使用泛型外,自定义类型,例如类、结构体和枚举等,也可以使用泛型。以结
构体为例,其自定义类型泛型的典型语法如下:

```
struct 结构体名<U,V,...>
{
    结构体的属性和方法
}
```

上述结构体中,"< U,V,...>"表示泛型,其中有多个类型占位符。程序段 8-2 介绍了自定
义类型泛型的用法。这里,定义了一个"超级数组",借助泛型方法使其元素可以为任意类型。

程序段 8-2　自定义类型泛型实例

```
1    import Foundation
```

```
2
3     struct SuperArray<T>
4     {
5         var items:[T]=[]
6         mutating func append(_ item:T)
7         {
8             items.append(item)
9         }
10        func count()->Int
11        {
12            return items.count
13        }
14        subscript(_ i:Int)->T
15        {
16            return items[i]
17        }
18    }
19
20    var a=SuperArray<Int>()
21    a.append(3)
22    a.append(5)
23    a.append(7)
24    print("The number of elements in a: \(a.count())")
25    print("a[1] = \(a[1])")
26    var b=SuperArray<String>()
27    b.append("Hello")
28    b.append("World")
29    b.append("Welcome")
30    b.append("Good")
31    print("The number of elements in b: \(b.count())")
32    print("b[2] = \(b[2])")
```

程序段 8-2 的执行结果如图 8-1 所示。

下面结合图 8-1 介绍程序段 8-2。在程序段 8-2 中，第 3～18 行定义了结构体 SuperArray。第 3 行"struct SuperArray＜T＞"中，"＜T＞"表示使用了泛型，类型占位符为 T，在结构体 SuperArray 中，T 当作类型使用。第 5 行"var items:[T]=[]"定义元素类型为 T 的数组 items。

```
The number of elements in a: 3
a[1] = 5
The number of elements in b: 4
b[2] = Welcome
Program ended with exit code: 0

All Output ≎
```

图 8-1　程序段 8-2 的执行结果

第 6～9 行定义方法 append，将参数 item 添加到数组 items 中。第 10～13 行为函数 count，返回数组 items 的元素总个数。第 14～17 行为索引器，返回数组的第 i 个索引号对应的元素。

第 20 行"var a＝SuperArray＜Int＞()"定义 SuperArray 类型的变量 a，这里指定其元素类型为整型。第 21 行"a.append(3)"将 3 添加到 a 中。第 22、23 行依次将 5 和 7 添加到 a 中。第 24 行"print("The number of elements in a:\(a.count())")"输出 a 中元素的总个数，得到"The number of elements in a:3"。第 25 行"print("a[1]＝\(a[1])")"输出"a[1]"的值，得到"a[1]＝5"。

第 26 行"var b＝SuperArray＜String＞()"定义 SuperArray 类型的变量 b，这里指定其元素类型为字符串。第 27 行"b.append("Hello")"将字符串 Hello 添加到 b 中。第 28、29、30 行依次将字符串 World、Welcome 和 Good 添加到 b 中。第 31 行"print("The number of elements in b:\(b.count())")"输出 b 中的元素总个数，得到"The number of elements in b:4"。第 32

行"print("b[2]=\(b[2])")"输出 b[2],得到"b[2]=Welcome"。

　　自定义类型泛型可以扩展,下面代码在程序段 8-2 定义的类型 SuperArray 的基础上扩展了新的功能,如程序段 8-3 所示。

程序段 8-3　自定义类型泛型的扩展实例

```
     //此处省略的第 1~32 行与程序段 8-2 相同
33
34   extension SuperArray
35   {
36       mutating func remove(_ i:Int)->T?
37       {
38           var e:T
39           if i>=items.count || i<0
40           {
41               return nil
42           }
43           e=items[i]
44           for k in (i+1)..<items.count
45           {
46               items[k-1]=items[k]
47           }
48           items.removeLast()
49           return e
50       }
51       func sprint()
52       {
53           for e in items
54           {
55               print("\(e)",terminator: " ")
56           }
57           print()
58       }
59   }
60   if let e=a.remove(1)
61   {
62       print("Removed element: \(e)")
63   }
64   print("a: ",terminator: " ")
65   a.sprint()
```

　　在程序段 8-3 中,第 34~59 行为结构体 SuperArray 的扩展,其中,扩展了两个方法 remove 和 sprint。第 36~50 行为 remove 方法,带有一个整型参数 i,该方法删除索引号为 i 的元素。其工作方式为:当 i 大于或等于 items 的元素数或小于 0 时,返回空值 nil(第 39~42 行),此时不存在索引号为 i 的元素;将索引号为 i 的元素赋给 e(第 43 行);将索引号大于 i 的元素依次前移一个位置(第 44~47 行);删除 items 的最后一个元素(第 48 行);返回变量 e (第 49 行)。第 51~58 行为方法 sprint,用于输出 items 的全部元素,其中使用了 for-in 循环结构(第 53~56 行)。

　　第 60~63 行为一个 if 结构,第 60 行使用了可选绑定技术,删除 a 的第 1 个元素,并将删除的元素赋给 e。第 62 行"print("Removed element:\(e)")"输出删除的元素,得到"Removed element:5"。第 64 行"print("a:",terminator:" ")"输出"a:",第 65 行"a.sprint()"调用 a 的 sprint 函数输出 a 中的元素,得到"3 7",a 中原来的 5 已被删除。

8.1.3　类型约束

在泛型中，可为类型指定约束，如 8.1.1 节的程序段 8-1 中的"< T：Numeric >"所示，此处为类型 T 指定了协议 Numeric，即要求 T 服从协议 Numeric。以函数泛型为例，类型约束的典型语如下：

```
func 函数名<U:协议名, V:类名,...>(参数列表) ->函数返回值类型
{
    函数体
}
```

上述函数中对泛型的约束可以使用协议，也可以使用类，这里的"V：类名"表示 V 为"类名"对应的类的任意子类类型（可以为直接子类，也可以为间接子类，即子类的子类或子类的任意级别的子类）。

程序段 8-4 在程序段 8-2 和 8-3 的基础上，定义了一个函数 find，其泛型 U 具有约束协议 Equatable，表示 U 只能为可判断是否相等的类型。

视频讲解

程序段 8-4　类型约束实例

```
   //此处省略的第 1~65 行见程序段 8-2 和程序段 8-3
66
67   func find<U:Equatable>(_ item:U,in arr:SuperArray<U>)->Int?
68   {
69      var e:Int = -1
70      for i in 0..<arr.count()
71      {
72          if arr[i]==item
73          {
74              e=i
75              break
76          }
77      }
78      if e>=0
79      {
80          return e
81      }
82      else
83      {
84          return nil
85      }
86   }
87   if let v=find("Welcome",in:b)
88   {
89      print("Welcome is of index: \(v)")
90   }
```

在程序段 8-4 中，第 67～85 行定义了函数 find。第 67 行"func find < U：Equatable >(_ item：U，in arr：SuperArray < U >)-> Int?"为函数头，函数名为 find，泛型 U 服从 Equatable 协议，该协议要求 U 为可以比较相等关系的类型；find 函数具有两个参数，其中 item 为 U 类型，arr 参数为 SuperArray < U >类型，后者为程序段 8-2 中的自定义类型泛型；find 函数的返回值为可选整型。

find 函数执行过程：首先定义整型变量 e，赋初始值为 −1（第 69 行）；然后，从 0 至 arr 的

最后一个元素,依次将参数 item 与各个元素比较,如果 item 与某个元素相等,则将其索引号 i
赋给 e,并跳出循环(第 70～77 行);接着,判断 e 的值,如果 e 大于或等于 0,则返回 e;否则,
返回 nil(第 78～85 行)。

第 87～90 行为一个 if 结构,第 87 行"if let v＝find("Welcome",in:b)"使用可选绑定方
法调用 find 函数,其中,b 见程序段 8-2 的第 26 行,包含四个字符串,即 Hello、World、
Welcome 和 Good。这里第 87 行调用 find 函数从 b 中查询 Welcome 的索引号,赋给 v。第 89
行"print("Welcome is of index:\(v)")"输出 v 的值,得到"Welcome is of index:2",表示
Welcome 在 b 中的索引号为 2。

8.1.4　关联类型

关联类型是一种针对协议的泛型,可称之为协议泛型。在协议中,使用关键字 associatedtype
声明一种类型,协议中的属性和方法可使用该类型,当某个类或结构体等服从该协议时,将自
动匹配 associatedtype 声明的类型。

下面借助程序段 8-5 介绍关联类型,这里定义了一个协议 ArrayPro,其中,定义了关联类
型 T。

视频讲解

程序段 8-5　关联类型实例

```
1    import Foundation
2
3    protocol ArrayPro
4    {
5        associatedtype T
6        mutating func append(_ item:T)
7        var count:Int {get}
8        subscript(_ i:Int)->T {get}
9    }
10   struct IntArray:ArrayPro
11   {
12       var items:[Int]=[]
13       mutating func append(_ item: Int)
14       {
15           items.append(item)
16       }
17       var count: Int
18       {
19           return items.count
20       }
21       subscript(i: Int) -> Int
22       {
23           return items[i]
24       }
25   }
26   struct SuperArray<U>:ArrayPro
27   {
28       var items:[U]=[]
29       mutating func append(_ item: U)
30       {
31           items.append(item)
32       }
33       var count:Int
```

```
34          {
35              return items.count
36          }
37          subscript(i: Int) -> U
38          {
39              return items[i]
40          }
41      }
42      var a:IntArray=IntArray()
43      a.append(3)
44      a.append(5)
45      print("a[1]=\(a[1])")
46      var b:SuperArray<String>=SuperArray<String>()
47      b.append("Hello")
48      b.append("World")
49      b.append("Welcome")
50      print("b[1]=\(b[1])")
```

程序段 8-5 的执行结果如图 8-2 所示。

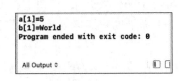

图 8-2　程序段 8-5 的执行结果

下面结合图 8-2 介绍程序段 8-5。在程序段 8-5 中,第 3~9 行定义了协议 ArrayPro,其中,第 5 行"associatedtype T"声明了关联类型 T,这里的 T 也是类型占位符,在协议中可作为类型使用。第 6 行"mutating func append(_ item:T)"声明了函数 append,具有一个 T 类型的参数 item。第 7 行"var count:Int {get}"声明了只读计算属性 count。第 8 行"subscript(_ i:Int)-> T {get}"声明了只读索引器。

第 10~25 行定义了结构体 IntArray,服从协议 ArrayPro,将其中的关联类型 T 设置为整型。在结构体 IntArray 内部,实现协议 ArrayPro 的 append 方法和索引器时,自动用 Int 类型替换关联类型 T。

第 26~41 行定义了结构体 SuperArray,服从协议 ArrayPro,将其中的关联类型 T 设置为泛型 U。在结构体 SuperArray 内部,实现协议 ArrayPro 的 append 方法和索引器时,自动用 U 类型替换关联类型 T。

第 42 行"var a:IntArray＝IntArray()"定义结构体变量 a,第 43 行"a.append(3)"将 3 添加到 a 中;第 44 行将 5 添加到 a 中。第 45 行"print("a[1]=\(a[1])")"输出"a[1]",得到"a[1]=5"。

第 46 行"var b:SuperArray < String >＝SuperArray < String >()"定义结构体变量 b,其元素为字符串类型。第 47 行"b.append("Hello")"将字符串 Hello 添加到 b 中;第 48、49 行依次将 World 和 Welcome 添加到 b 中。第 50 行"print("b[1]=\(b[1])")"输出 b[1],得到"b[1]＝World"。

8.1.5　条件泛型

在泛型中,可对类型进行限制,称为条件泛型。常用的条件泛型有以下五种。

(1) 如 8.1.1 节的程序段 8-1 中第 3 行所示,在定义函数时,使用"< T:Numeric >"的形式限制类型 T。

(2) 在定义协议时,对关联类型进行约束,例如:

```
1       protocol ArrayPro
2       {
3           associatedtype T:Equatable
```

```
4        mutating func append(_ item:T)
5        var count:Int {get}
6        subscript(_ i:Int)->T {get}
7    }
```

上述第3行中,对关联类型T进行了约束,这里Equatable表示可以判定相等关系类型的协议。如果使用上述协议,程序段8-5的第26行需改为"struct SuperArray < U:Equatable >:ArrayPro",即类型U必须服从Equatable协议。

(3) 在定义协议时,对关联类型使用where子句进行约束,此时的where子句只能包含对类型的判断条件,例如:

```
1    protocol SubArrayPro:ArrayPro
2    {
3        associatedtype V:SubArrayPro where V.T==T
4        func last()->V
5    }
```

上述第1行的ArrayPro如程序段8-5的第3~9行所示,这里定义了协议SubArrayPro,"继承"了协议ArrayPro。第3行定义了关联类型V,该类型V服从协议SubArrayPro,"where V.T==T"为where子句,表示类型V中的T和ArrayPro协议中的T是同一类型。第4行添加了一个函数last的声明。

(4) 扩展类型时使用where子句添加约束,例如:

```
1    extension SuperArray where U:Equatable
2    {
3        func last()->U
4        {
5            return items.last!
6        }
7    }
```

上述的SuperArray如程序段8-5的第26~41行所示。第1行扩展SuperArray时添加了where子句,要求类型U服从协议Equatable。第3~6行为扩展部分添加的函数last,用于返回结构体SuperArray实例的最后一个元素。

(5) 当有多个条件时,where子句的条件之间用","分隔,例如:

```
1    func equal<X:ArrayPro, Y:ArrayPro>(_ v1:X, _ v2:Y)->Bool where X.T==Y.T, X.T:Equatable
2    {
3        if v1.count != v2.count
4        {
5            return false
6        }
7        for i in 0..<v1.count
8        {
9            if v1[i] != v2[i]
10           {
11               return false
12           }
13       }
14       return true
15   }
```

上述代码定义了函数equal,这里的ArrayPro如程序段8-5的第3~9行所示。这里

"where X.T==Y.T,X.T:Equatable"where 子句有两个条件,即类型 X 和 Y 中的 T 类型相同,且 X 的 T 类型服从可判断相等的协议 Equatable。equal 函数用于判定参数 v1 和 v2 是否相同,如果相同,返回真;否则返回假。

8.2　模糊类型

模糊类型作为函数或方法的返回值类型,其典型形式为"-> some 协议名",即返回服从"协议名"所表示的协议的某个实例。返回值为模糊类型和协议类型具有不同的含义:①返回值为协议类型时,其典型形式为"->协议名",此时返回的值服从"协议名"指定的协议,其类型并不确定,实际上是"模糊"的;②返回值为模糊类型时,其表达形式为"-> some 协议名",将返回服从"协议名"的某个具体的实例,保留了实例的类型信息,实际上是"不模糊"的;③返回值为协议类型时,可以返回任意服从该协议的类型的实例;④返回值为模糊类型时,返回值为服从指定协议的某一确定类型的实例;⑤当协议中包含关联类型时,该协议不能作为函数返回值的类型;⑥当协议中包含关联类型时,或者函数具有泛型时,可以使用模糊类型作为函数的返回值。

程序段 8-6 介绍了模糊类型和返回值为协议类型的区别。

程序段 8-6　模糊类型实例

视频讲解

```
1    import Foundation
2
3    protocol DispPro
4    {
5        associatedtype T
6        func disp()->String
7    }
8    struct Circle:DispPro
9    {
10       typealias T=Double
11       var r: Double = 0
12       func disp() -> String
13       {
14           return "This Circle's Area: "+String(format: "%5.2f\n", 3.14*r*r)
15       }
16   }
17   struct Rectangle:DispPro
18   {
19       typealias T=Double
20       var w:Double=0
21       var h:Double=0
22       func disp() -> String
23       {
24           return "This Rectangle's Area: "+String(format: "%5.2f\n", w*h)
25       }
26   }
27   struct Plane<U:DispPro,V:DispPro>:DispPro
28   {
29       typealias T=Double
30       var p1:U
31       var p2:V
32       func disp() -> String
```

```
33              {
34                  return p1.disp()+p2.disp()
35              }
36      }
37      func area() -> some DispPro
38      {
39          let c1=Circle(r:3.0)
40          let c2=Circle(r:5.0)
41          let r1=Rectangle(w:8.0,h:9.0)
42          let r2=Rectangle(w:6.0,h:5.0)
43          let pln=Plane(p1: Plane(p1: c1, p2: c2), p2: Plane(p1: r1, p2: r2))
44          return pln
45      }
46      let p=area()
47      print(p.disp())
```

程序段 8-6 的执行结果如图 8-3 所示。

下面结合图 8-3 介绍程序段 8-6。在程序段 8-6 中，
第 3~7 行定义了协议 DispPro，其中声明了关联类型 T
和一个方法 disp。

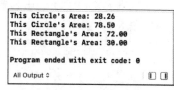

图 8-3　程序段 8-6 的执行结果

第 8~16 定义了结构体 Circle，服从协议 DispPro，第 10
行将 T 定义为 Double，第 11 行定义了属性 r，第 12~15 行实现了方法 disp，输出圆的面积。

第 17~26 行定义了结构体 Rectangle，服从协议 DispPro。第 19 行将 T 定义为 Double；
第 20、21 行依次定义变量 w 和 h，表示长方形的宽和高；第 22~25 行实现了方法 disp，输出
长方形的面积。

第 27~36 行定义了结构体 Plane，使用了泛型，并服从协议 DispPro。第 29 行将 T 定义
为 Double；第 30 行"var p1:U"定义变量 p1，属于类型 U；第 31 行"var p2:V"定义变量 p2，属
于类型 V。第 32~35 行实现了方法 disp，调用 p1 的 disp 方法和 p2 的 disp 方法。

第 37~45 行定义了函数 area，返回模糊类型 some DispPro。第 39 行"let c1＝Circle(r:
3.0)"创建结构体 Circle 的实例 c1，半径为 3.0；第 40 行"let c2＝Circle(r:5.0)"定义 Circle
的实例 c2，半径为 5.0；第 41 行"let r1＝Rectangle(w:8.0,h:9.0)"定义结构体 Rectangle 的
实例 r1，宽和高分别为 8.0 和 9.0；第 42 行"let r2＝Rectangle(w:6.0,h:5.0)"定义结构体
Rectangle 的实例 r2，宽和高分别为 6.0 和 5.0。第 43 行"let pln＝Plane(p1:Plane(p1:c1,
p2:c2),p2:Plane(p1:r1,p2:r2))"创建结构体 Plane 的实例 pln，第 44 行"return pln"返
回 pln。

第 46 行"let p＝area()"调用函数 area，返回结果赋给 p。此时使用 type 方法无法显示 p
的类型，因为 p 是模糊类型。第 47 行"print(p.disp())"输出结果如图 8-3 所示。

在程序段 8-6 中，由于协议 DispPro 使用了关联类型，故第 37 行的 area 函数的返回值不
能为协议类型，这里使用了模糊类型 some DispPro，由编译器自动识别具体的返回值类型。
这里也可以使用 any DispPro，表示任一种服从 DispPro 的类型。

8.3　自动引用计数

自动引用计数(Automatic Reference Counting，ARC)，是 Swift 语言管理类的实例的方
式。当创建某个类的一个新实例后，ARC 自动为新实例分配内存空间，用于保存实例的类型

和存储属性,当将该实例赋给常量、变量或其他实例的属性时,称两者建立了"强连接",或称"强引用",只要这个强引用存在,ARC 将保护该实例,其占据的内存不能被释放。相对地,可以定义"弱引用",弱引用的实例可以被释放掉,指向该实例的变量将自动置为空值 nil。

8.3.1　强引用

自动引用计数只管理引用类型创建的实例。类、闭包(函数)和 Actor 等都是引用类型,当将某个引用类型的实例赋给常量、变量等时,该常量或变量与该实例之间构成了"强引用"。如果有两个引用类型的实例 a 和 b,a 的某个属性与 b 构成了强引用,b 的某个属性与 a 构成了强引用,称 a 与 b 构成了"强引用环",这时,即使 a 和 b 均不再使用了(既没有引用 a 的变量,也没有引用 b 的变量),ARC 也不能从内存中释放 a 和 b,从而造成内存浪费。

程序段 8-7 介绍了强引用和强引用环。

视频讲解

程序段 8-7　强引用实例

```
1    import Foundation
2
3    class Point
4    {
5        var x,y:Double
6        init(x: Double, y: Double)
7        {
8            self.x = x
9            self.y = y
10       }
11       deinit
12       {
13           print("The Point instance is deallocated.")
14       }
15   }
16   var p1:Point?=Point(x: 3.0, y: 5.0)
17   var p2:Point?=p1
18   var p3:Point?=p1
19   p1=nil
20   p2=nil
21   p3=nil
22
23   class Book
24   {
25       var name:String?
26       var author:Author?
27       init(name: String?= nil, author: Author?= nil)
28       {
29           self.name = name
30           self.author = author
31       }
32       deinit
33       {
34           print("The Book instance is deallocated.")
35       }
36   }
37   class Author
38   {
```

```
39        var name:String?
40        var book:Book?
41        init(name: String?= nil, book: Book?= nil)
42        {
43            self.name = name
44            self.book = book
45        }
46        deinit
47        {
48            print("The Author instance is deallocated.")
49        }
50    }
51    var zh:Author?=Author()
52    var bk:Book?=Book()
53    zh!.name="Zhang San"
54    zh!.book=bk
55    bk!.name="Swift"
56    bk!.author=zh
57    zh=nil
58    bk=nil
```

程序段 8-7 的执行结果如图 8-4 所示。

图 8-4 显示只有类 Point 中的析构器被调用了一次。下面介绍程序段 8-7 的工作过程。

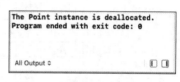

图 8-4 程序段 8-7 的执行结果

在程序段 8-7 中,第 3~15 行定义了类 Point,其中,第 5 行定义了两个属性 x 和 y;第 6~10 行定义了初始化器;第 11~14 行定义了析构器,其中第 13 行"print("The Point instance is deallocated.")"输出"The Point instance is deallocated."。当 Point 类定义的实例被从内存中释放时,将自动执行析构器。

第 16 行"var p1:Point?=Point(x:3.0,y:5.0)"定义变量 p1,p1 与实例"Point(x:3.0,y:5.0)"之间为强引用";第 17 行"var p2:Point? =p1"将 p1 赋给 p2,此时 p2 与实例"Point(x:3.0,y:5.0)"之间也是强引用;第 18 行"var p3:Point? =p1"将 p1 赋给 p3,此时,p3 与实例"Point(x:3.0,y:5.0)"之间也是强引用。第 19 行"p1=nil"将空值 nil 赋给 p1,此时由于 p2 和 p3 与实例"Point(x:3.0,y:5.0)"之间仍存在强引用,故该实例没有被自动释放,其析构器不被执行。第 20 行"p2=nil"将空值 nil 赋给 p2,此时,p3 与实例"Point(x:3.0,y:5.0)"之间仍存在强引用,故该实例不被自动释放,其析构器不被执行。第 21 行"p3=nil"将空值 nil 赋给 p3,此时,实例"Point(x:3.0,y:5.0)"不被任何实例强引用,故 Swift 语言的 ARC 将自动释放该实例,其析构器被执行,输出"The Point instance is deallocated."。

下面介绍强引用环的情况。第 23~36 行定义了类 Book,其中包含两个属性 name 和 author,用于表示书名和作者,第 27~31 行为初始化器,第 32~35 行为析构器。第 37~50 行定义了类 Author,其中包含两个属性 name 和 book,分别表示姓名和作品名,第 41~45 行为初始化器,第 46~49 行为析构器。

第 51 行"var zh:Author?=Author()"定义 Author 类的实例 zh;第 52 行"var bk:Book?=Book()"定义 Book 类的实例 bk。第 53 行"zh!.name="Zhang San""设置实例 zh 的属性 name 为 Zhang San;第 54 行"zh!.book=bk"将 bk 赋给 zh 的属性 book,此时 zh 对应的实例与 bk 对应的实例间构成强引用。第 55 行"bk!.name="Swift""将 Swift 赋给 bk 实例的

name 属性；第 56 行"bk!. author＝zh"将 zh 赋给 bk 实例的属性 author，此时，bk 对应的实例与 zh 对应的实例间构成强引用。这两种强引用关系如图 8-5(a)所示。

第 57 行"zh＝nil"和第 58 行"bk＝nil"将空值 nil 赋给 zh 和 bk 后，内存中的强引用关系如图 8-5(b)所示，此时两个实例间构成了强引用环，此时两个实例均不能从内存中释放，故造成了内存浪费。由于这两个实例没有释放，它们的析构器不会被执行，故图 8-4 中没有这两个实例的析构器的执行结果。

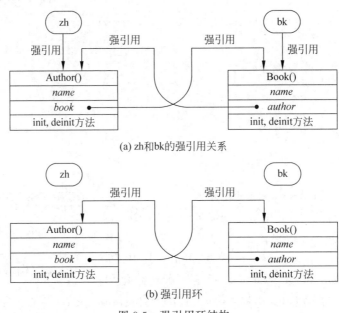

图 8-5　强引用环结构

8.3.2　弱引用

解决强引用环问题的方法有两种：其一，采用弱引用方式；其二，采用非占用引用方式。弱引用方式下，不再被强引用的实例会立即从内存中释放掉，故弱引用方式用于类的实例具有短的生命期的情况下，非占用引用方式用于类的实例具有较长生命期的情况下。

弱引用方式在定义变量时需使用 weak 关键字，在程序段 8-7 中，将第 26 行的语句添加 weak，改为"weak var author：Author?"；或者将第 40 行的语句添加 weak，改为"weak var book：Book?"；或者上述两条语句均添加 weak 关键字。这种添加了 weak 关键字后的语句将构成弱引用。程序段 8-7 的执行结果如图 8-6 所示。

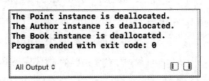

图 8-6　添加了弱引用的程序段 8-7 的执行结果

由图 8-6 可知，类 Book 和类 Author 的析构器均被执行了，说明这两个类创建的实例都被从内存中释放掉了。以程序段 8-7 的第 26 行改为弱引用为例，其引用结构如图 8-7 所示。

在图 8-7 中，当将 zh 和 bk 都置为空值 nil 后，图 8-7(b)中左侧的 Author 实例没有被其他实例强引用，故该实例将被 ARC 从内存中释放掉，此时，执行该实例的析构器，输出"The

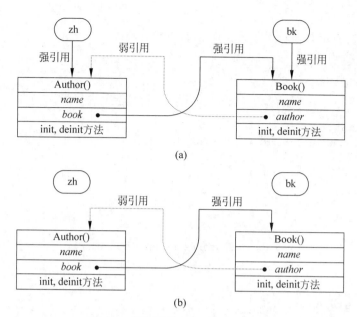

图 8-7　添加了弱引用后的引用结构

Author instance is deallocated. "。然后,Book 实例没有被其他实例强引用,故 ARC 将其从内存中释放掉,此时,执行该实例的析构器,输出"The Book instance is deallocated. "。

8.3.3　非占用引用

非占用引用使用关键字 unowned,例如可在程序段 8-7 的第 26 行中添加 unowned 关键字,改为"unowned var author:Author?"。这时程序段 8-7 的执行结果也如图 8-6 所示。

一般地,当实例的生命周期比被引用的实例的生命周期长时,常使用非占用引用方式。非占用引用必须"引用"某个实例,如果将非占用引用变量设为可选类型,例如"unowned var author:Author?",需为其指定空值 nil(可以在初始化器中指定)或指定其他类的实例。

如果两个实例互相引用,且都为 unowned 可选类型,两者不能同时都为空值 nil,可将其一方设为 unowned 类型,另一方设为强制拆包类型。例如,将程序段 8-7 的第 26 行改为"unowned var author:Author",即设为 unowned 类型;而将第 40 行改为"var book:Book!",即设为强制拆包类型,默认值为空值 nil。修改程序段 8-7 中的第 23～58 行代码,如程序段 8-8 所示。

程序段 8-8　非占用引用和强制拆包联合使用实例

视频讲解

```
// 此处省略的第 1~21 行与程序段 8-7 的第 1~21 行相同
22
23   class Book
24   {
25       var name:String?
26       unowned var author:Author
27       init(name: String? = nil, author: Author)
28       {
29           self.name = name
30           self.author = author
31       }
32       deinit
```

```
33          {
34              print("The Book instance is deallocated.")
35          }
36      }
37      class Author
38      {
39          var name:String?
40          var book:Book!
41          init(name: String? = nil, book: Book! = nil)
42          {
43              self.name = name
44              self.book = book
45          }
46          deinit
47          {
48              print("The Author instance is deallocated.")
49          }
50      }
51      var zh:Author?=Author()
52      var bk:Book?=Book(name: "Swift", author: zh!)
53      zh!.name="Zhang San"
54      zh!.book=bk
55      zh=nil
56      bk=nil
```

在程序段 8-8 中,第 23~36 行定义了类 Book,其中第 26 行"unowned var author:Author"定义非占用引用类型的属性 author。

第 37~50 行定义了类 Author,其中,第 40 行"var book:Book!"定义了强制拆包类型的属性 book,也称为隐式拆包可选类型属性。

与程序段 8-7 不同的是,在第 52 行"var bk:Book? = Book(name:"Swift", author:zh!)"为 bk 指定实例"Book(name:"Swift", author:zh!)",而不能指定为空值 nil,这是因为第 51 行中 zh 使用了初始化器将其中的属性 book 初始化为空值 nil,而非占用引用类型下两个互相引用的实例不能全为空值 nil。

程序段 8-8 的执行结果与程序段 8-7 相同,也如图 8-6 所示。

8.3.4　闭包引用

当一个类中定义了一个闭包方法(使用 lazy 方式,这种方式下类先创建好实例,再管理实例中的闭包方法),而该闭包方法中调用了该类中的属性或方法(使用"self. 属性"或"self. 方法"等)时,会出现这种情况:类的实例引用了闭包方法(强引用),而闭包方法又引用了类的实例(强引用),从而形成了强引用环。

解决闭包强引用环的方法为使用捕获列表,即在闭包方法体的开头,用"[ ]"将闭包方法引用的 self 标注为非占用引用(unowned),典型语法如下:

```
class 类名
{
    类中的实体
    lazy var 闭包方法名 =
    {
        [unowned self](形参表) ->返回值类型 in
        闭包方法体
```

```
        }
        类中其余的实体
}
```

上述语法中,对于无返回值的闭包方法,"(形参表)->返回值类型"可省略。

程序段 8-9 是闭包引用的实例。

程序段 8-9　闭包引用实例

```
1    import Foundation
2
3    class Circle
4    {
5        var r:Double=0
6        func area()->Double
7        {
8            return 3.14*r*r
9        }
10       lazy var closearea =
11       {
12           [unowned self] ()->Double in
13           return self.area()
14       }
15       /*lazy var closearea: ()->Double =
16       {
17           return self.area()
18       }*/
19       init(r:Double)
20       {
21           self.r=r
22       }
23       deinit
24       {
25           print("The Circle instance is deallocated.")
26       }
27   }
28   var c:Circle=Circle(r: 5.0)
29   var v=c.closearea()
30   print("Circle's area:\(v)")
31   c=Circle(r:3.0)
```

在程序段 8-9 中,第 3~27 行定义了类 Circle,其中第 10~14 行定义了闭包 closearea,这里使

用了非占用引用方式,在第 12 行"[unowned self] ()->
Double in"指定了捕获列表。

第 28 行"var c:Circle=Circle(r:5.0)"定义 Circle 类
的实例 c,半径为 5.0。第 29 行"var v=c.closearea()"调
用闭包方法 closearea,返回值赋给变量 v。第 30 行"print
("Circle's area:\(v)")"输出圆的面积。第 31 行"c=Circle
(r:3.0)"将另一个半径为 3.0 的圆的实例赋给 c,此时原来
的实例由于是非占用引用方式而被从内存中释放掉了,将
调用原实例的析构器,输出信息"The Circle instance is
deallocated.",执行结果如图 8-8(a)所示。

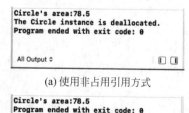

(a) 使用非占用引用方式

(b) 强引用方式

图 8-8　程序段 8-9 的执行结果

现在,回到程序段 8-9,将第 10~14 行的闭包方法注释掉,去掉第 15~18 行的闭包方法的注释,这个新的闭包方法使用了强引用方式。此时运行程序段 8-9 的执行结果如图 8-8(b)所示,可见,由于闭包方法使用了强引用,故在执行第 31 行"c＝Circle(r:3.0)"将另一个实例赋给 c 时,原来的实例没有从内存中释放掉,因为其析构器没有被执行。

8.4　内存安全

Swift 语言中,内存的读写操作可能会产生冲突,一般情况下,Swift 语言自动管理不安全的内存访问。内存的访问分为瞬时访问和时间段访问。瞬时访问是指那些内存操作能在足够短的时间内完成(使用足够少的指令),以至于这些操作在其他任何内存访问操作发生前完成了对内存的访问。例如,赋值操作在 Swift 语言中是瞬时访问。时间段访问是指那些操作正处在内存访问期间时,其他的内存操作发生了,与当前的操作同时都在访问内存。例如,在具有 inout 参数的函数中,对这类参数的访问。

除非以下三种情况同时发生,Swift 语言是内存访问安全的:

(1) 至少一个写操作与至少一个时间段访问的操作;

(2) 多个操作同时访问内存中的同一地址;

(3) 两个操作的内存访问时间段有重叠。

上述三种情况同时发生的情况有:

(1) 在 inout 类型参数的函数或方法中,同时读写这种参数;

(2) 同时读写结构体、元组和枚举类型等值类型的变量。但是这种情况下,Swift 语言仍可保证内存访问是安全的,如果满足①仅访问存储属性;②结构体实例为局部变量;③结构体没有被闭包引用,或者只被非逃逸型闭包引用。

8.5　访问控制

Swift 语言程序由模块和源文件组成,模块一般指编译好的程序库,通过 import 关键字包括到当前程序中,例如 import Foundation 中的 Foundation 就是模块,包含了 Swift 语言常用的程序库。源文件是 Swift 语言编写的代码文件,程序入口必须位于"main. swift"文件中;其他的源文件只能定义类、结构体、协议等类型或函数等,不能直接包含可执行代码。

现在将 Swift 语言中的类型和函数等均称为实体,按照各个实体的访问控制方式,Swift 语言具有以下五种访问等级。

(1) 开放访问等级,这是最高等级,使用 open 关键字修饰实体,也可以认为是访问限制最低的方式。具有开放访问等级的实体可以被其所在程序模块中包含的任意源文件和引入它的其他任意模块中的源文件访问,甚至可以访问其子类和覆盖方法。

(2) 公有访问等级,比开放访问等级稍低,使用 public 关键字修饰实体,具有公有访问等级的实体可以被其所在程序模块中包含的任意源文件和引入它的其他任意模块中的源文件访问。

(3) 内部访问等级,比公有访问等级低,使用 internal 关键字修饰实体,内部访问等级的实体可以被其所在程序模块中的源文件访问,但不能被引入它的外部程序模块访问。实体在创建时默认具有内部访问等级,internal 关键字常被省略。

(4) 文件私有等级,比内部访问等级低,使用 fileprivate 关键字修饰实体,文件私有等级的实体仅能被其所在的源文件中的其他实体访问。

（5）私有等级，这是最低等级，使用 private 关键字修饰实体，私有等级实体仅能被定义它的类型中的实例访问。例如，一个类中的私有属性，仅能被类中的方法访问，该类外部的其他实体均无法（直接）访问。

注意，对于任意类型，低等级的实体中不能定义高等级的实例。例如，如果定义了一个文件私有等级的类，那么这个类中不能定义等级比文件私有等级更高的属性和方法。

对于自定义类型，还有如下一些约定。

（1）如果定义了一个文件私有等级的类，那么该类仅能用在定义它的文件中，且仅能作为属性类型、函数参数类型或返回值类型。

（2）如果定义了一个实体为文件私有等级或私有等级，那么它的成员默认也为文件私有等级或私有等级。

（3）如果定义了一个实体为内部访问等级或公有访问等级，那么它的成员默认为内部访问等级。注意，公有访问等级的实体的成员默认为内部访问等级，如果要使其成员也为公有访问等级，需显式添加 public 关键字修改其成员。

关于一些类型的访问等级说明如下。

（1）元组的访问等级。

元组本身无访问等级，元组的访问等级由其包含的元素的访问等级确定，是其中访问等级最低的元素的访问等级。

（2）函数的访问等级。

函数的访问等级由它的参数和返回值的访问等级确定，是其中最低的访问等级。

（3）枚举类型的访问等级。

枚举类型的访问等级在定义枚举类型时指定，其中各个枚举元素的访问等级自动与枚举类型相同。枚举量的原始值或关联值的访问等级至少与枚举类型同级，或比枚举类型的等级更高。

（4）嵌套类型等级。

嵌套类型的等级与包含它的实体的等级相同。但是如果包含嵌套类型的实体为公有访问等级，则嵌套类型默认为内部访问等级，如果要使嵌套类型也是公有访问等级，需要显式添加 public 关键字修饰。

（5）子类的等级。

子类的访问等级不能比其父类高。如果父类和子类在同一个模块中，子类可以覆盖父类中的实体（包括方法、属性、初始化器和索引器等）；但是如果父类和子类不在同一个模块中，子类只能覆盖父类中具有开放访问等级的类成员。注意，当父类和子类在同一个模块中时，子类中的覆盖了父类的方法可以比其父类的同名方法访问级别高，但是不能高于子类本身的访问级别。例如，父类是开放访问等级，父类中的某个方法 m 是文件私有访问等级；其子类是内部访问等级，子类覆盖的方法 m 可以是内部访问等级，这样子类覆盖的方法比父类中的同名方法等级高，但又不高于子类的访问等级。

（6）常量、变量、属性和下标的等级。

常量、变量、属性和下标的等级与赋给它们的类型的等级相同。

（7）get 和 set 方法的等级。

get 和 set 方法与它们访问的属性或下标的等级相同。但是，可以给 set 方法设置一个更低等级的访问控制等级,例如,fileprivate(set)、private(set)或 internal(set)等修饰词将 set 方法显式设定为文件私有等级、私有等级或内部访问等级。

(8) 初始化器的等级。

自定义初始化器的等级小于或等于其所在的实体的等级;而 required 初始化器的等级必须与其所有的实体的等级相同。初始化器的参数的等级必须不低于初始化器的等级。

默认的初始化器的等级与其所在的类的等级相同。但是,如果类为公有访问等级,则默认初始化器的等级为内部访问等级。

对于结构体而言,如果结构体的属性为私有等级,则结构体的(依元素的)默认初始化器的等级是私有的;如果结构体的属性为文件私有等级,则结构体的默认初始化器的等级是文件私有等级。其他情况下,结构体的默认初始化器的等级是内部访问等级。如果使公有访问等级的结构体具有公有访问等级的默认初始化器,必须使用 public 关键字修饰初始化器。

(9) 协议的等级。

定义协议时通过访问控制等级的关键字定义协议的等级,注意,服从某协议的实例,将具有与协议相同的访问控制等级。例如,服从公有访问等级的协议的实体的等级为公有访问等级。

(10) 协议派生的协议的等级。

如果某个新协议"继承"自另一个协议,则新协议的等级不能高于其继承的协议。

(11) 服从协议的类型的等级。

一个实体可以服从比它等级低的协议,但是,必须保证实体中实现的协议中的方法和属性的等级至少与协议的等级相同。

(12) 扩展的等级。

一般地,实体的扩展部分的等级与原实体的等级相同。但是,公有访问等级的实体的扩展部分属于内部访问等级。此外,在定义扩展时,可以指定一种新的访问控制等级,该等级将取代原实体的等级。然而,如果定义扩展时服从了某个协议,这时,协议的等级将被作为实体的等级。扩展中定义的私有等级成员,只能被原实体、该扩展部分或原实体的其他扩展部分访问。

(13) 泛型的等级。

泛型的等级是泛型、它所在的函数或其约束的等级中最小的访问等级。

(14) 类型别名的等级。

类型别名的等级小于或等于它所表示的类型的等级。例如,一个内部访问等级的类型,它的别名可以为内部访问等级、文件私有等级或私有等级。

8.6 高级运算符

在 Swift 语言中,如果常规算术运算符的计算结果溢出了,将触发异常;带有溢出功能的算术运算符需使用前置符号"&",例如,"&+"表示带溢出功能的加法运算符,这类运算符发生溢出现象时,直接丢弃溢出的部分。同时,Swift 语言支持位运算,且可以为类、结构体或枚举等实体自定义前缀、中缀、后缀形式的运算符和复合赋值运算符,并定义自定义运算符的优先级和结合性。

8.6.1　位运算符与溢出运算符

Swift 语言支持的位运算符为按位取反（～）、按位与（&）、按位或（|）、按位异或（^）、按位左移（<<）、按位右移（>>）；支持的带溢出的算术运算符为带溢出的加法（&＋）、带溢出的减法（&－）和带溢出的乘法（& *）。下面依次介绍这些运算符。

（1）按位取反运算符。

按位取反运算符作用于无符号整数时，将其各位上的 0 变为 1、1 变为 0，得到一个新的无符号整数。例如，对于无符号 8 位整数 0b0001 0011 而言，其按位取反"～0b00010011"将得到"0b11101100"，仍然为无符号 8 位整数。

按位取反运算符也可作用于有符号整数。有符号整数在计算机中以补码的形式存储（最高位为符号位，为 1 表示负数，为 0 表示正数），例如，对于有符号 8 位整数－52，其原码为 0b10110100，其反码为 0b11001011，其补码为 0b11001100。－52 的有符号 8 位整型的补码可视为 $2^8＋(-52)＝204$ 的二进制数码。将－52（的补码形式）按位取反后，将得到 0b00110011，相当于－52 的原码（不计算符号位）减 1，得到 51。于是，得到如下的规则：

按位取反作用于有符号整数时，将改变整数的符号，原来的正数变为负数，原来的负数变为正数。原来的整数和按位取反后的整数的和为－1。

按上述规则，对于有符号 8 位整数－52，其按位取位后的整数为 51；而 51 按位取反后的整数为－52。

（2）按位与运算符。

一般地，按位与运算符作用于两个无符号整数，如果这两个无符号整数对应位置上的位均为 1，则按位与操作后仍为 1；否则按位与操作后该位置上得到 0。例如，对于两个 8 位无符号整数 0b00010011 和 0b01011101，按位与后得到 0b00010001。

按位与运算符常用于将一个无符号整数的某一位清零，例如，将无符号整数 a 的第 n 位清零（其余位不变），可用表达式"a＝a&（～(1 << n)）"。

（3）按位或运算符。

一般地，按位或运算符作用于两个无符号整数，如果这两个无符号整数对应位置上的位均为 0，则按位或操作后仍为 0；否则按位或操作后该位置上得到 1。例如，对于两个 8 位无符号整数 0b00010011 和 0b01011101，按位或后得到 0b01011111。

按位或运算符常用于将一个无符号整数的某一位置 1，例如，将无符号整数 a 的第 n 位置 1（其余位不变），可用表达式"a＝a|（1 << n）"。

（4）按位异或运算符。

按位异或运算符一般用于两个无符号整数。如果两个位相同，均为 1 或均为 0，则异或结果为 0；如果两个位相反，一个为 0，另一个为 1，则异或后为 1。例如，对于两个 8 位无符号整数 0b00010011 和 0b01011101，按位异或后得到 0b01001110。

按位异或运算符常用于改变一个无符号整数的某一位的极性，例如，将无符号整数 a 的第 n 位改变极性（其余位不变），可用表达式"a＝a ^(1 << n)"。

（5）移位运算符。

移位运算符包括向左移位运算符（<<）和向右移位运算符（>>）两种。对于无符号整数，移位运算符将抛弃其移出的位，空缺的位补 0。对于有符号整数，右移位将抛弃其移出的位，空缺的位补符号位上的数位，如果符号位为 1，则补 1，否则补 0；左移位将抛弃其移出的位，有可能将二进制补码表示的负整数变为正整数。

例如,对于有符号 8 位整数−52(二进制数为 0b11001100),其左移 3 位,将得到 0b01100000,即 96,由负整数变为了正整数。

(6) 允许溢出的算术运算符。

Swift 语言中,普通的算术运算符不支持溢出,如果其作用的操作数的计算结果超出了其类型所表示的数值范围,将触发异常。例如,对于两个无符号 8 位整数 a 和 b,其中,a＝168,b＝221,加法运算"c＝a＋b",将触发异常;而"c＝a＆＋b"可以得到结果 133,相当于"a＋b−256(溢出部分)＝133"。这里的"＆＋"为允许溢出的加法运算符。此外,"＆−"和"＆＊"为允许溢出的减法和乘法运算符。

程序段 8-10 中演示了这些运算符的用法。

程序段 8-10 位运算符与溢出运算符实例

视频讲解

```
1    import Foundation
2
3    var v1:UInt8 = 0b00010011
4    var v2:UInt8 = ~v1
5    print("v2: 0b"+String(repeating: "0", count: 8-String(v2, radix:2).count)+
     String(v2,radix: 2))
6    var v3:Int8 = -52
7    var v4:Int8 = ~v3
8    print("v4: 0b"+String(repeating: "0", count: 8-String(v4, radix:2).count)+
     String(v4,radix: 2))
9
10   var v5:UInt8 = 0b01011101
11   var v6:UInt8 = v1 & v5
12   var v7:UInt8 = v1 | v5
13   var v8:UInt8 = v1 ^ v5
14   print("v6: 0b"+String(repeating: "0", count: 8-String(v6, radix:2).count)+
     String(v6,radix: 2))
15   print("v7: 0b"+String(repeating: "0", count: 8-String(v7, radix:2).count)+
     String(v7,radix: 2))
16   print("v8: 0b"+String(repeating: "0", count: 8-String(v8, radix:2).count)+
     String(v8,radix: 2))
17
18   var v9 = v3>>1
19   print("v9: "+String(v9,radix: 10))
20
21   var a:UInt8=168
22   var b:UInt8=221
23   var c1=a &+ b
24   var c2=a &- b
25   var c3=a & *b
26   print("c1=\(c1), c2=\(c2), c3=\(c3).")
```

程序段 8-10 的执行结果如图 8-9 所示。

在程序段 8-10 中,第 3 行"var v1:UInt8＝0b00010011"定义 8 位无符号整数 v1,其值为 0b00010011。第 4 行"var v2:UInt8＝∼v1"将 v1 按位取反,赋给变量 v2。第 5 行输出 v2 的值,这里使用了格式化输出,保证二进制数为 8 位长,得到"v2:0b11101100"。

```
v2: 0b11101100
v4: 0b00110011
v6: 0b00010001
v7: 0b01011111
v8: 0b01001110
v9: -26
c1=133, c2=203, c3=8.
Program ended with exit code: 0

All Output ○
```

图 8-9 程序段 8-10 的执行结果

第 6 行"var v3：Int8＝－52"定义有符号 8 位整型变量 v3，其值为－52。第 7 行"var v4：Int8＝～v3"将 v3 按位取反，赋给变量 v4。第 8 行输出 v4 的值，得到"v4：0b00110011"。

第 10 行"var v5：UInt8＝0b01011101"定义无符号 8 位整型变量 v5，其值为 0b01011101。第 11 行"var v6：UInt8＝v1 & v5"将 v1 和 v5 按位取与，赋给 v6。第 12 行"var v7：UInt8＝v1 | v5"将 v1 和 v5 按位取或，赋给 v7。第 13 行"var v8：UInt8＝v1 ^ v5"将 v1 和 v5 按位取异或，赋给 v8。第 14～16 行输出 v6、v7 和 v8 的值，依次得到"v6：0b00010001""v7：0b01011111""v8：0b01001110"。

第 18 行"var v9＝v3 >> 1"将 v3 右移一位后赋给 v9。第 19 行输出 v9 的值，得到"v9：－26"。

第 21 行"var a：UInt8＝168"定义无符号 8 位整型变量 a，其值为 168。第 22 行"var b：UInt8＝221"定义无符号 8 位整型变量 b，其值为 221。第 23 行"var c1＝a &+ b"执行允许溢出的加法运算，将 a 和 b 的和赋给 c1；第 24 行"var c2＝a &- b"执行允许溢出的减法运算，将 a 和 b 的差赋给 c2；第 25 行"var c3＝a & * b"执行允许溢出的乘法运算，将 a 与 b 的乘积赋给 c3。第 26 行输出 c1、c2 和 c3 的值，得到"c1＝133，c2＝203，c3＝8."，如图 8-9 所示。对于无符号 8 位整数而言，允许溢出的操作相当于对算术运算的计算值模 256。

8.6.2　结合性与优先级

运算符都具有一定的优先级，在第 3 章表 3-1 中列出了全部 Swift 语言运算符的优先级。在表达式中优先级最高的运算符先计算，然后，按优先级从高到低的顺序依次计算各个运算符。结合性是指表达式中运算符处理操作数的顺序，如果从左向右处理，称为左结合性；否则，称为右结合性。例如，赋值运算符为右结合性。

Swift 语言支持自定义运算符，自定义运算符默认属于优先级组（见第 3 章表 3-3）DefaultPrecedence，自定义的运算符的优先级默认只比三目运算符和赋值运算符高。

算术运算符的优先级和数学上的定义相同，例如，计算"3＋5 * 2"，此时查第 3 章表 3-1 知，乘法运算符" * "的优先级号为 2，而加法运算符"＋"的优先级号为 3，优先级号越小优先级越高，同一优先级的运算符按从左向右的方式依次计算。这里"3＋5 * 2"相当于"3＋(5 * 2)"，即得到 13。在某些复杂的表达式中，可使用括号"()"括住先计算的部分，例如"(3＋5) * 2"，将先计算括号中的加法表达式，得到结果为 16。

8.6.3　运算符重载

运算符重载，又称运算符方法，它可以为已有的运算符定义新的功能，也可以自定义运算符。运算符根据其与操作数的位置关系，分为三类：①中缀运算符，例如，加法"＋"；②前缀运算符，例如，按位取反"～"；③后缀运算符，例如，强制拆包运算符"!"。在定义运算符重载函数时，如果运算符为前缀运算符或后缀运算符，需要添加关键字 prefix 或 postfix；如果运算符为中缀运算符，关键字 infix 可省略。注意，赋值运算符(＝)和三目运符号(?:)不能重载。

运算符重载方法的语法如下：

```
［声明自定义运算符］
static［prefix 或 postfix］func 运算符(参数列表) ->返回值类型
{
    函数体
}
```

上述语法中,对于自定义的运算符需要声明,其格式为:"prefix 或 postfix 或 infix operator 自定义的运算符:优先级组",例如,"prefix operator ＋＋＋"表示声明自定义的前缀运算符 "＋＋＋"。在自定义运算符中可以为其指定优先级组,默认为 DefaultPrecedence 优先级组。如果重载的运算符不是自定义运算符,则省略"[声明自定义运算符]"。

如果重载的运算符不是前缀或后缀运算符,则省略"[prefix 或 postfix]"这部分。运算符重载方法需定义为静态方法,这是因为运算符直接使用,而不是借助类或结构体的实例调用。注意,运算符重载方法的"参数列表"的参数个数与运算符的目数有关,对于双目运算符,需要两个参数;对于单目运算符,只需要一个参数;对于复合赋值运算符,例如"＋＝"等,需要两个参数,其中,第一个参数对应运算符左边的操作数,需要使用 inout 关键字,第二个参数对应运算符右边的操作数;重载相等运算符"＝＝"时,要求实体服从 Equatable 协议。

程序段 8-11 给出了加法运算符重载的实例。

视频讲解

程序段 8-11 加法运算符重载实例 1

```
1    import Foundation
2
3    class Point
4    {
5        var x, y: Double
6        init(x: Double, y: Double)
7        {
8            self.x = x
9            self.y = y
10       }
11       static func +(p1: Point, p2: Point) -> Point
12       {
13           return(Point(x: p1.x+p2.x, y: p1.y+p2.y))
14       }
15   }
16   var p1=Point(x: 3.0, y: 5.0)
17   var p2=Point(x: 8.0, y: 12.0)
18   var p3=Point(x: 0, y: 0)
19   p3=p1+p2
20   print("p3: (\(p3.x),\(p3.y))")
```

在程序段 8-11 中展示了加法运算符的重载方法。第 3～15 行定义了类 Point,表示二维平面中的点。其中,第 5 行定义了 x 和 y 两个属性;第 6～10 行定义了初始化器;第 11～14 行为加法运算符重载方法。

第 16、17、18 行依次定义了三个实例 p1、p2 和 p3。第 19 行"p3＝p1＋p2"执行 p1 与 p2 的加法运算,这里加法运算符实现了两个实例的相加,它们的 x 分量和 y 分量分别相加,结果赋给 p3。第 20 行输出 p3,得到"p3:(11.0,17.0)"。

下面在程序段 8-11 的基础上,进一步添加前缀运算符重载方法、复合赋值运算符重载方法、等于运算符重载方法和自定义运算符方法,如程序段 8-12 所示。

视频讲解

程序段 8-12 加法运算符重载实例 2

```
     // 此处省略的第 1~15 行与程序段 8-11 的第 1~15 行相同
16   var p1=Point(x: 3.0, y: 5.0)
17   var p2=Point(x: 8.0, y: 12.0)
18   var p3=Point(x: 0, y: 0)
19   p3=p1+p2
```

```
20    print("p3: (\(p3.x),\(p3.y))")
21
22    extension Point
23    {
24        static prefix func -(p:Point)->Point
25        {
26            return Point(x: -p.x, y: -p.y)
27        }
28    }
29    var p4 = -p1
30    print("p4: (\(p4.x),\(p4.y))")
31
32    extension Point
33    {
34        static func +=(p1:inout Point,p2:Point)
35        {
36            p1=p1+p2
37        }
38    }
39    var p5=Point(x: 11.0, y: 15.0)
40    p5 += p1
41    print("p5: (\(p5.x),\(p5.y))")
42
43    extension Point:Equatable
44    {
45        static func ==(p1:Point,p2:Point)->Bool
46        {
47            return (p1.x==p2.x) && (p1.y==p2.y)
48        }
49    }
50    var p6=Point(x: 3, y: 5)
51    if p6 == p1
52    {
53        print("p6 is equal to p1.")
54    }
55    else
56    {
57        print("p6 is not equal to p1.")
58    }
59
60    prefix operator +++
61    extension Point
62    {
63        static prefix func +++(p:Point)->Point
64        {
65            return Point(x: p.x+1, y: p.y+1)
66        }
67    }
68    var p7=Point(x: 0, y: 0)
69    p7 = +++p1
70    print("p7: (\(p7.x),\(p7.y))")
71
72    infix operator +- : AdditionPrecedence
73    extension Point
74    {
```

```
75        static func +-(p1:Point,p2:Point)->Point
76        {
77            return Point(x: p1.x+p2.x, y: p1.y-p2.y)
78        }
79    }
80    var p8=Point(x: 0, y: 0)
81    p8=p2 +- p1
82    print("p8: (\(p8.x),\(p8.y))")
```

程序段 8-12 在程序段 8-11 的基础上扩展了新的功能。第 22~28 行为类 Point 扩展了单目运算符"－"的重载方法。第 29 行"var p4＝－p1"对 p1 施加单目运算符"－"，其结果赋给 p4。第 30 行"print("p4:(\(p4.x),\(p4.y))")"输出 p4，得到"p4:(－3.0,－5.0)"。

第 32~38 行为类 Point 扩展了复合赋值运算符"＋＝"的重载方法。在第 34 行"static func ＋＝(p1:inout Point,p2:Point)"的方法头部中，第 1 个参数必须设为 inout 类型。第 39 行"var p5＝Point(x:11.0，y:15.0)"定义 p5 为"(11.0,15.0)"。第 40 行"p5＋＝p1"将 p1 加到 p5 中，这里使用了重载的复合赋值运算符"＋＝"。第 41 行"print("p5:(\(p5.x),\(p5.y))")"输出 p5，得到"p5:(14.0,20.0)"。

第 43~49 行为类 Point 扩展了运算符"＝＝"的重载方法，第 43 行"extension Point: Equatable"扩展类 Point 时，使其服从 Equatable 协议，该协议使得类 Point 的实例可以作相等的判断。第 50 行"var p6＝Point(x:3，y:5)"定义实例 v6，其值为(3,5)。第 51~58 行为一个 if-else 结构，判定 p6 是否等于 p1，此处，相等成立，第 53 行"print("p6 is equal to p1.")"被执行，输出"p6 is equal to p1."。

第 60~67 行展示了自定义前缀运算符"＋＋＋"的方法。第 60 行"prefix operator ＋＋＋"声明了前缀运算符"＋＋＋"。在第 61~67 行的类 Point 的扩展中，第 63~66 行实现了自定义前缀运算符"＋＋＋"，其将参数 p 的各个属性自增 1。第 68 行"var p7＝Point(x:0，y:0)"定义了类 Point 的实例 p7。第 69 行"p7＝＋＋＋p1"将自定义前缀运算符作用于 p1，其结果赋给 p7。第 70 行"print("p7:(\(p7.x),\(p7.y))")"输出 p7，得到"p7:(4.0,6.0)"。

第 72~79 行展示了自定义中缀运算符"＋－"的方法。第 72 行"infix operator ＋－: AdditionPrecedence"声明了自定义中缀运算符"＋－"，其优先级组设为"AdditionPrecedence"，表示该自定义运算符与加法运算符的优先级相同。第 73~79 行扩展了类 Point，添加了自定义运算符"＋－"的方法实现。第 80 行"var p8＝Point(x:0，y:0)"定义实例 p8。第 81 行"p8＝p2＋－p1"使用自定义运算符操作 p1 和 p2，结果保存在 p8 中。第 82 行"print("p8: (\(p8.x),\(p8.y))")"输出 p8，得到"p8:(11.0,7.0)"。

程序段 8-12 的执行结果如图 8-10 所示。

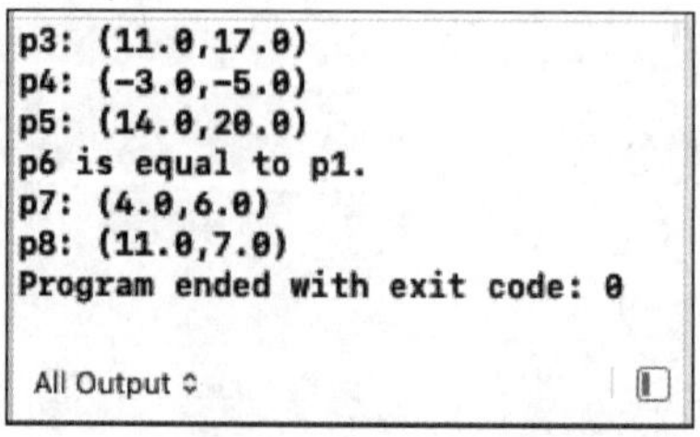

图 8-10　程序段 8-12 的执行结果

8.7　本章小结

　　本章详细介绍了 Swift 语言的泛型及其用法,阐述了泛型应用于函数和类型的方法。然后,介绍了模糊类型的概念和用法,模糊类型用作函数或方法的返回值类型,可返回服从某个协议的具体实例。接着,讨论了 Swift 语言中的自动引用计数功能,自动引用计数是 Swift 语言管理引用类型的实例占用内存的方法,基于此分析了强引用、弱引用和非占用引用方法。之后,讨论了内存安全、访问控制和高级运算符。在高级运算符中,重点介绍了运算符重载方法。至此,Swift 语言的整个语法体系介绍完毕,第 9 章将介绍基于 Xcode 集成开发环境的用户界面设计方法。

习题

　　1. 什么是泛型? 简述泛型的定义方法与用法。Swift 语言中定义的哪些数据类型属于泛型?

　　2. 什么是模糊类型? 简述模糊类型的意义及其与协议类型的区别。

　　3. 什么是强引用? 什么是弱引用? 简述如何避免强引用。

　　4. 简述运算符重载的方法。

第 9 章

用户界面设计

Swift 语言是开发 Apple 应用程序的官方语言。借助 Swift 语言和 Xcode 集成开发环境可以开发运行于 iPhone、iPad、MacBook 和 Watch 等平台上的应用程序，简称为 App。类似于 Windows 视窗系统，Apple 为 App 开发提供了一整套界面元素（均为结构体类型），这些元素均服从协议 View。例如，Label 结构体为静态文本框控件，用户只需要查询其属性和方法，就可以使用 Label 结构体类型创建可视的静态文本框，并在其中显示文本信息。本章将基于 iOS 展示一些常用界面元素（或称控件）的用法，使用这些控件设计一个运行于 iPhone 上的单用户界面 App。

9.1　框架程序

在 Xcode 集成开发环境下，选择菜单 File │ New │ Project 弹出如图 9-1 所示对话框。

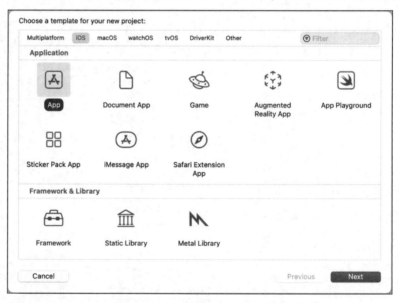

图 9-1　新建工模模板选择对话框

在图 9-1 中，在页面 iOS 下选择 App，表示新创建的 App 工作在 iOS 系统下，iOS 为 iPhone 的系统，iPad 的系统为 iPadOS。目前，Xcode 没有提供 iPadOS，如果要使 App 可以运行于 iPad 上，应在图 9-1 中选择 Multiplatform 页面。估计在 Xcode 的后续版本中将提供对 iPadOS 的支持。

在图 9-1 中，单击 Next 按钮进入如图 9-2 所示对话框。

图 9-2　配置工程对话框

在图 9-2 中,Product Name 一栏中输入 App 的名称,这里输入了 MyCh0901,建议输入可代表 App 功能的名称。在 Interface 一栏中选择 SwiftUI,Language 一栏中选择 Swift,表示使用 SwiftUI 界面元素和 Swift 语言开发 App。单击 Next 按钮进入如图 9-3 所示对话框。

图 9-3　选择保存工程路径对话框

在图 9-3 中,选择要保存工程 MyCh0901 的路径,这里选择了路径"/Users/zhangyong/ZYSwiftBook/ZYCh09"。然后,单击 Create 按钮,进入如图 9-4 所示界面。

在图 9-4 中,Xcode 集成开发环境自动创建了两个源代码文件 MyCh0901App. swift 和 ContentView. swift,前者为 App 的执行入口文件,后者为 App 的界面管理文件。

App 开发中,其界面设计和功能设计是由不同的部分完成,这种开发模式称为"视图—控制—计算"模式,视图部分负责用户界面设计,控制部分负责实现程序的交互功能,计算部分负责处理程序的数据。

图 9-4　工程工作界面

在图 9-4 中,还自动创建了一个 Assets. xcassets 文件夹,用于保存工程中使用的图像等资源文件。其余的文件夹包括 PreviewContent、MyCh0901Tests 和 MyCh0901UITests,前者用于视图预览,后两者用于程序测试用。

在图 9-4 中,右侧为一个预览界面,可以选择模拟器(见图 9-4 顶部圈住的地方),这里选择了 iPhone 14 Pro,预览界面中将为 iPhone 14 Pro 的外观。在图 9-4 中,单击 ◉ 按钮(位于预览界面的下方)可启动 iPhone 14 Pro 模拟器,如图 9-5(a)所示。或者,直接在图 9-4 中启动工程 MyCh0901,无须编写任何代码,将自动启动 iPhone 14 Pro 模拟器,如图 9-5(b)所示。在模拟器的上方(图 9-5 中没有体现)还有一个工具条,显示了模拟器的型号和系统版本,这里为 iPhone 14 Pro 和 iOS 16.4。

图 9-5(b)为工程 MyCh0901 的执行结果。在图 9-5(b)中间显示了一个小图像(网格状的小球)和一行文本"Hello,world!"。

9.1.1　MyCh0901 工程框架

按照图 9-1~图 9-4 的方法创建了工程 MyCh0901 后,无须为其添加代码,即可运行工程 MyCh0901。下面详细介绍工程 MyCh0901 中的各个文件及其源代码。

工程 MyCh0901 如图 9-6 所示。

(a) 模拟器　　　　(b) 工程MyCh0901执行结果

图 9-5　iPhone 14 Pro 模拟器

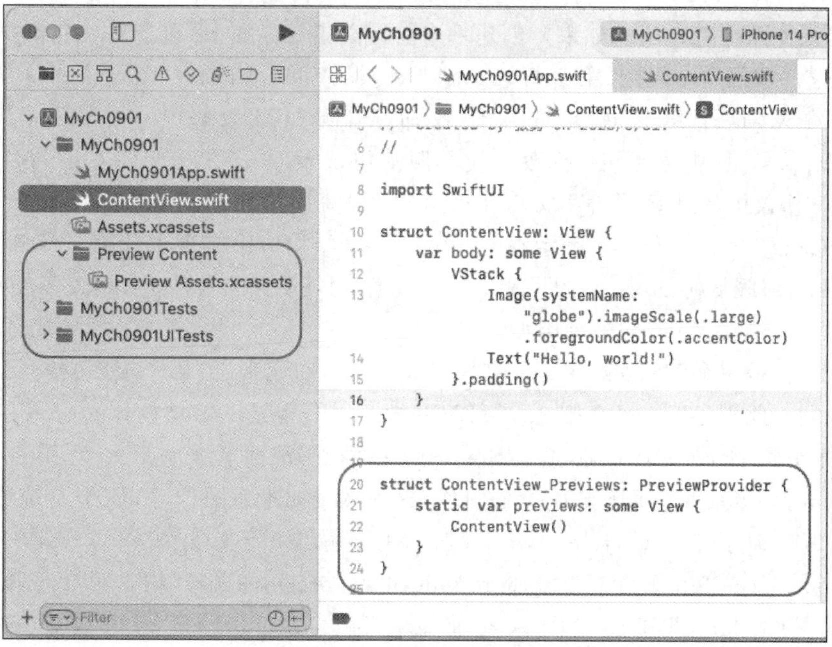

图 9-6　工程 MyCh0901

在图 9-6 中,左边方框圈住的文件夹或文件有 PreviewContent、PreviewAssets. xcassets、MyCh0901Tests 和 MyCh0901UITests,这些用于用户界面预览和程序与界面测试用;右边方框圈住的 ContentView. swift 文件中的代码用于用户界面预览,与工程程序的执行无关。因为在学习了 MyCh0901App. swift 和 ContentView. swift 后就会明白这些被圈住的代码的含义了,所以这里不介绍这部分代码。故需要学习的代码有两部分:程序文件 MyCh0901App. swift 中的代码;程序文件 ContentView. swift 中没有被圈住的代码。

下面首先介绍 ContentView. swift 文件中没有被圈住的代码部分,如程序段 9-1 所示。

视频讲解

程序段 9-1 ContentView.swift 文件中没有被圈住的代码(如图 9-6 所示)

```
1    import SwiftUI
2
3    struct ContentView: View {
4        var body: some View {
5            VStack {
6                Image(systemName: "globe")
7                    .imageScale(.large)
8                    .foregroundColor(.accentColor)
9                Text("Hello, world!")
10           }
11           .padding()
12       }
13   }
```

在程序段 9-1 中,第 1 行"import SwiftUI"装入 SwiftUI 模块。SwiftUI 是一个模块,也是一个框架,它包含了视图、控件和布局等用户图形界面元素,提供了这些界面元素的事件处理机制,并管理与这些界面元素交互的数据。

第 3~13 行定义了一个结构体 ContentView,服从协议 View。View 是一个协议,表示用户界面并提供界面配置方法。如果要创建一个自定义用户界面,必须定义一个新的结构体,服从 View 协议。按照这个规则,第 3 行"struct ContentView: View {"就定义了一个新的结构体 ContentView (这个结构体名可以任意命名,例如可以设为 MyView,注意,文件 MyCh0901App.swift 中也要同步修改),使其服从协议 View。在结构体 ContentView 中,需要实现 View 协议中的计算属性 body,在 body 中编写用户界面显示代码。按照这个规则,第 4 行"var body:some View {"表示在 ContentView 结构体中实现了计算属性 body,其类型为 some View,即服从协议 View 的模糊类型。注意,在 SwiftUI 框架中,绝大多数界面元素的方法均返回服从协议 View 的模糊类型。

第 5~10 行是一个 VStack 将其后由"{}"包括的界面元素(或称子视图)按照从上向下的方式排成一列。此外还有一个 HStack(和 VStack 一样,也是一个结构体),它将其后由"{ }"包括的界面元素排成一行。这里 VStack 中有两个界面元素,其一为第 6 行"Image (systemName:"globe")",用于显示一个图像,这里的 globe 为图像名,属于系统内部集成的图像;其二为第 9 行"Text("Hello, world!")",用于输出一行文本"Hello, world!"。第 7 行". imageScale(. large)"和第 8 行". foregroundColor(. accentColor)"均为第 6 行服务,即设置图像的大小为". large"和设置图像的前景色为". accentColor"。可以把第 8 行改为". foregroundColor(Color. green)",此时小球上的曲线将呈现绿色。

第 11 行". padding()"为第 5~10 行的 VStack 视图服务,设定视图上、下、左、右四个方向上的间距,这里无参数,VStack 视图居中显示。

根据上面的讲解,如果将"Hello, world!"显示为红色,就可以将第 9 行代码写为"Text ("Hello, world!"). foregroundColor(Color. red)"。在第 9 行和第 10 行间插入一条语句 "Text("Welcome. "). foregroundColor(Color. blue)",显示内容如图 9-7 所示。

Hello, world!
Welcome.

图 9-7 添加了一条文本后的显示内容

下面介绍程序文件"MyCh0901App. swift",如程序段 9-2 所示。

程序段 9-2 文件 MyCh0901App. swift

```
1    import SwiftUI
2
3    @main
4    struct MyCh0901App: App {
5        var body: some Scene {
6            WindowGroup {
7                ContentView()
8            }
9        }
10   }
```

在程序段 9-2 中,第 3 行"@main"修饰符指示这里是应用的主程序入口。第 4 行"struct MyCh0901App:App {"定义结构体 MyCh0901App,服从协议 App。在程序段 9-1 中,介绍了 View 协议的作用,它管理应用的界面元素;而协议 App 管理应用的结构和行为。协议 App 实现了一个 main()方法的默认实现,"@main"将自动调用这个"main()"方法启动应用。注意,这里的结构体名可以随意命名,例如,第 4 行可以改为"struct MyApp:App {"。

在第 4 行中,结构体 MyCh0901App 服从 App 协议,需要实现 App 协议中的计算属性 body,如第 5 行所示"var body:some Scene {"。body 的返回值为服从协议 Scene 的模糊类型。协议 Scene 包含了根视图(即显示界面中最底层的视图)。

第 6 行"WindowGroup {"中,WindowGroup 是服从 View 协议的结构体,可视为一个界面元素的容器,或者视为主窗口。这里在其中放置了第 7 行"ContentView()",ContentView 为程序段 9-1 中定义的结构体,此处创建 ContentView 结构体类型的实例,即创建了如图 9-5(b)所示的界面。

9.1.2 SwiftUI 界面元素

尽管 Swift 语言在 2014 年就推出来了,但是受传统的 Object-C 语言和 Storyboard 接口的影响,使得 SwiftUI 界面设计至今还是一项崭新的技术。学习 SwiftUI 的最佳方式是借助 Xcode 集成开发环境,选择菜单 View | Show Library,弹出如图 9-8 所示界面。

在图 9-8 中,左边显示了 SwiftUI 的各种控件名,单击某个控件名,例如单击 Button,将在其右侧显示与该控件相关的定义与使用方法。若要获得更详细的用法,可单击右下角的 Open in Developer Documentation(打开开发者文档),将弹出如图 9-9 所示的窗口。在图 9-9 中,详细介绍了 Button 的定义(声明)和用法,并给出了大量的实例代码。同时,图 9-9 所示的开发者文档也是学习 SwiftUI 界面开发的最佳文档。

界面元素相关的属性的访问是借助结构体的属性实现的,将结构体的属性赋给界面元素的属性,通过访问结构体的属性访问控件的属性。例如,Button 控件上显示的文本属性的访问,可以通过如下的方法。

(1) 在结构体内(例如程序段 9-1 的第 3 行和第 4 行间)添加一行代码:

```
@State private var text = "Click"
```

这里@State 表示该结构体的属性可以随意改变,而不需要借助 mutating 类型的方法。

(2) 定义 Button 控件如下:

```
Button(action: {})
```

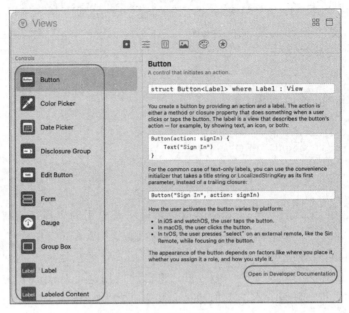

图 9-8　界面元素库

```
{
    Text(text)
}
```

（3）在结构体中改变 text 属性的值，Button 控件的显示也会随之改变。

根据图 9-9 所示的 Button 控件的介绍，下面在 ContentView. swift 文件中添加两个命令按钮，修改后的 ContentView. swift 文件如程序段 9-3 所示。

图 9-9　开发者文档中关于 Button 控件的介绍

程序段 9-3　修改后的 ContentView. swift 文件

```
1    import SwiftUI
2
3    struct ContentView: View {
4        @State private var showAlert = false
5        var body: some View {
6            VStack {
7                Image(systemName: "globe")
8                    .imageScale(.large)
9                    .foregroundColor(Color.green)
10               Text("Hello, world!").foregroundColor(Color.red)
11               Button(action: {})
12               {
13                   Text("Display")
14               }
15                   .buttonStyle(.bordered)
16               Button("Show Alert")
17               {
18                   showAlert = true
19               }
20                   .alert(
21                       "Pressed.",
22                       isPresented: $showAlert
23                   ) {
24                       Button("OK") {
25                   }
26                   }message: {
27                   Text("You have pressed the button.")
28                   }
29                   .buttonStyle(.bordered)
30           }
31           .padding()
32       }
33   }
```

对比程序段 9-1,这里添加了第 4 行"@State private var showAlert=false"定义一个私有的变量 showAlert,这里"@State"的作用在于：由于结构体为值类型,故其中变量的修改需要使用 mutating 关键字,加了"@State"修饰语定义的变量在结构体中可以任意修改。第 9 行". foregroundColor(Color. green)"设置小球的前景色为绿色。第 10 行"Text("Hello,world!"). foregroundColor(Color. red)"设置文本的颜色为红色。

第 11～15 行定义一个 Button 按钮,即命令按钮,其 action 参数为空"{ }",即单击该命令按钮无任何操作。第 12～14 行为闭包,其中的"Text("Display")"表示命令按钮上的文本为"Display"。第 15 行". buttonStyle(. bordered)"为命令按钮添加边框。

第 16～29 行借助 Button 结构体的另一种初始化器创建了一个新的 Button 按钮,第 16 行"Button("Show Alert")"定义命令按钮上显示的文本为 Show Aler,单击该按钮执行的动作为第 17～19 行的语句,即令 showAlert 为 true,由于变量 showAlert 被"@State"修饰了,故在结构体内部可以任意改变 showAlert 的值。第 20～28 行为 alert 方法,用于弹出警示信息,第 21 行""Pressed. ","表示标题为"Pressed. ";第 22 行"isPresented：$ showAlert"为触发 alert 的闭包,这里使用了"$"加变量名的形式。第 23～28 行为警示信息窗口中显示的 OK 命令按钮和提示信息"You have pressed the button. "。第 29 行". buttonStyle(. bordered)"为命令按钮添加边框。

  注意：在使用 SwiftUI 进行用户界面程序设计时，大量使用了闭包，并将闭包放在函数参数列表的外部，这样做的目的在于增强程序的可读性。凡是以"."开头的语句都是前一个实体的方法，都可以与前一条语句写在同一行，分行写的目的也在于增强程序代码的可读性。有时，会有多个以"."开头的语句，这是因为前一条语句执行完后的返回值具有后续的以"."开头的方法，这样形成了一个方法调用链，链条的长度可任意长，取决于方法或实体调用的返回值是否还需要调用其定义的方法。使用 SwiftUI 进行界面设计，需要习惯这种代码写法。

  此时工程 MyCh0901 的执行结果如图 9-10 所示。

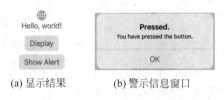

(a) 显示结果   (b) 警示信息窗口

图 9-10 修改后的工程 MyCh0901 执行结果

  对比图 9-5(b)，在图 9-10(a)中，"Hello, world!"为红色，并添加了两个命令按钮 Display 和 Show Alert。其中，单击 Display 按钮，无操作；而单击 Show Alert 按钮，将弹出如图 9-10(b) 所示警示信息窗口。

9.2 简单 App 设计

  App 的界面设计需要具有大量的图像并花费大量的时间，这样的应用不方便学习和交流，这里重点介绍 SwiftUI 界面元素的用法，通过简单 App 设计过程的讲解，展示图形用户界面应用程序的设计方法。

  按照 9.1 节工程 MyCh0901 的创建方法，创建一个新的工程 MyCh0902，此时工程管理器如图 9-11 所示。

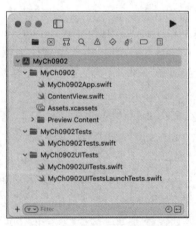

图 9-11 工程 MyCh0902 结构

  在图 9-11 中，MyCh0902Tests 和 MyCh0902UITests 下的文件是测试文件，PreviewContent 下的文件为界面预览文件，这些文件不需要管理。Assets. xcassets 为工程的资源管理文件，工程的图标、启动界面图像和各个界面元素的背景图像等均保存在其中。MyCh0902App. swift 是程序启动入口文件；ContentView. swift 文件是界面视图设计文件。

工程 MyCh0902 实现的界面功能如图 9-12 所示。

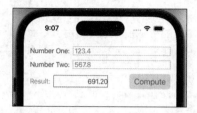

图 9-12 工程 MyCh0902 实现的界面功能

在图 9-12 中,在 Number One 处输入一个数,在 Number Two 处输入另一个数,然后单击
Compute 按钮,将输入的两个数的和显示在 Result 处。

为了实现图 9-12 的功能,需要图 9-11 中的 ContentView.swift 文件,如程序段 9-4 所示。

程序段 9-4 文件 ContentView.swift

视频讲解

```
1    import SwiftUI
2
3    struct ContentView: View {
4        var body: some View {
5            VStack {
6                MyView()
7            }
8            .padding()
9        }
10   }
11
12   struct MyView:View
13   {
14       @State private var textOne:String=" "
15       @State private var textTwo:String=" "
16       @State private var textRes:String=" "
17       var body: some View
18       {
19           VStack(alignment: .leading, spacing: 12)
20           {
21               HStack{
22                   Text("Number One:")
23                       .foregroundColor(Color.blue)
24                   TextField("NumberOne",text: $textOne).border(.secondary)
25                       .foregroundColor(Color.green)
26               }
27               HStack{
28                   Text("Number Two:")
29                       .foregroundColor(Color.blue)
30                   TextField("NumberTwo",text: $textTwo).border(.secondary)
31                       .foregroundColor(Color.green)
32               }
33               HStack(alignment: .center, spacing: 0){
34                   Text("Result:")
35                       .frame(width: 60,alignment: .leading)
36                       .foregroundColor(Color.orange)
37                   Text(textRes)
38                       .frame(width: 140,height:30,alignment: .trailing)
39                       .border(Color.blue)
```

```
40                        .foregroundColor(Color.indigo)
41                    Spacer()
42                    Button("Compute",action: calc)
43                        .buttonStyle(.bordered)
44                        .background(Color.orange.opacity(0.1))
45                        .font(Font.system(size:20))
46                        .foregroundColor(Color.red)
47                        .frame(width: 150,alignment:.trailing)
48                }
49            }
50            .frame(minWidth: 0, maxWidth: .infinity, minHeight: 0, maxHeight:
    .infinity, alignment: .topLeading)
51        }
52        func calc()
53        {
54            let one=String(textOne.filter {![" ", "\t", "\n"].contains($0) })
55            let two=String(textTwo.filter {![" ", "\t", "\n"].contains($0) })
56            if let a=Double(one)
57            {
58                if let b=Double(two)
59                {
60                    textRes=String(format: "%.2f", a+b)
61                }
62            }
63        }
64    }
65
66    struct ContentView_Previews: PreviewProvider {
67        static var previews: some View {
68            ContentView()
69        }
70    }
```

在程序段 9-4 中,第 3～10 行为结构体 ContentView,服从协议 View,实现了 View 协议的计算属性 body,body 的类型为服从 View 协议的模糊类型。在 body 中有一个按列摆放界面元素的视图 VStack,其中,第 6 行“MyView()”创建了一个 MyView 结构体实例。MyView 结构体如第 12～64 行所示。

MyView 结构体是自定义的结构体,其中完成了界面的设计和数据处理。

在 MyView 结构体内部,第 14 行“@State private var textOne:String=" ""定义私有属性 textOne,“@State”表示该属性不需要使用 mutating 方法就可以读写。第 15 行“@State private var textTwo:String = " ""定义私有属性 textTwo。第 16 行“@State private var textRes:String=" ""定义私有属性 textRes。上述三个属性均为字符串类型,用作 TextField 和 Text 控件的显示文本。

第 17～51 行为计算属性 body,其中放置了一个 VStack 视图(第 19～50 行),VStack 视图是一个容器,将其中的控件按列排放,其摆放了三个 HStack 视图,HStack 视图将其中的控件摆放在一行:①第一个 HStack 视图中放置了一个 Text 控件和一个 TextField 控件,如第 22～26 行所示。其中,Text 控件显示蓝色的文本“Number One:”(第 22～23 行),TextField 控件是文本编辑框,标签为 Number One,显示的文本为 textOne,文本颜色为绿色,控件带有边框(第 24～25 行)。②第二个 HStack 视图中放置了一个 Text 控件和一个 TextField 控件,如第 27～32 行所示。其中,Text 控件显示蓝色的文本“Number Two:”(第 28～29 行),

TextField 控件是文本编辑框,标签为 Number Two,显示的文本为 textTwo,文本颜色为绿色,控件带有边框(第 30~31 行)。③第三个 HStack 视图中放置了两个 Text 控件、一个 Spacer 控件(用于分隔两个控件的空格控件)和一个命令按钮 Button 控件(第 34~48 行)。其中,第一个 Text 控件显示橙色的“Result:”文本,宽度为 60,左对齐,如第 34~36 所示;第二个 Text 控件显示紫色的文本 txtRes,宽度为 140,高度为 30,右对齐,边框为蓝色,如第 37~40 行所示;Button 按钮显示红色的字号为 20 的文本 Compute,带边框,背景色是透明度为 0.1 的橙色,宽度为 150,控件右对齐,单击 Button 控件将调用 calc 方法,如第 42~47 行所示。

第 50 行“. frame(minWidth:0, maxWidth:. infinity, minHeight:0, maxHeight:. infinity, alignment:. topLeading)”设置 VStack 视图占据它所在的主视图(即第 5 行的 VStack 视图),且其中的控件摆放顺序为从顶至底。

第 52~63 行为 calc 方法,当单击 Button 控件时将调用该方法。第 54 行“let one=String (textOne. filter {! [" ", "\t", "\n"]. contains($0)})”去掉 textOne 字符串中的空格、Tab 键和回车符,赋给 one;第 55 行“let two=String(textTwo. filter {! [" ", "\t", "\n"]. contains($0)})”去除 textTwo 字符串中的空格、Tab 键和回车符,赋给 two。第 56~62 行为两层嵌套的 if 结构,使用了可选绑定技术,将 one 转换为 Double 型,赋给 a(第 56 行);将 two 转换为 Double 型,赋给 b(第 58 行);第 60 行“textRes=String(format:"%. 2f", a+b)”将 a 与 b 的和转换为字符串赋给 textRes,显示在第 37 行所示的 Text 控件中。

在进行 SwiftUI 程序设计时,有以下几点注意事项。

(1) 每个控件都有一些属性,设置这些属性使用类似于“. foregroundColor(Color. blue)”的方法,但在实际编程时,可以直接借助 Inspector 窗口可视化地设置,Inspector 窗口位于 Xcode 开发界面的最右侧。例如,当单击程序段 9-4 的第 22 行时,Inspector 窗口的显示内容如图 9-13 所示。当单击不同的界面元素时,Inspector 窗口将显示该界面元素对应的属性(称为 Modifiers),Inspector 称为属性设置器。

由图 9-13 可知,Text 控件相关的显示属性均列在 Inspector 窗口中了。例如,在图 9-13 中,在 Font 一栏中的 Weight 项(旁的下拉列表框)中选择 Bold(图 9-13 中为 Inherited,表示使用其父类的字体样式),则在第 22 行和第 23 行之间,自动添加“. fontWeight(. bold)”。每个控件的属性显示和代码中输入的属性有对应关系。在实际程序设计时,一般会先在程序代码中列出界面元素的名称和属性,然后再借助界面元素的 Inspector 窗口进行可视化配置。

(2) 通过工程 MyCh0901 和 MyCh0902 可知,工程中“工程名 App. swift”样式的程序文件的内容不需要改动,但是文件名可以重新命名。例如,在工程 MyCh0902 中,MyCh0902App. swift 文件的内容不需要改动,但是文件名可以重新命名为 MyApp. swift。

(3) 通过工程 MyCh0901 和 MyCh0902 可知,工程中 ContentView. swift 文件是界面设计文件,一种更通用的做法是在工程中新建一个文件,命名为 MyView. swift(文件名随意选取,与其中的结构体名没有关系)。针对工程 MyCh0902,添加的 MyView. swift 工程管理器如图 9-14 所示。

在图 9-14 中,添加了新的程序文件 MyView. swift,将程序文件 ContentView. swift 中的结构体 MyView 移动到文件 MyView. swift 中,并在 MyView. swift 头部添加 import SwiftUI。这样界面设计的全部工作都由 MyView. swift 完成。如果把 ContentView. swift 文件中的 ContentView_Previews 结构体也移动到文件 MyView. swift 中,则编辑 MyView. swift 程序时可以看到预览界面。这样处理后的 ContentView. swift 的代码如程序段 9-4 的

图 9-13 Text 控件的 Inspector 窗口

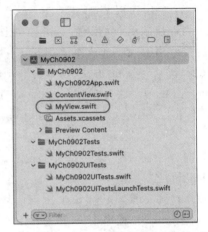

图 9-14 新工程 MyCh0902 的工程管理器

第 1～10 行所示,后续工作无须改动这些代码;或者,将这些代码修改为如下形式:

```
1    import SwiftUI
2
3    struct ContentView: View {
4        var body: some View {
5            MyView()
6        }
7    }
```

这样,在 ContentView 结构体的计算属性 body 中可以直接创建结构体 MyView 的实例,实现界面的显示。

(4) Swift 语言是 Apple 推出的替换 Object-C 的程序设计语言,SwiftUI 也是 Apple 主推的界面设计方法,它与经典的 StoryBoard 方法各有特色,Apple 建议使用 SwiftUI,SwiftUI 的界面元素属性和方法处理更具人性化。但是,优秀的用户界面需要使用大量美观的图像,SwiftUI 的大部分界面元素可以指定背景图像,有些甚至可以指定动画图像。

9.3 绘图程序设计

SwiftUI 具有丰富的绘图方法,这里设计了一个简单的图形界面,实现了一个红色小球在浅橙色圆内部滚动的动画,如图 9-15 所示。

在图 9-15 中,单击 Begin 按钮将启动动画,红色小球沿圆内侧飞速旋转;当单击 Stop 按钮时,停止旋转;当再次单击 Begin 按钮时,小球继续从停止的位置开始旋转。

按照工程 MyCh0902 的创建方法,新建工程 MyCh0903,其工程管理器如图 9-16 所示。

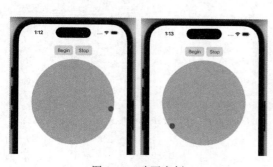

图 9-15　动画实例

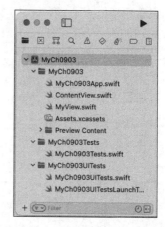

图 9-16　工程 MyCh0903 文件结构

在图 9-16 中,文件 MyCh0903App. swift、ContentView. swift 和 MyView. swift 是程序文件,Assets. xcassets 为资源文件,Preview Content 是界面预览文件夹,MyCh0903Tests 和 MyCh0903UITests 为测试文件。下面介绍三个程序文件,如程序段 9-5～程序段 9-7 所示,其余文件和文件夹都无须改动。

程序段 9-5　文件 MyCh0903App. swift

视频讲解

```
1   import SwiftUI
2
3   @main
4   struct MyCh0903App: App {
5       var body: some Scene {
6           WindowGroup {
7               ContentView()
8           }
9       }
10  }
```

文件 MyCh0903App. swift 是 App 的启动文件,定义了结构体 MyCh0903App,服从协议 App(第 4 行),实现了协议 App 的计算属性 body(第 5 行),body 的类型为服从协议 Scene 的模糊类型。body 中定义了 WindowGroup(第 6 行),WindowGroup 是一个结构体,作为一个容器,其中创建了结构体 ContentView 的实例(第 7 行)。第 3 行的"@ main"修饰符表明 SwiftUI 将使用 App 协议实现的 main 方法作为程序的入口点,而 SwiftUI 隐藏了真实的程序入口。

程序段 9-6　文件 ContentView. swift

视频讲解

```
1   import SwiftUI
2
3   struct ContentView: View {
4       var body: some View {
5           VStack {
6               MyView()
7           }
8           .padding()
9       }
10  }
```

在程序段 9-6 中,第 3～10 行定义了结构体 ContentView,服从 View 协议。第 4 行实现了 View 协议的计算属性 body,body 的类型为服从 View 协议的模糊类型。第 5～7 行定义了 VStack 视图,其中第 6 行创建了结构体 MyView 的实例。第 8 行". padding( )"表示 VStack 视图居中显示。

视频讲解

程序段 9-7 文件 MyView. swift

```
1    import SwiftUI
2
3    struct MyView:View
4    {
5        @State var timer=Timer.publish(every: 0.02, on: .main, in: .default)
6        @State var x:Double = 280
7        @State var y:Double = 140
8        @State var th:Double = 0
9        var body: some View
10       {
11           VStack
12           {
13               HStack
14               {
15                   Button("Begin",action: begin)
16                       .buttonStyle(.bordered)
17                   Button("Stop",action: stop)
18                       .buttonStyle(.bordered)
19               }
20               Text("")
21                   .onReceive(timer){
22                       time in
23                           th+=0.05
24                           x=140.0+140.0*cos(th)
25                           y=140.0+140.0*sin(th)
26                   }
27               ZStack
28               {
29                   Circle()
30                       .fill(Color.orange.opacity(0.5))
31                       .frame(width:300)
32                       .offset(x: 0,y:0)
33                   Path()
34                   {
35                       path in
36                       path.addEllipse(in: CGRect(origin:CGPoint(x: x, y: y),size:
                                         CGSize(width: 20, height: 20)))
37                   }
38                       .fill(Color.red)
39               }
40               .frame(width: 300,height: 300)
41           }.frame(minHeight:0,maxHeight:.infinity,alignment:.topLeading)
42       }
43
44       func begin()
45       {
46           timer = Timer.publish(every: 0.02, on: .current, in: .default)
47           let _ = timer.connect()
```

```
48          }
49      func stop()
50      {
51          timer.connect().cancel()
52      }
53  }
54
55  struct ContentView_Previews: PreviewProvider {
56      static var previews: some View {
57          ContentView()
58      }
59  }
```

在程序段 9-7 中,第 3～53 行为结构体 MyView,服从 View 协议。第 5 行"@State var timer=Timer.publish(every:0.02, on:. main, in:. default)"定义一个定时器 timer,其中, every 参数表示每隔 0.02 秒触发定时事件一次,其余参数采用默认值。第 6 行"@State var x:Double=280"定义变量 x,初值设为 280。第 7 行"@State var y:Double=140"定义变量 y, 初值设为 140。这里的 x 和 y 表示图 9-15 中小红球所在的正方形的左上角的坐标值。第 8 行 "@State var th:Double=0"定义变量 th,表示小红球顺时针旋转过的角度(相对于过圆心的 水平线,以弧度为单位)。

第 9～42 行为实现的协议 View 中的计算属性 body。其中,包含一个 VStack 视图(第 11～ 41 行),该 VStack 视图中的界面元素按列从顶至底摆放。在 VStack 视图中,包含了一个 HStack 视图(第 13～19 行)、一个 Text 静态文本控件(第 20～26 行)和一个 ZStack 视图 (第 27～40 行)。

在第 13～19 行的 HStack 视图中,按行摆放了两个 Button 命令按钮,第 15～16 行的命令 按钮上的显示标签为 Begin,单击该按钮事件触发的方法为 begin(见第 44～48 行);第 17～18 行的命令按钮上的显示标签为 Stop,单击该按钮事件触发的方法为 stop(见第 49～52 行)。

第 20～26 行的 Text 静态文本框没有显示内容,该控制管理了一个 onReceive 方法,该方 法具有一个参数 timer,当定时器 timer 触发定时事件时,onReceive 方法将接收到定时时间, 并执行一次。其中,time 中保存了定时时间,在第 21～26 的闭包方法中,第 23 行"th+= 0.05"表示小球旋转的角度 th 的步进为 0.05,定时器每触发一次,角度 th 自增 0.05。第 24 行"x=140.0+140.0 * cos(th)"和第 5 行"y=140.0+140.0 * sin(th)"根据 th 的值更新 x 和 y 的值。

第 27～40 行的 ZStack 中包含了一个 Circle 绘圆盘结构体实例和一个 Path 实例。 ZStack 将其中的界面元素按 z 轴方向由底向上摆放,这里第 29～32 行的 Circle 圆盘实例摆放 在底层,该圆盘是透明度是 0.5 的橙色,直径为 300;而第 33～38 行的 Path 实例放在 Circle 圆盘的上方,Path 实例为沿路径画线的结构体,这里沿路径画了一个椭圆,并填充为红色 (第 38 行)。

第 44～48 行为结构体 MyView 中的方法 begin,当单击标签为 Begin 的命令按钮时将执 行该方法一次,第 46 行"timer=Timer. publish(every:0.02, on:. current, in:. default)"更新 定时器 timer,第 48 行"let _=timer.connect()"启动定时器,返回值忽略掉。

第 49～52 行为结构体 MyView 中的方法 stop,当单击标签为 Stop 的命令按钮时将执行 该方法一次,第 51 行"timer. connect(). cancel()"关闭定时器。

第 55～58 行为预览用的结构体 ContentView_Previews,服从 PreviewProvider 协议,实

现静态的计算属性 previews,服从 View 协议,在第 57 行创建 ContentView 结构体实例,在 Xcode 预览窗口显示设计的用户界面。

在工程 MyCh0903 中,将界面设计的工作全部放在自定义的程序文件 MyView. swift 中,这是一种好的编程习惯,创建工程 MyCh0903 时,Xcode 开发环境自动创建的程序文件保留不变,这样方便与其程序员交流。此外,常将数据处理算法单独放在其他的文件中,例如,MyModel. swift 和 MyAlgo. swift,分别表示与建模相关的文件和与算法相关的文件。按照这种设计思路,在工程 MyCh0903 中添加一个程序文件 MyModel. swift,将 MyView. swift 中的启动和关闭定时器相关的属性和方法转移到文件 MyModel. swift 中,具体地说,将程序段 9-7 的第 44~52 行转移到文件 MyModel. swift 中,修改后的工程 MyCh0903 管理器如图 9-17 所示。

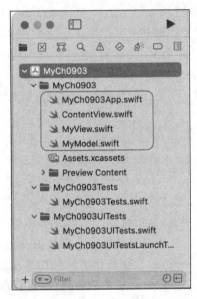

图 9-17   修改后的工程 MyCh0903 结构

视频讲解

程序文件 MyModel. swift 如程序段 9-8 所示。

程序段 9-8   文件 MyModel. swift

```
1    import SwiftUI
2
3    extension MyView
4    {
5        func begin()
6        {
7            timer = Timer.publish(every: 0.02, on: .current, in: .default)
8            let _ = timer.connect()//connect()
9        }
10       func stop()
11       {
12           timer.connect().cancel()//upstream.connect().cancel()
13       }
14   }
```

注意,必须将文件 MyView. swift 中的函数 begin 和 stop 删除。修改后的工程 MyCh0903 的执行结果也如图 9-15 所示。

9.4　本章小结

Apple 指出 SwiftUI 是一种创建用户界面的现代方法,能够以更快的方式创建精美和动态的应用 App。计算机图像用户界面的概念可以追溯到 1992 年面世的 Windows 3.1 视窗操作系统,从那时起,得益于图像处理与显示设备的快速发展,用户界面设计从早期的窗体技术发展至从图形图像为主的界面,这一点在 Android 系统和 iOS 系统上体现尤为明显。目前流行的界面设计方法可以表示为:用户界面设计=界面框架技术+图形图像+程序设计语言。对于 Swift 语言下的用户界面设计而言,可表示为:用户界面设计=Swift 语言+SwiftUI 框架技术+图形图像,而熟练掌握 Swift 语言和 SwiftUI 技术是面向 Apple 应用平台开发专业型用户界面的必要条件。本章详细介绍了 SwiftUI 框架技术,详细介绍了创建用户界面的程序设计方法,讨论了深入开展用户界面设计的一些规范,为后续基于 Apple 平台的用户界面设计工作奠定了基础。

习题

1. 查阅资料,分析基于 SwiftUI 界面设计方法与基于 Objective-C 语言相比其优点是什么。

2. 基于 SwiftUI 设计一款计算器软件,包括 0~9 十个数字键和加、减、乘、除 4 个功能按键,实现整数和浮点数的四则运算。

3. 基于 SwiftUI 设计一个动画,显示方程 $x_{n+1} = 4x_n(1-x_n)$ 的状态 x_n~步数 n 的曲线图。

4. 基于 SwiftUI 设计一个动画,显示下述方程的状态 (x_n, z_n) 的演化图:

$$\begin{cases} \dot{x} = \sigma(y-x) \\ \dot{y} = rx - y - xz \\ \dot{z} = xy - bz \end{cases}$$

其中,$\sigma = 10, b = 8/3, r = 28$(至少为 24.7368)。

附录 A

Windows 11 系统上安装

macOS 系统虚拟机

在 Windows 11 环境下可以安装虚拟机运行 macOS 系统。这里使用的计算机配置：Windows 11 专业版 64 位、Intel Core i9-13900K CPU、金士顿 64GB DDR5-6000MHz 内存、微星 PRO Z790-P Wi-Fi 主板、微星 MSI 34 英寸显示器、西部数据 SN770 1TB 固态硬盘。在该计算机上安装 macOS 虚拟机的步骤如下。

（1）安装 VMware 虚拟机，这里安装了 VMware Workstation 17.0.1。可从"脚本之家"网站获取安装程序。

（2）安装 Unlocker 软件，该软件使得 VMware 虚拟机支持 macOS 系统。Unlocker 软件可以从"异次元软件世界"下载安装程序。

（3）下载 macOS 系统原版 ISO 镜像，可从"异次元软件世界"下载该镜像系统。这里使用了 macOS Ventura 13.0 原版 ISO 镜像（注：安装完成后可升级为最新版本）。

（4）启动 VMware 虚拟机软件，然后在其界面中单击"创建新的虚拟机"图标，在弹出的对话框中选择"典型（推荐）"，如图 A-1 所示，然后，单击"下一步"按钮，进入如图 A-2 所示界面。

图 A-1　创建新虚拟机窗口

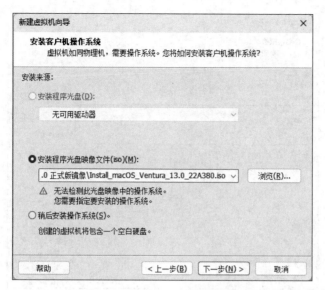

图 A-2　选择 macOS 镜像文件

在图 A-2 中,选中"安装程序光盘映像文件(iso)",并单击"浏览(R)"按钮,在弹出的选择文件对话框中选择镜像文件 Install_macOS_Ventura_13.0_22A380.iso。然后,单击"下一步"按钮,进入如图 A-3 所示窗口。

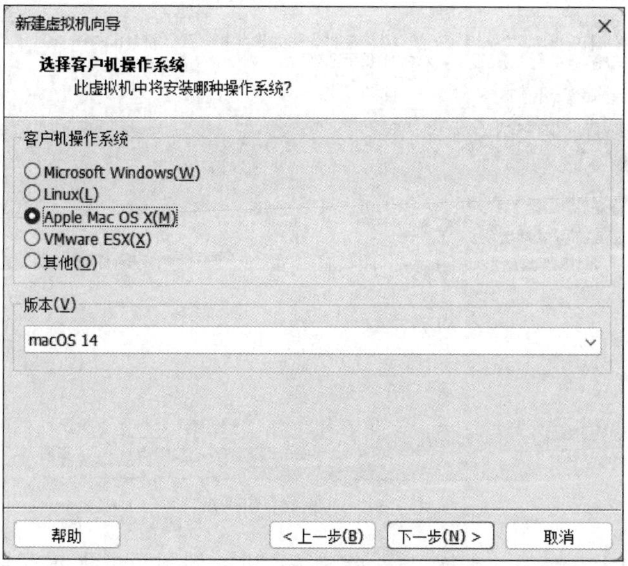

图 A-3　设定虚拟机操作系统

在图 A-3 中,选中 Apple Mac OS X,然后,在"版本"中选择 macOS 14(这里实际安装的是macOS 13,但 macOS 14 Beta 版已经发布)。接着,单击"下一步"按钮,进入如图 A-4 所示窗口。

在图 A-4 中,输入虚拟机名称 macOS 14,其保存位置默认为 D:\MyVMware\macOS 14。然后,单击"下一步"按钮,进入如图 A-5 所示界面。

在图 A-5 中,建议"最大磁盘大小"设为 256GB,并选中"将虚拟磁盘存储为单个文件"。对于 macOS 13 而言,系统本身和一些常规应用可占到 100GB 的空间,建议至少将"最大磁盘

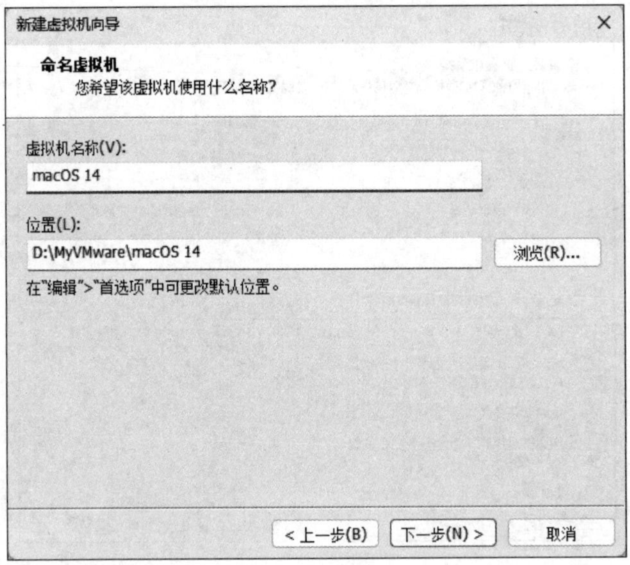

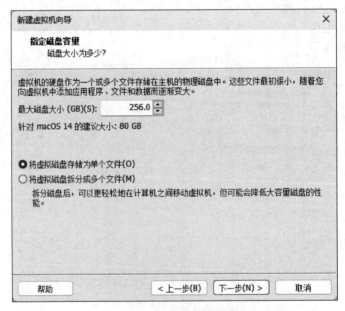

图 A-4　设定虚拟机名称

图 A-5　设定虚拟机容量

大小"设为 160GB 以上。然后,单击"下一步"按钮,进入如图 A-6 所示窗口。

在图 A-6 中,已将磁盘空间设为 256GB,但是内存只有 4096MB,CPU 内核也只有 2 个,这样的配置会使 macOS 虚拟机运行速度缓慢。为了使 macOS 虚拟机运行正常,需单击"自定义硬件"按钮,进入如图 A-7 所示对话框,作如下的配置。

(1) 内存设为 16GB,建议至少为 8GB。

(2) 处理器数量设为 8,每个处理器的内核数量设为 2,于是,总的处理器内核数为 16。建议处理器数量至少为 4。

(3) 显示器选项中的"监视器"页面中,选中"将主机设置用于监视器",如图 A-7 所示。"图形内存可用的最大客户机内存量"设为 8GB。

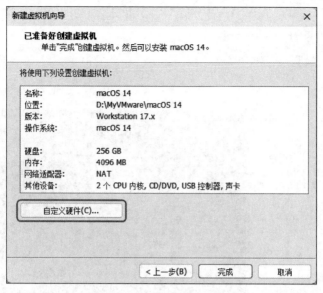

图 A-6　虚拟机基本配置窗口

图 A-7　虚拟机硬件配置对话框

（4）安装 macOS 系统。在图 A-7 中单击"确定"按钮，回到图 A-6 所示界面，然后，单击"完成"按钮，进入如图 A-8 所示安装界面。

图 A-8　安装 macOS 系统

在 macOS 系统安装过程中，虚拟机会多次重新启动，直到出现如图 A-9 所示窗口。

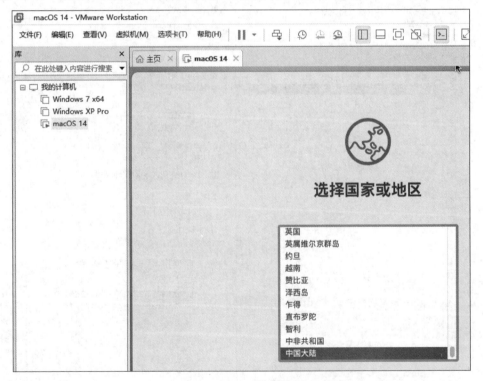

图 A-9　选择国家或地区

在图 A-9 中选择"中国大陆"，然后，单击"继续"按钮进行后续的安装过程。在这一过程中，大部分弹出的窗口只需要单击"继续"按钮即可，有些窗口可以单击"以后"按钮（位于窗口左下角）跳过该窗口的配置过程，直至出现如图 A-10 所示窗口。

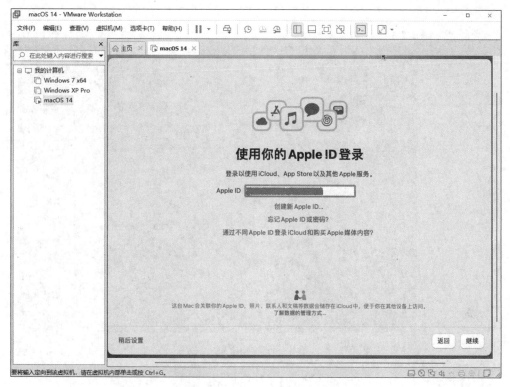

图 A-10　输入 Apple ID 登录

　　在图 A-10 中，输入用户的 Apple ID，然后，单击"继续"按钮进行后续安装（需要输入 Apple ID 的密钥）；如果没有 Apple ID，可以申请一个新的 Apple ID，或者单击左下角的"稍后设置"按钮跳过这个窗口。注意，基于 Xcode 开发 Swift 工程必须要有 Apple ID。

　　（5）安装 macOS 系统完成后，在"通用"|"软件更新"中将该系统升级到最新版本。

　　（6）在"启动台"中单击 Apple Store，在其中搜索 Xcode，如图 A-11 所示，然后，将 Xcode 安装到系统中。注意，请使用最新版本的 Xcode 集成开发环境，本书使用版本为 15.0。

图 A-11　Apple Store 安装 Xcode 窗口

安装 Xcode 完成后，在"启动台"上将出现 Xcode 图标，如图 A-12 所示。

图 A-12　启动台上的 Xcode 图标

现在，单击图 A-12 中的 Xcode 图标将进入 Xcode 集成开发环境，在其中，程序员借助 Swift 语言可以开发面向 macOS 和 iOS(PadOS)等平台的应用程序。

参 考 文 献

[1] 张勇,陈伟,贾晓阳,等.精通 C++语言[M].北京:清华大学出版社,2022.

[2] 张益珲.Swift 5 从零到精通 iOS 开发训练营[M].北京:清华大学出版社,2021.

[3] 张亮.Swift 从入门到精通[M].北京:清华大学出版社,2019.

[4] 刘铭.Swift iOS 应用开发实战[M].北京:机械工业出版社,2015.

[5] 李宁.Swift 权威指南[M].北京:人民邮电出版社,2014.

[6] 黑马程序员.基于 Swift 语言的 iOS App 商业实战教程[M].北京:人民邮电出版社,2017.

[7] 传智播客.Swift 项目开发基础教程[M].北京:人民邮电出版社,2016.